高职高专机电类专业系列教材

机械工程材料

主　编　周超梅　王淑君
副主编　吉　宁　殷秋菊　高绍艳　李云璐
参　编　王宏伟　刘丽华　柳　艳　杨　磊
　　　　石未华　李桐顺　王佳智　周　姝
主　审　刘玉娟　于　军

机 械 工 业 出 版 社

本书是依据“必需、够用和少而精”的原则编写的，是高职高专“十二五”规划教材。全书共分三篇，第一篇（前七章）为金属材料部分，第二篇（第八章至第十章）为非金属材料部分，第三篇（第十一章至第十五章）为常用模具材料部分。本书以机械制造生产第一线需要的知识、技能培养为目标，注重实用，重视综合性与实践性，力求反映高职高专课程和教学内容体系的改革方向，有利于学生综合素质、科学思维方式及创新能力的培养。

本书可作为高等职业院校、高等专科学校和成人高校机械工程类专业及技师培训教材，也可供相关工程技术人员、企业管理人员参考使用。

本书配有电子课件，凡使用本书作为教材的教师可登录机械工业出版社教材服务网 www.cmpedu.com 注册后下载。咨询邮箱：cmpgaozhi@shna.com。咨询电话：010-88379375。

图书在版编目（CIP）数据

机械工程材料/周超梅，王淑君主编. —北京：机械工业出版社，2013.7（2026.1 重印）
高职高专机电类专业系列教材
ISBN 978-7-111-43065-0

Ⅰ.①机… Ⅱ.①周… ②王… Ⅲ.①机械制造材料—高等职业教育—教材 Ⅳ.①TH14

中国版本图书馆 CIP 数据核字（2013）第 136518 号

机械工业出版社（北京市百万庄大街 22 号 邮政编码 100037）
策划编辑：薛 礼 责任编辑：薛 礼
版式设计：常天培 责任校对：丁丽丽 肖 琳
封面设计：赵颖喆 责任印制：刘 媛
北京建宏印刷有限公司印刷
2026 年 1 月第 1 版第 12 次印刷
184mm×260mm · 14 印张 · 342 千字
标准书号：ISBN 978-7-111-43065-0
定价：39.80 元

电话服务
客服电话：010-88361066
010-88379833
010-68326294

网络服务
机 工 官 网：www.cmpbook.com
机 工 官 博：weibo.com/cmp1952
金 书 网：www.golden-book.com
机工教育服务网：www.cmpedu.com

前　言

本书是根据教育部制订的《高职高专教育工程材料类基础课程教学基本要求》，在总结多年的教学改革及生产实践的经验基础上，本着“必需、够用和少而精”的原则编写的。全书共分三篇，第一篇（前七章）为金属材料部分，第二篇（第八章至第十章）为非金属材料部分，第三篇（第十一章至第十五章）为常用模具材料部分。每章均附有小结和复习思考题，力求体现教材的实用性与技能性，使教材能贯通于课堂教学、实训与实践教学的各个环节。本书对部分新材料、新工艺和新技术进行了简要阐述。

本书具有以下主要特点：

1）教材内容侧重于应用理论、应用技术和材料的选用，对基础理论部分以必需、够用为度。强调理论联系实际，贯穿以应用为中心这一主线，以掌握概念、强化应用为教学重点。

2）为了便于自学，力求教材内容通俗易懂，图文并茂，深入浅出，重点突出。力求内容简明实用，使学生易于理解，明确重点和难点。

3）全书的名词、术语、牌号均采用了最新国家标准，使用法定计量单位。

本书可作为高等职业院校、高等专科学校和成人高校机械工程类专业及技师培训教材，也可供相关工程技术人员、企业管理人员参考使用。各校可根据专业特点、教学时数等具体情况，对内容进行调整或增删。

本书由周超梅、王淑君任主编，吉宁、殷秋菊 、高绍艳、李云璐任副主编，参加编写的人员还有王宏伟、刘丽华、柳艳、杨磊、石未华、李桐顺、王佳智、周姝。其中，绪论、第五章、第九章由周超梅编写，第十二章至第十四章由王淑君编写，第三章由吉宁编写，第六章由殷秋菊编写，第七章由高绍艳编写，第四章由华晨宝马汽车有限公司生产部质量控制中心工程师李云璐编写，第一章由王宏伟、杨磊编写，第十章、第十一章由刘丽华、周姝编写，第八章由柳艳编写，第二章由石未华编写，第十五章由李桐顺、王佳智编写，本书由刘玉娟、于军担任主审。

由于编者水平有限，书中难免存在错误及不妥之处，恳请读者不吝批评指正，以便改进提高。

编　者

目录

第二篇　非金属材料

第三篇　常用模具材料

绪　论

材料是人类生产、生活和社会发展所必需的物质基础，材料的应用情况是人类文明发展水平的标志之一。历史证明，每一次重大新技术的发明和应用往往都依赖于新材料的发展。

人类对材料的认识也是在历史的发展中逐步深入的。公元前10万年左右，人类社会进入了石器时代；公元前5000年，人类社会进入了青铜器时代；公元前1200年左右，人类社会进入了铁器时代；18～19世纪，人类社会进入了钢铁时代；20世纪后半叶，由于硅的应用，半导体材料得到了广泛的应用，20世纪80～90年代，高分子材料、复合材料和先进陶瓷材料在工程领域的应用越来越广泛。当今，纳米材料正在逐渐走入工程材料领域。正是因为材料科学对社会经济的发展起到了不可估量的巨大作用，所以世界各国都非常重视对材料科学的研究。材料的种类、数量和质量已成为衡量一个国家科学技术、国民经济水平以及社会文明的重要标志之一。

工程材料是指工程上使用的材料，其种类繁多，按其组成特点可分为金属材料、有机高分子材料、无机非金属材料及复合材料四大类；按用途可分为机械工程材料、建筑材料、生物材料等。工程材料按其性能特点可分为结构材料和功能材料两大类：结构材料以力学性能为主，功能材料以特殊的物理、化学性能为主，如超导材料、激光材料、形状记忆材料、能量转换材料等。

在当今的机械制造领域，广泛应用的机械工程材料主要是结构材料，即金属材料，尤其是钢铁材料，而结构材料表现出来的力学性能是由金属内部的组织结构决定的。从1863年第一台光学显微镜问世，到1912年X射线衍射技术的出现、1932年电子显微分析技术的应用及当今各种先进的显微技术的应用，人们已经有能力观察到金属内部的组织、结构，包括晶粒的大小、种类、形状、晶粒间的相对数量与相对分布以及原子集合体中各原子的具体组合方式等。人们对晶体微观结构的研究，大大推动了工程材料的研究和发展，同时，固体物理、量子力学、化学的发展又有力地推动了工程材料学的深入发展。

作为一名机械工程技术人员，无论设计机器设备、机械零件，还是改进、制作一套工装夹具，都将面临材料的选择、零件加工工艺路线的制订等问题，这一切都涉及材料方面的知识。这就要求我们应同时具备两方面的材料学知识：一是材料的成分（组成）、组织结构、工艺之间的相互关系及外界条件（如载荷、温度、环境介质等）对其性能的影响；二是各种工程材料（重点是金属材料）的基本特性和应用范围。机械工程材料这门课程正是为了介绍这两个方面的知识而设置的。

机械工程材料是机械制造类各专业的一门必修的专业基础课程。它是建立在实验基础之上而又与工程实践紧密结合的一门重要的技术基础课程。通过本课程的学习，学生可以了解常用金属材料与非金属材料及模具材料的成分、组织、性能和加工工艺之间的关系及用途，并初步具备合理选择材料、正确选择加工方法及安排、制订加工工艺路线的能力，为继续学习其他相关课程和从事一线生产、技术管理工作奠定必要的基础。

第一篇

金属材料

第一章　金属材料的性能

【基本要求】

掌握金属材料的性能，包括使用性能和工艺性能两个方面。

【重点和难点】

1. 力学性能的概念。
2. 强度、塑性、硬度、韧性及疲劳强度的表示符号及测定方法。

探讨金属材料的性能是以金属材料为对象，研究其成分、组织结构、性能及应用之间的相互关系和规律。它以化学、物理、力学等为基础，是一门多种学科交织在一起的研究材料共同规律的学科。

金属材料的性能包括使用性能和工艺性能两个方面：使用性能是指金属材料在使用时所表现出来的性能，包括力学性能、物理性能和化学性能；工艺性能是指金属材料在加工过程中表现出来的性能，包括铸造性能、锻造性能、焊接性能、热处理性能和切削加工性能等。

由于金属材料具有良好的性能，因此在机械制造领域应用较为广泛。而金属材料中，黑色金属占金属材料总量的95%以上。

第一节　金属材料的使用性能

一、金属材料的力学性能

设计零件时大多以其力学性能为主要依据，所谓金属材料的力学性能是指金属材料在外力作用下所表现出来的性能。它是保证零件和构件正常工作应具备的性能，可以通过一系列标准试验来测定。力学性能包括强度、塑性、硬度、冲击韧度和疲劳强度等。

1. 强度

金属材料在外力作用下，抵抗塑性变形和断裂的能力称为强度。强度的大小通常用应力来表示。金属受到外力作用时，为了保持其形状不变，在材料内部会产生与外力相对抗的力，这个力称为内力。应力就是单位面积上的内力。

金属材料在使用过程中所受的外力称为载荷。根据作用性质的不同，载荷分为静载荷、冲击载荷及交变载荷。静载荷是指大小和方向不变或变化过程缓慢的载荷。冲击载荷是指在短时间内以较高速度作用在零件上的载荷。交变载荷是指大小和方向随时间作周期性变化的载荷。

根据作用方式的不同，载荷又可分为拉伸载荷、压缩载荷、弯曲载荷、剪切载荷和扭转载荷等，如图1-1所示。

金属受拉伸载荷或压缩载荷作用时，其横截面上的应力按下列公式计算：

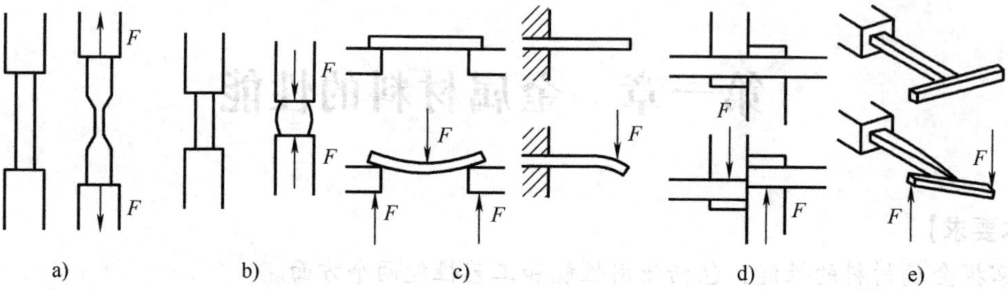

图 1-1　载荷的作用方式

a）拉伸载荷　b）压缩载荷　c）弯曲载荷　d）剪切载荷　e）扭转载荷

$$\sigma = \frac{F}{S}$$

式中　σ——应力，单位为 N/mm^2；

F——外力，单位为 N；

S——横截面积，单位为 mm^2。

根据外力作用方式的不同，强度可分为抗拉强度、抗压强度、抗弯强度、抗剪强度和抗扭强度等五种，通常以抗拉强度作为判别金属强度高低的指标。抗拉强度是通过拉伸试验测得的。

（1）拉伸试验　拉伸试验是在拉伸试验机上进行的。试验前应预先将待测量的金属材料制成标准形状和尺寸的“拉伸试样”，试样形状如图 1-2 所示。

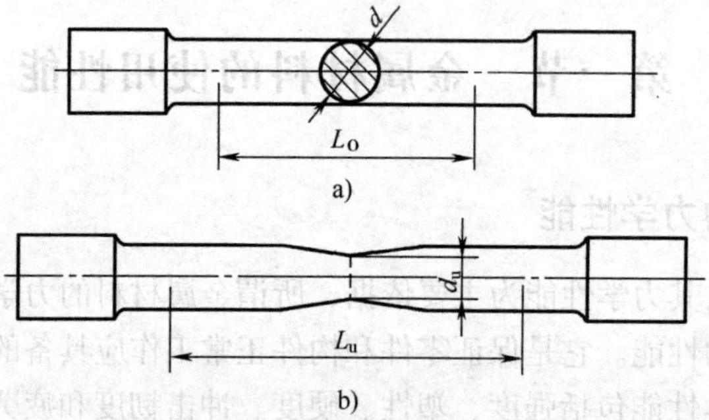

图 1-2　拉伸试样

a）拉伸前　b）拉伸后

为了研究金属材料在拉伸载荷作用下的变形和断裂过程，通常将退火低碳钢制成拉伸试样装夹在拉伸试验机上，然后缓慢增加拉力，试样标距的长度将逐渐增加，达到一定程度后，标距的某一横截面突然变细，直至断裂。图 1-2 中，d 为试样的直径，L_o为标距长度。根据 L_o与 d 的关系，试样分为长试样（$L_o = 10d$）和短试样（$L_o = 5d$）两种。

（2）拉伸曲线　拉伸试验测得的拉力与伸长量之间的关系曲线称为拉伸曲线，如图 1-3 所示。纵坐标表示外力，用 F 表示，单位为 N；横坐标表示试样的伸长量，用 ΔL 表示，单位为 mm。从拉伸曲线可以看出，拉伸过程中，试样表现出以下几个变形阶段：

1）弹性变形阶段（Oe 段）。Oe 为一条直线，即外力与伸长量成正比，此时如果卸载，试样变形立即消失。这种随载荷消失而消失的变形称为弹性变形。

2）屈服阶段（es 段）。弹性变形后，当外力继续增加时，试样将产生塑性变形，s 点附近曲线上出现了平台或锯齿形状，此时外力不增加变形仍在进行，这一现象称为屈服。

3）强化阶段（sb 段）。屈服之后材料产生了加工硬化现象，若要试样继续变形就必须增大外力。此阶段试样的变形是均匀的，F_m 为拉伸试验的最大外力。

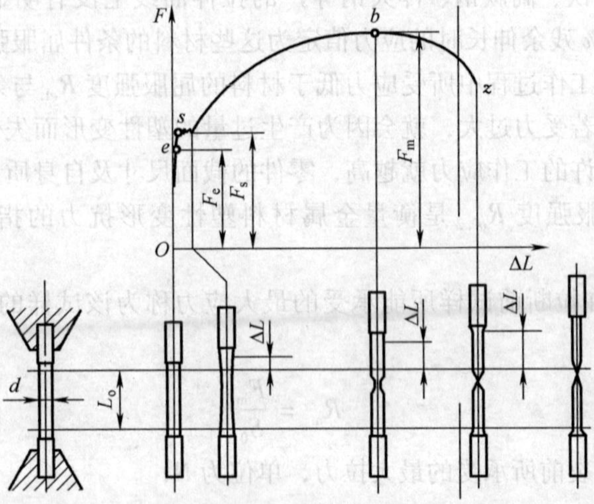

图 1-3　低碳钢的拉伸曲线

4）缩颈阶段（bz 段）。当外力达到最大值 F_m 之后，试样的某一截面发生收缩，称为缩颈。由于缩颈处横截面积的减少，试样承受外拉力的能力迅速下降，直至断裂。

注意：塑性特点突出的低碳钢等材料在断裂前有明显的塑性变形，而这种断裂称为韧性断裂。铸铁等脆性材料在尚未出现明显塑性变形时就断裂，没有屈服、缩颈阶段，这种断裂称为脆性断裂。图 1-4 所示为铸铁、中高碳钢的拉伸曲线图。

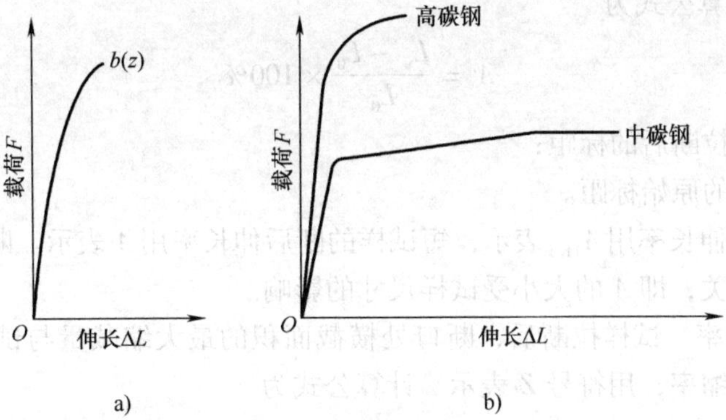

图 1-4　铸铁、中高碳钢的拉伸曲线图

a）铸铁　b）中高碳钢

（3）强度的衡量指标　拉伸曲线表明，不同变形阶段强度可用不同的指标来衡量，但在实际生产中最主要的强度指标只有两个，即屈服强度与抗拉强度。

1）下屈服强度。拉伸曲线上 s 点处的水平线表明外力不增加而变形仍在进行，这时的

应力称为材料的下屈服强度，用符号 R_{eL}表示，计算公式为

$$R_{eL} = \frac{F_s}{S_0}$$

式中 F_s——材料屈服时的最小拉力，单位为 N；

S_0——拉伸试样的原始横截面积，单位为 mm^2。

有些材料（如铸铁、高碳钢、淬火钢等）的拉伸曲线上没有明显的屈服平台，工程上规定将试样产生 0.2% 残余伸长时的应力值定为这些材料的条件屈服强度，用 $R_{p0.2}$表示。

机械零件如果在工作过程中所受应力低于材料的屈服强度 R_{eL}与条件屈服强度 $R_{p0.2}$，则不会产生塑性变形；若受力过大，就会因为产生过量的塑性变形而失效，材料屈服强度与条件屈服强度越大，允许的工作应力就越高，零件的截面尺寸及自身质量就可以减小，所以屈服强度 R_{eL}与条件屈服强度 $R_{p0.2}$是衡量金属材料塑性变形抗力的指标和零件设计的重要依据。

2）抗拉强度。在拉断前试样所能承受的最大应力称为该试样的抗拉强度，用符号 R_m表示。计算公式为

$$R_m = \frac{F_m}{S_0}$$

式中 F_m——试样断裂前所承受的最大拉力，单位为 N；

S_0——拉伸试样的原始横截面积，单位为 mm^2。

机械零件在工作时是不允许发生塑性变形的，即零件所受的应力不应大于该材料的屈服强度值，否则零件就会因过量的塑性变形而失效。

2. 塑性

塑性是指金属材料在外力作用下，产生永久性变形而不断裂的能力。塑性指标也是通过拉伸试验测得的，塑性大小用塑性的两个指标来表示。

（1）断后伸长率　试样被拉断后，标距的伸长量与原始标距的百分比称为断后伸长率，用符号 A 表示。计算公式为

$$A = \frac{L_u - L_0}{L_0} \times 100\%$$

式中 L_u——试样拉断后的标距；

L_0——试样的原始标距。

长试样的断后伸长率用 $A_{11.3}$表示，短试样的断后伸长率用 A 表示。断后伸长率的数值与试样的标距长短有关，即 A 的大小受试样尺寸的影响。

（2）断面收缩率　试样拉断后，断口处横截面积的最大缩减量与试样原始横截面积的百分比称为断面收缩率，用符号 Z 表示。计算公式为

$$Z = \frac{S_0 - S_u}{S_0} \times 100\%$$

式中 S_0——试样的原始横截面积；

S_u——试样拉断处断口的横截面积。

断面收缩率的数值不受试样尺寸的影响，用断面收缩率表示材料的塑性更接近材料的真实塑性变形情况。

良好的塑性是金属材料进行塑性加工的先决条件，金属材料的断后伸长率和断面收缩率数值越大，表示材料的塑性越好，塑性变形能力越强。

3. 硬度

硬度是指金属材料抵抗局部弹性变形、塑性变形、压痕、划痕或破裂的能力。它用于衡量材料的软硬程度，能够反映出金属材料内部的化学成分、金相组织和热处理状态上的差异，是各种机械零件及工具、量具、模具等必备的性能指标。常用的硬度有三种：布氏硬度、洛氏硬度和维氏硬度。

(1) 布氏硬度

1) 测量原理。用一定的载荷 F，将直径为 D 的球体压入被测材料的表面，保持一定时间后卸除载荷，如图 1-5 所示。用专用的刻度放大镜测出压痕直径 d，根据 d 的大小，从硬度对照表中查出相应的布氏硬度，见附录 A。当载荷 F 与球体直径 D 不变时，被测材料越硬，d 值越小，布氏硬度值越大。布氏硬度用 HBW 表示，布氏硬度单位用 kgf/mm^2 表示，但一般不用标注。压头球的材料采用硬质合金，常用的压头球体直径有 1mm、2.5mm、5mm、10mm 四种，以直径为 10mm 的压头球体最为常用。对于试验力在 9807 ~ 29420N 范围内的试验力的保持时间，黑色金属一般为 10 ~ 15s，有色金属为 30s，布氏硬度小于 35HBW 时的材料为 60s。可根据金属材料种类、试样的硬度范围及试样厚度的不同，参照表 1-1 所示的布氏硬度选择试验用压头球体直径 D、试验力 F 及试验力保持时间。

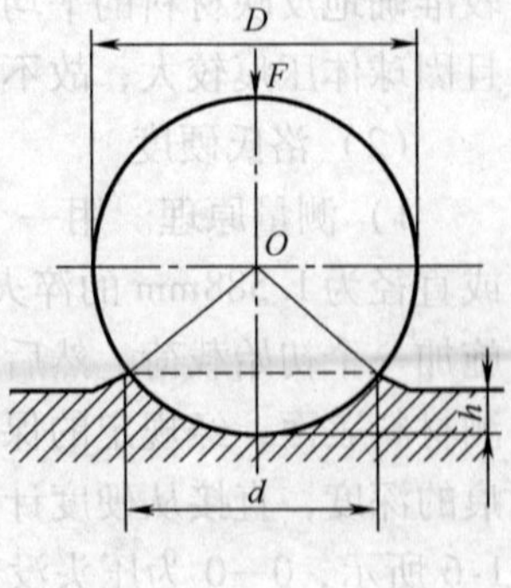

图 1-5　布氏硬度的测量

表 1-1　布氏硬度试验规范（部分）

材料种类	布氏硬度使用范围	球体直径 D/mm	0.102F/D²值	试验力 F/N	试验力保持时间/s	备注
钢、铸铁	≥140HBW	10 5 2.5	30	29420 7355 1839	10	1）压痕中心距试样边缘距离不应小于压痕平均直径的 2.5 倍 2）两相邻压痕中心距离不应小于压痕平均直径的 4 倍 3）试样厚度至少应为压痕深度的 10 倍。试验后，试样支撑面应无可见变形痕迹
	<140HBW	10 5 2.5	10	9807 2452 613	10 ~ 15	
非铁金属材料	≥130HBW	10 5 2.5	30	29420 7355 1839	30	
	35 ~ 130HBW	10 5 2.5	10	9807 2452 613	30	
	<35HBW	10 5 2.5	2.5	2452 613 153	60	

2）表示方法。被测材料布氏硬度表示方法为：符号 HBW 前的数字为硬度值，符号后的数字按球体压头的直径（单位为 mm）、试验力换算值、试验力保持时间的顺序标注。试验力保持时间在 10～15s 时不标注。例如，350HBW5/750 表示用直径为 5mm 的硬质合金球在 7.355kN 试验力下保持 10～15s 测得布氏硬度值为 350；600HBW1/30/20 表示用直径为 1mm 的硬质合金球在 294.2N 试验力作用下，保持 20s 时所测得的布氏硬度值为 600。

3）应用范围及优、缺点。布氏硬度主要适用于铸铁、非铁金属或经退火、正火和调质处理的钢材以及非金属材料等的硬度测定。由于布氏法测定硬度时，材料表面压痕大，故能较准确地反映材料的平均硬度，数据重复性好，在工程上应用广泛。缺点是操作时间较长，且因球体压痕较大，故不宜测定太小、太薄及表面不允许有较大压痕的成品工件。

（2）洛氏硬度

1）测量原理。用一个顶角为 120°的金刚石圆锥体或直径为 1.588mm 的淬火钢球或硬质合金球作压头，先施加一个初始载荷，然后在主载荷压力下将压头压入被测材料表面，经规定的保持时间，卸除主载荷，根据压痕的深度，直接从硬度计上的显示器读取硬度值。如图 1-6 所示，0—0 为压头没有与试样接触；1—1 为压头受到初始载荷后压入试样的位置；2—2 为压头在主载荷压力下，压入试样的位置；3—3 为卸除主载荷后试样弹性变形的恢复使压头上升的位置。图中 h 值越小，金属越硬。

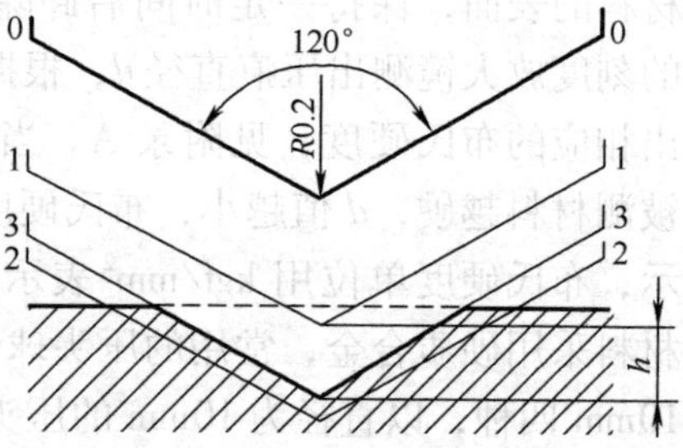

图 1-6　洛氏硬度试验原理图

2）表示方法。洛氏硬度用 HR 符号表示，我国常用的洛氏硬度表示法有三种，见表 1-2。硬度数值写在符号的前面，HR 后面写使用的标尺。常用的洛氏硬度标尺有 A、B、C 三种。例如，40HRC，表示用 C 标尺测定的洛氏硬度值为 40；60HRA，表示用 A 标尺测定的洛氏硬度值为 60。

表 1-2　A、B、C 标尺的洛氏硬度试验规范

洛氏硬度标尺	硬度符号	压头类型	初始试验力 F_0/N	主试验力 F_1/N	总试验力 F/N	洛氏硬度范围	应用举例
A	HRA	120° 金刚石圆锥	98.07	490.3	588.4	20～88HRA	硬质合金，表面淬火钢等
B	HRB	ϕ1.588mm 钢球	98.07	882.6	980.7	20～100HRB	非铁金属，退火，正火钢
C	HRC	120° 金刚石圆锥	98.07	1373	1471	20～70HRC	淬火钢件

3）应用范围及优、缺点。样品表面压痕小，适用范围广，可以用同一台洛氏硬度计测定由软到硬的不同金属的洛氏硬度，与布氏硬度相比，试验操作简单、迅速，能直接从刻度盘上读出硬度值，可直接用于测定零件的成品或半成品及较薄的工件。与布氏硬度相比，洛氏硬度受材质结构不均匀影响较大，其数据重复性差，硬度值的准确性较差，所以测量洛氏硬度时，至少要取 3 个不同的位置，再计算出算数平均值作为洛氏硬度值。不同标尺的洛氏硬度值不能直接进行比较，可在试验测定的换算表中相互比较，见附录 B。

（3）维氏硬度

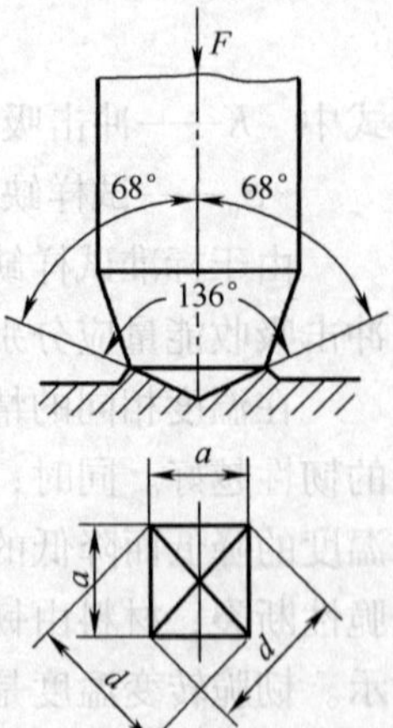

图 1-7　维氏硬度试验原理图

1）测量原理。维氏硬度的测量原理与布氏硬度基本相同，区别在于压头采用锥面夹角为 136°的正四棱锥体金刚石。压痕为四方锥形，如图 1-7 所示。测压痕对角线长度 d 值，对照专用表可直接查出硬度值。

2）表示方法。维氏硬度用 HV 符号表示，HV 符号前面的数值为硬度值，HV 后面的数值按试验载荷、载荷保持时间的顺序标注，用时 10～15s 不用标注。例如，640HV30 表示维氏硬度值为 640，试验载荷为 294.2N，保持时间为 10～15s；640HV30/20 表示维氏硬度值为 640，试验载荷为 294.2N，保持时间为 20s。

3）应用范围及优、缺点。维氏硬度法的测量范围一般为 10～1000HV，压入深度较浅，故可测很薄的材料，如表面硬化层、金属镀层的硬度，可测面较广，从较软到很硬的金属材料均可测定，且准确性高于布氏、洛氏硬度测试法，连续性好。缺点是测试方法较繁琐，对待测件表面质量要求较高。

金属材料的硬度实际上也是其强度的局部反应，强度高则硬度必然高。

4. 冲击韧度

许多机械零件在工作时要受到冲击载荷的作用，如活塞销、锤杆、冲模及锻模等。用于制造这类零件的金属材料，不能只用静载荷作用下的韧性（即金属材料在断裂前吸收变形能量的能力）指标来衡量其性能的好坏，还应考虑金属材料抵抗冲击载荷的能力，即冲击韧性，以冲击韧度 a_K 度量。金属材料冲击韧度值用一次摆锤冲击试验法测定，试验原理如图 1-8 所示。

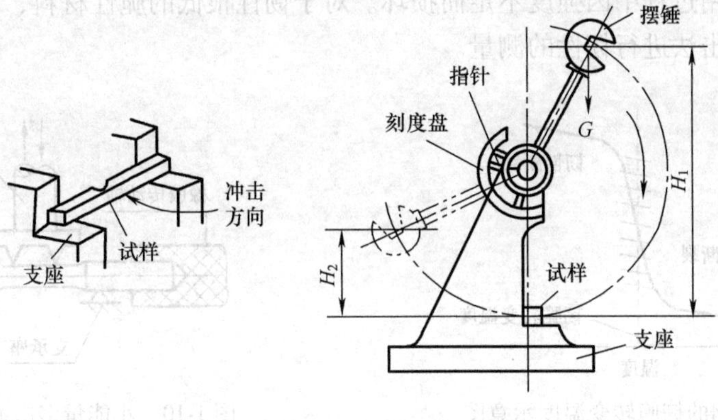

图 1-8　一次摆锤冲击试验原理图

将待测的金属材料加工成标准试样，试样缺口背向摆锤冲击方向安放在试验机的两支座之间，再将重力为 G 的摆锤抬到一定高度 H_1，使其获得势能（GH_1），然后使摆锤自由下落。试样断裂后，摆锤因惯性上摆到 H_2 高度，剩余势能为 GH_2，试样断裂所吸收的能量称为冲击吸收能量，以 K 表示，即 $K = GH_1 - GH_2 = G(H_1 - H_2)$。冲击吸收能量 K 除以试样缺口处横截面积 S_0，即为冲击韧度，用符号 a_K 表示，按下式计算

$$a_K = \frac{K}{S_0}$$

式中 K——冲击吸收能量，单位为J；

S_0——试样缺口处的横截面积，单位为cm^2。

由于标准试样缺口分为V型和U型两种，所以用相应缺口的标准试样进行试验时，其冲击吸收能量应分别标注为KV和KU，其冲击韧度标注为a_{KV}或a_{KU}，单位为J/cm^2。

在温度相同的情况下，由不同材料制成的冲击试样，所测冲击吸收能量K越大，材料的韧性越好。同时，试验还表明，冲击吸收能量（K）和冲击韧度（a_K）总的变化趋势是随温度的降低而降低的，当温度降至某一数值时，冲击韧度值急剧下降。钢材由韧性断裂变为脆性断裂，材料由韧性断裂状态向脆性断裂状态转变的温度称为韧脆转变温度，如图1-9所示。韧脆转变温度是衡量金属材料冷脆变化的指标，韧脆转变温度越低，材料的低温冲击韧性越好。例如，碳素结构钢的韧脆转变温度为-20℃。因此，在不同地区使用碳素结构钢作为桥梁、输送管道等钢架结构件的材料时，必须考虑其周围环境的最低温度，使其高于材料的韧脆转变温度，以避免在寒冷季节发生金属脆断事故。

在实际生产中，选用制造冲模的冲头、发动机的活塞销等零件材料时，除了要考虑静载荷作用下材料的塑性、硬度指标外，还必须考虑冲击载荷作用下的强度（即材料抵抗冲击载荷的能力）。在承受冲击载荷的零件中，很少有因大能量一次冲击而损坏的，绝大多数是因小能量多次冲击损伤的积累导致裂纹的产生和扩展而损坏的。因此，这类零件材料需用小能量多次冲击试验来检验其抗冲击性能，如图1-10所示。材料抵抗大能量一次冲击的能力取决于材料的塑性，而抵抗小能量多次冲击的能力则取决于材料的强度。例如，球墨铸铁曲轴的冲击韧度仅为$15J/cm^2$，塑性差（$A=2\%$），但强度较大（$R_m=700\sim800MPa$），故使用性能好。所以，在设计零件时，不能片面地追求高的a_K值，a_K值过高必然要降低强度，从而导致零件在使用过程中因强度不足而损坏。对于韧性很低的脆性材料，如陶瓷等，一般不采用一次摆锤冲击法进行韧性的测量。

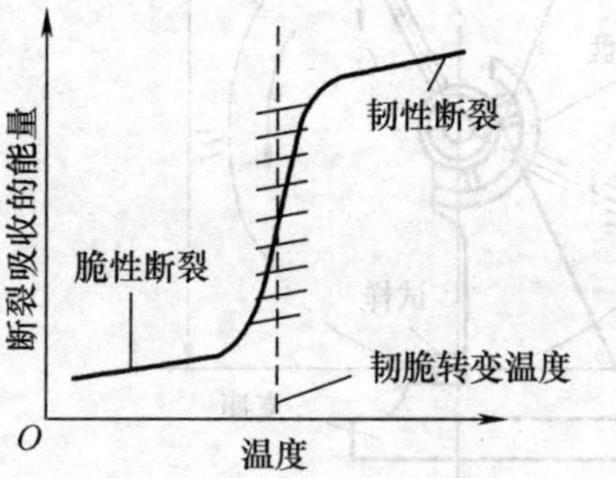

图1-9 钢的韧脆转变温度示意图

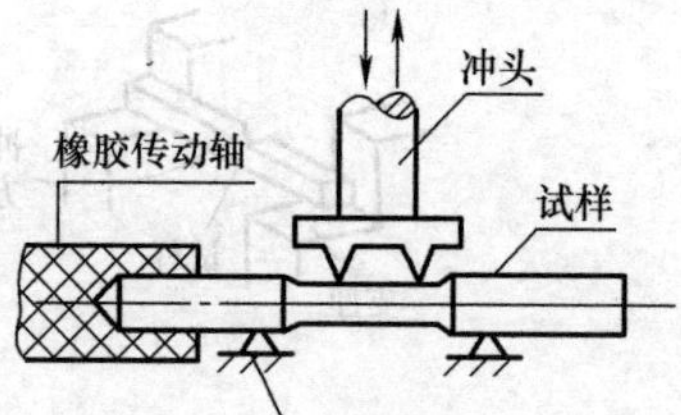

图1-10 小能量多次冲击原理图

5. 疲劳强度

（1）基本概念

1）交变应力（循环应力）。大小和方向随时间作周期性变化的应力称为交变应力，用符号σ表示。

2）金属疲劳。在交变应力的作用下，在一处或几处产生局部永久性积累损伤，经一定循环次数后产生裂纹或突然发生完全断裂的过程称为金属疲劳。疲劳现象产生之前多无明显的塑性变形。在金属零件损坏的案例中，有80%以上是由金属疲劳现象引起的。

（2）疲劳破坏过程　疲劳破坏可分为微观裂纹、宏观裂纹和瞬时断裂三个过程。

在材料的实际加工及成品应用过程中，金属材料在交变应力作用下，由于应力循环特性，材料的性质、残余应力和表面质量等因素的影响，在其表面形成缺陷点（如大块状碳化物、机加工刀痕、截面突变等），这些零件的局部应力大于屈服强度，从而导致局部塑性变形而形成裂纹，即疲劳源，这种“策源区”裂纹非常细小，为$10^{-9}\sim10^{-4}$m，故称为微观裂纹。由于裂纹处形成应力集中和在交变应力的反复作用下，细小裂纹不断扩展，相互融合，形成长度大于10^{-4}m、裸眼可见的“扩展区”裂纹称为宏观裂纹。在接下来的工作过程中，宏观裂纹继续扩展，而试样的有效承载面积减少，设计疲劳强度下降，结果在正常交变应力作用下，试样突然发生疲劳断裂。

从试样突然发生断裂的宏观断口处可见，疲劳断裂由策源区、扩展区（常显示为贝纹状线或海滩状花样）和瞬间断裂区（瞬断区）三部分组成，如图1-11所示。

（3）疲劳曲线与疲劳强度

1）疲劳曲线。疲劳曲线是指交变应力σ与循环次数N之间的关系曲线。如图1-12所示，金属材料承受的交变应力越大，则断裂前的应力循环次数越少，反之越多。当应力低于一定值时，试样可以经受无限次交变应力的作用而不被破坏。

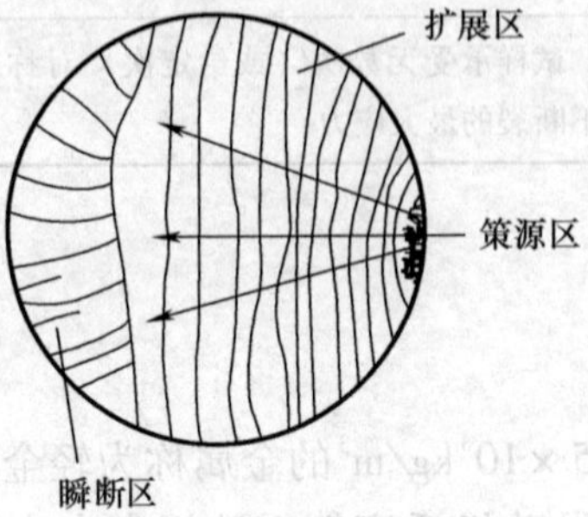

图1-11　疲劳断口示意图

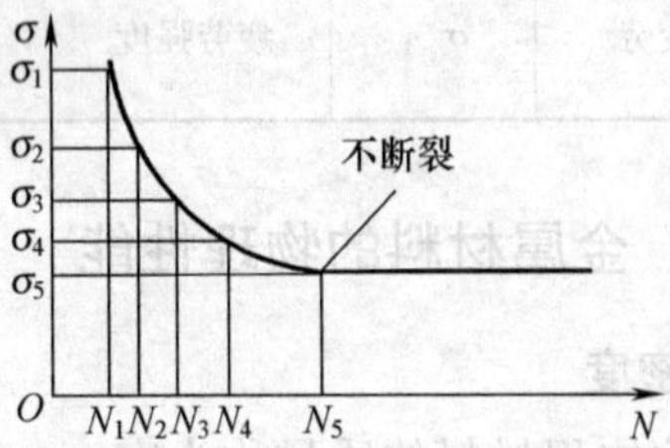

图1-12　疲劳曲线示意图

2）疲劳强度（疲劳极限）。金属材料在无限次交变应力作用下而不损坏的最大应力称为疲劳强度。当应力呈对称循环时，疲劳强度用符号σ_{-1}表示，单位为MPa。疲劳曲线和疲劳强度是通过疲劳试验机，模拟零件在机械中实际工作的情况测试出来的，由疲劳曲线可看出金属材料的疲劳强度。由于实际上不可能进行无数次循环，并且有的金属材料不出现图1-12所示的趋于水平的疲劳曲线，所以，一般规定一个应力循环基数，测试中，循环次数超过这个基数就认为该金属材料不再发生疲劳破坏。根据零件的使用寿命和工作条件来确定其循环基数，例如，火车车轴循环基数为5×10^7次；汽车发动机的曲轴循环基数为12×10^7次；汽轮机叶片的循环基数为25×10^{10}次；有色金属循环基数为10^8次。为了提高疲劳抗力，在设计和制造这类零件时，应尽量减小截面突变，防止表面损伤，采用各种金属材料表面强化方法，如渗碳、渗氮、表面淬火、喷丸等，使金属材料的表层获得有利于提高金属材料疲劳强度的残余压应力层。此外，降低零件的表面粗糙度也可以提高金属材料的疲劳强度，合理的结构和形状也能有效避免应力集中。

常用金属材料的力学性能指标及其含义见表1-3。

表 1-3 常用金属材料的力学性能指标及其含义

力学性能	性能指标			含义
	符号	名称	单位	
强度	R_m	抗拉强度	MPa	试样拉断前所能承受的最大应力
	R_{eL}	下屈服强度	MPa	拉伸过程中，力不增加（保持恒定）试样仍能继续伸长时的应力
	$R_{p0.2}$	规定非比例延伸强度	MPa	规定残余伸长率达 0.2% 时的应力
塑性	A	断后伸长率		标距的伸长与原始标距的百分比
	Z	断面收缩率		断口处横截面积的缩减量与原始横截面积的百分比
硬度	HBW	布氏硬度值		球形压痕单位面积上所承受的平均压力
	HRC	C 标尺洛氏硬度值		用洛氏硬度相应标尺刻度满程与压痕深度之差计算的硬度值
	HRB	B 标尺洛氏硬度值		
	HRA	A 标尺洛氏硬度值		
	HV	维氏硬度值		正四棱锥形压痕单位表面积上所承受的平均压力
冲击韧性	a_K	冲击韧度	J/cm²	冲击试样缺口处单位横截面积上的冲击吸收能量
金属疲劳	σ_{-1}	疲劳强度	MPa	试样承受无数次（或给定次）对称循环应力仍不断裂的最大应力

二、金属材料的物理性能

1. 密度

单位体积材料的质量称为密度。一般将密度小于 5×10^3kg/m³ 的金属称为轻金属，密度大于 5×10^3kg/m³ 的金属称为重金属。飞机、快艇、发动机活塞等需选用密度小的材料制造，以减轻重量。

2. 熔点

材料的熔化温度称为熔点。一般陶瓷的熔点高于金属的熔点，高分子材料没有固定的熔点，金属都有固定的熔点。熔点低的金属及合金可用来制造焊锡或熔丝，而熔点高的金属及合金（如钨、钼、钒）可以制造耐高温零件。熔点对金属与合金的冶炼、铸造和焊接等是一个重要的工艺参数。

3. 热膨胀性

材料在不同温度的热膨胀性通常用线胀系数表示，线胀系数是一个非常重要的性能指标。陶瓷的线胀系数最低，金属次之，高分子材料最高。活塞与缸套的材料匹配及异种金属焊接等都需要考虑材料的热膨胀性。

4. 磁性

材料能导磁的性能称为磁性。许多金属（如铁、镍、钴等）具有较高的磁性，也有许多金属如铝、铜、铅等是无磁性的，非金属材料一般无磁性。

5. 导热性

导热性用热导率 λ 来表示，热导率越大，说明导热性越好。导热性是金属材料的重要性能之一，金属及合金的热导率远高于非金属材料。导热性好的材料可用来作热交换器等传热设备的零件。在不同材料匹配过程中，必须考虑不同材料的导热性。

6. 导电性

导电性用电阻率 ρ 表示，通常金属的电阻率随温度的升高而增大，纯金属材料的导电性比合金好，高分子材料不导电，但部分高分子复合材料有良好的导电性。陶瓷材料不导电，但某些含有特殊成分的陶瓷都是具有一定导电性的半导体。常用金属的物理性能见表 1-4。

表 1-4　常用金属的物理性能

金属名称	符号	密度 ρ/ $(kg/m^3)\times10^3$ (20℃)	熔点/℃	热导率 λ/[W/(m·K)]	线胀系数 α_l/ $K^{-1}\times10^{-6}$ (0~100℃)	电阻率/ $(\Omega\cdot m)\times10^{-8}$ (0℃)
银	Ag	10.49	960.8	418.6	19.7	1.5
铝	Al	2.6984	660.1	221.9	23.6	2.655
铜	Cu	8.96	1083	393.5	17.0	1.67~1.68（20℃）
铬	Cr	7.19	1903	67.0	6.2	12.9
铁	Fe	7.84	1538	75.4	11.76	9.7
镁	Mg	1.74	650	153.7	24.3	4.47
锰	Mn	7.43	1244	4.98（-192℃）	37.0	185（20℃）
镍	Ni	8.90	1453	92.1	13.4	6.84
钛	Ti	4.508	1677	15.1	8.2	42.1~47.8
锡	Sn	7.298	231.91	62.8	2.3	11.5
钨	W	19.3	3380	166.2	4.6（20℃）	5.1

三、金属材料的化学性能

化学性能是金属在常温或高温时抵抗各种化学作用的能力。据相关资料介绍，全世界每年由于腐蚀而报废的金属材料和设备相当于全年金属产量的1/3。此外，设备因腐蚀而需进行检修或停工减产的损失及采取各种防腐措施的费用更为可观。所以采取合理有效的措施防止或减少腐蚀的发生具有重大的实际意义。

1. 金属材料腐蚀的基本过程

金属与周围介质（水电解质）接触时，由于化学作用而引起的腐蚀为化学腐蚀。如金属与 O_2、H_2S、SO_2、Cl_2 等气体接触时形成氧化物、硫化物、氯化物等，从而使金属零件因腐蚀而损坏。

金属与电解质溶液（如酸、碱、盐）等构成原电池而引起的腐蚀为电化学腐蚀，如金属在海水中或土壤中的腐蚀均属于电化学腐蚀。

2. 防止金属腐蚀的途径

合理选择防腐材料（如不锈钢）和采用覆盖法（即电镀或使用电化学保护，如阴极保护法）等都可以防止或减少金属腐蚀的发生。另外，用适当的涂料进行涂覆，也可起到防腐蚀、填平锈斑的作用。

3. 抗氧化性

材料在高温下抵抗氧化的能力称为抗氧化性，又称为热稳定性。在钢中加入 Cr、Si 等元素，可大大提高钢的抗氧化性。在高温下工作的发动机气门、内燃机排气阀等汽车零部件就是采用抗氧化性好的 42Cr9Si2 等材料制造的。

第二节 金属材料的工艺性能

金属材料的工艺性能是指材料适应某种加工的难易程度。金属材料工艺性能的好坏将直接影响制造零件的工艺方法、质量及制造成本。

常用金属材料的工艺性能包括以下几种。

1. 铸造性能

金属材料及其合金在铸造工艺中获得优良铸件的能力称为铸造性能，包括流动性、收缩性、热裂倾向、偏析及吸气性等。不同金属材料其铸造性能差异很大，灰铸铁铸造性能最好。

2. 锻造性能

用锻压成形法获得优良锻件的难易程度称为锻造性能，包括可锻性、冷镦性和锻后冷却性等。低碳钢、铝合金、铜合金的可锻性较好，高碳钢、合金钢的可锻性差，铸铁则不能锻造。

3. 焊接性能

焊接性能是指金属材料对焊接加工的适应能力。焊接性能与金属材料的化学成分有关，低碳钢的焊接性能好，高碳钢、铸铁、铜合金和铝合金的焊接性能差。

4. 切削加工性能

切削加工性能是指切削加工金属材料的难易程度。当硬度在 160 ~ 230HBW 之间且具有足够的脆性时，金属材料较易切削加工。马氏体、奥氏体的切削加工性能差，所以铸铁比钢容易切削加工，一般碳钢比高合金钢容易切削加工。

5. 热处理性能

热处理性能是金属材料工艺性能中一项非常重要的性能，在第五章中将详细讲解。

本章小结

金属材料的性能包括使用性能和工艺性能。使用性能包括力学性能、物理性能和化学性能，其中，力学性能是重点，它包括强度、塑性、硬度、韧性及疲劳强度；工艺性能包括铸造性能、锻造性能、焊接性能、切削加工性能和热处理性能。

复习思考题

1. 什么是金属材料的使用性能？使用性能包括哪些方面？
2. 什么是金属材料的力学性能？力学性能主要包括哪些方面？
3. 什么是强度？衡量强度的指标有哪些？用什么符号表示？

4. 什么是塑性？衡量塑性的指标有哪些？用什么符号表示？

5. 什么是硬度？常用的硬度试验法有哪三种？HBW、HRA、HRB、HRC 各代表用什么方法测出的硬度？

6. 试述布氏硬度试验法的优、缺点及应用范围。

7. 常用的洛氏硬度标尺有哪三种？各适于测定哪些材料的硬度？

8. 什么是冲击韧度？a_{KU}和a_{KV}各表示什么？

9. 什么是疲劳强度？用什么符号表示？

10. 金属的物理性能包括哪些方面？

11. 金属材料的工艺性能包括哪些方面？

第二章　金属的晶体结构与结晶

【基本要求】

1. 掌握晶体、晶格、晶胞、晶面及晶向的概念。
2. 理解合金、组元、相的概念。
3. 了解三种常见的晶体结构、晶体缺陷。

【重点和难点】

1. 合金的三种组织。
2. 纯金属的结晶过程。
3. 合金相图的建立，合金的结晶过程。
4. 合金性能与相图的关系。

金属材料的性能是由其组织结构决定的，而组织结构又是通过原子的排列方式和空间分布体现的，绝大多数金属材料在固态下是以晶体状态存在的。所以，掌握金属材料的内部结构及其对金属材料的影响，对于生产、加工、使用金属材料具有重要的意义。

机械工程材料中，金属材料是应用最广泛的材料，对金属的固体结构及其形成过程的分析、了解及掌握是非常必要的。所以，本章从金属的结晶过程及组织结构开始研究。

第一节　金属的晶体结构

一、晶体结构的基本概念

1. 晶体与非晶体

由于原子在物质内部排列方式的不同，通常将固态物质分为晶体和非晶体两类。

晶体中的原子在三维空间是按一定几何规律重复排列的有序结构。通常固态下的金属及其合金等都是晶体。

非晶体的原子在三维空间呈无序排列的结构，如玻璃、沥青、绝大多数塑料等。晶体的性能具有各向异性的特点，非晶体的性能在各个方向上是相同的，具有各向同性的特点。

2. 晶格与晶胞

为了便于理解，通常把原子看成一个固定的小球，这些固定的小球按一定几何形式有序排列组成晶体，如图 2-1 所示。

（1）晶格　为了便于研究，将每个原子视为一个几何质点，用假想的线将各质点连接起来，构成有规律的空间格架，这种表示原子在晶体中排列规律的空间几何格架称为晶格，如图 2-2a 所示。

（2）晶胞　晶胞是组成晶格的最小几何单位，如图 2-2b 所示。

图 2-1　晶体内部原子排列示意图

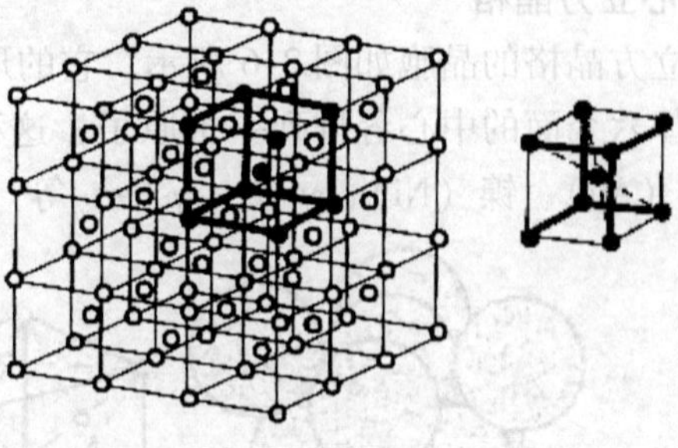

a)　　b)

图 2-2　晶格与晶胞示意图

a）晶格　b）晶胞

3. 晶面与晶向

晶体中由一系列原子组成的平面称为晶面，如图 2-3 所示。

通过两个或两个以上原子中心的直线，可代表晶格空间排列的一定方向，称为晶向，如图 2-4 所示。

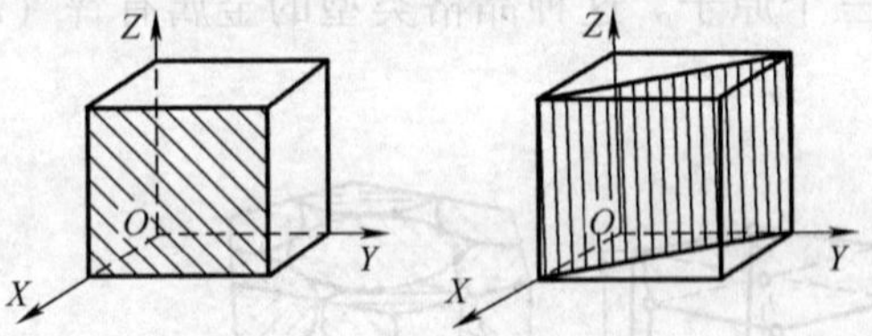

图 2-3　立方晶格中的晶面

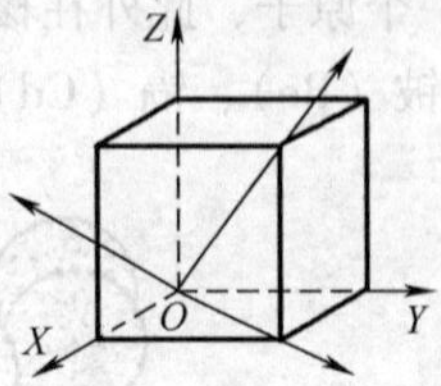

图 2-4　立方晶格中的晶向

二、金属常见的三种晶格类型

常见的金属晶格中，除少数金属具有复杂的晶体结构外，绝大多数金属具有以下三种比较简单的晶体结构。又因为晶胞是从晶格中取出来的，它能够代表晶格特性，所以要研究晶格特性只要研究晶胞特性就可以了。现以三种晶格的晶胞为例，说明三种晶格类型的特性。

1. 体心立方晶格

体心立方晶格的晶胞如图 2-5 所示。它的形状是一个立方体，在立方体晶胞的八个顶角上和晶胞中心各有一个原子。这种晶格类型的金属有 α-铁（α-Fe）、钨（W）、铬（Cr）、钼（Mo）、钒（V）等。

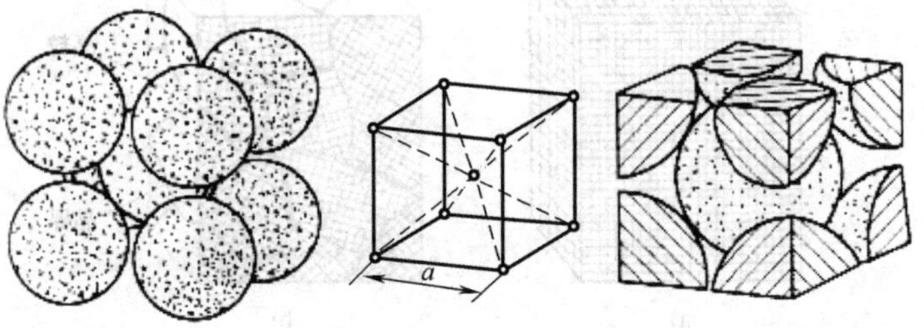

图 2-5　体心立方晶胞

2. 面心立方晶格

面心立方晶格的晶胞如图 2-6 所示。它的形状也是一个立方体，在立方体晶胞的八个顶角和立方体六个面的中心各排列一个原子，这种晶格类型的金属有铜（Cu）、铝（Al）、铅（Pb）、金（Au）、镍（Ni）、γ-铁（γ-Fe）等。

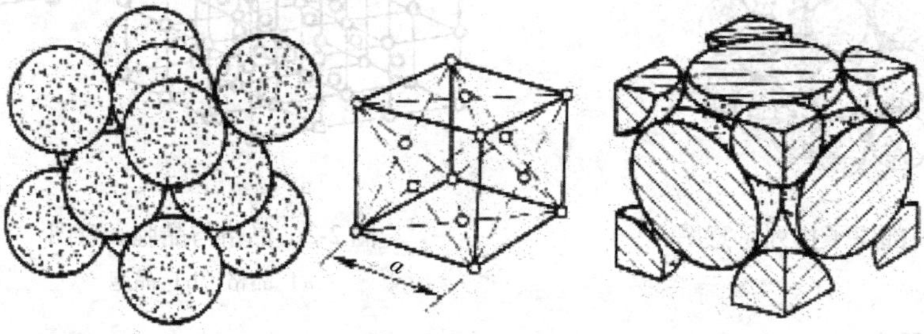

图 2-6 面心立方晶胞

3. 密排六方晶格

密排六方晶格的晶胞如图 2-7 所示。在六棱柱的各个棱角和上、下两个六边形底面的中心各有一个原子，此外在棱柱体中间还有三个原子。这种晶格类型的金属有锌（Zn）、镁（Mg）、铍（Be）、镉（Cd）等。

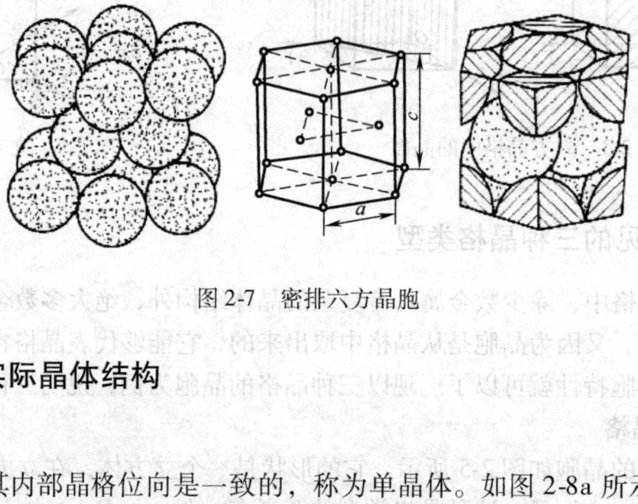

图 2-7 密排六方晶胞

三、金属的实际晶体结构

1. 单晶体

一块金属晶体其内部晶格位向是一致的，称为单晶体。如图 2-8a 所示，金属的单晶体只能靠特殊的方法制得。

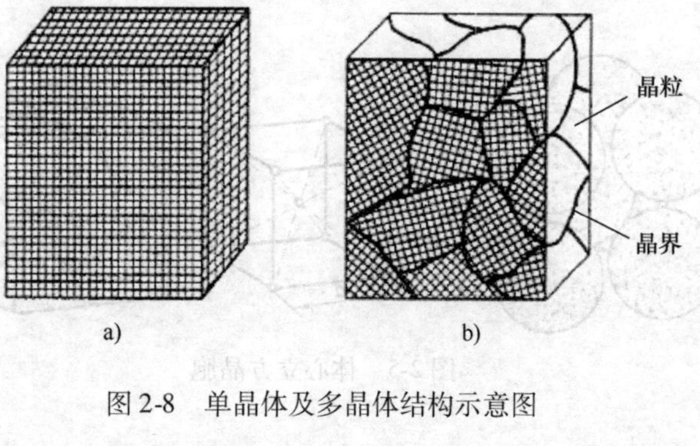

图 2-8 单晶体及多晶体结构示意图

2. 多晶体

一块金属晶体由许多晶格位向不同的微小晶体组成的称为多晶体，如图 2-8b 所示。当多个单晶体组成单个晶体时，单晶体内部的晶格位向是一致的，而各个单晶体彼此间位向都不同，这种不规则的小晶体称为晶粒，晶粒与晶粒之间的界面称为晶界，实际应用的金属材料是多晶体结构。

3. 三种常见的晶体缺陷

由于冶炼后在凝固过程中受到多种因素的影响，在晶体内部的局部区域原子的规则排列往往受到干扰而被破坏，这种原子排列无序的区域称为晶体缺陷，常见的缺陷有三种类型。

（1）点缺陷　点缺陷是指在三维空间的三个方向上尺寸都很小的晶体缺陷，常见的有晶格空位和间隙原子，如图 2-9 所示。晶格空位缺陷是晶格中某个原子脱离了平衡位置，形成空结点。间隙原子是指晶体的晶格间隙处出现的多余原子。

晶格中原子偏离平衡位置，使晶格发生扭曲，称为晶格畸变。晶格畸变将使晶体性能发生变化，可使金属的强度、硬度升高，电阻增大，塑性降低。

（2）线缺陷　在三维空间的两个方向上尺寸很小的晶体缺陷称为线缺陷，常见为刃形位错和螺形位错等。

位错是晶体中一列或数列原子发生有规律的错排现象，如图 2-10 所示。在这个晶体 *ABCD* 面的上方，多出一个垂直的半原子面 *EFGH*，像刀刃一样切入晶体，与 *ABCD* 面交于 *EF* 线（位错线）称为刃形位错。在位错线周围会引起晶格畸变，离位错线越近，畸变越严重。金属材料的塑性变形就是通过位错来实现的。冷变形加工的金属，由于位错密度增加，从而提高了金属的强度。

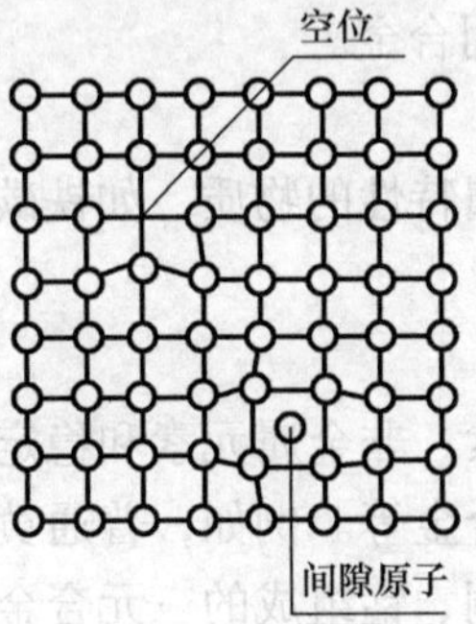

图 2-9　点缺陷示意图

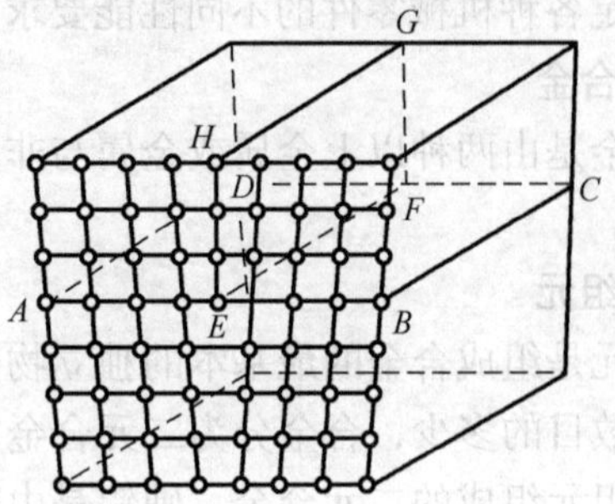

图 2-10　刃形位错示意图

（3）面缺陷　在三维空间的一个方向上尺寸很小而呈面状的晶体缺陷称为面缺陷，主要指晶界、亚晶界。

晶界是晶粒与晶粒之间的过渡层，如图 2-11a 所示。在多晶体中，相邻晶粒之间位向差可达 20°～40°，所以晶界处原子排列是不规则的，即使在一个晶粒内部也存在许多更小晶格位向差小于 2°～3°的小晶块，它们相互镶嵌成一颗晶粒，这些小晶块称为亚晶粒，亚晶粒之间的界面为亚晶界，如图 2-11b 所示。而亚晶界处的原子排列与晶界一样，也是不规则的。所以，常态下，晶界处的硬度和强度均高于晶粒内部，晶粒越细小，则晶界越多，金属的强度和硬度就越高。

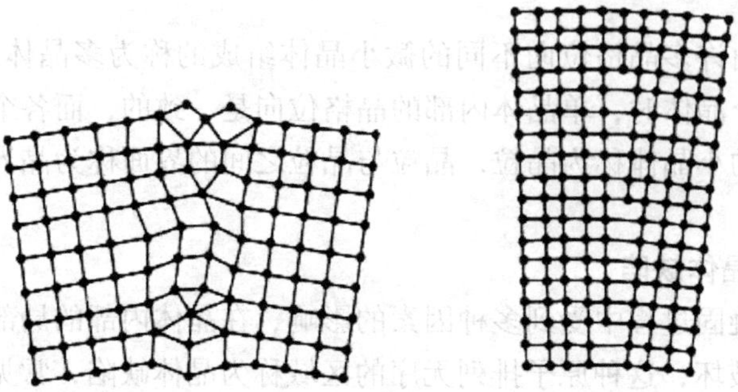

a) b)

图 2-11 面缺陷示意图

a) 晶界 b) 亚晶界

综上所述，晶体的各种结构缺陷会造成晶格畸变，引起晶体内部产生内应力，直接影响金属的力学性能。所以在生产中，应利用形变强化的方法，如压力加工工艺，通过对金属的塑性变形使晶体产生缺陷，达到强化金属的目的。

第二节 合金的基本结构

一、合金的概念

纯金属具有良好的物理和化学性能，但其力学性能较差，而且价格较高，种类也有限。为了满足各种机械零件的不同性能要求，工程实践中常使用合金。

1. 合金

合金是由两种以上金属或金属与非金属组成的具有金属特性的物质，如铁碳合金、铜锌合金等。

2. 组元

组元是组成合金的最基本的独立物质，可以是金属元素、非金属元素和稳定化合物。根据组元数目的多少，合金分为二元合金、三元合金或多元合金等。例如，普通黄铜是由铜和锌两个组元组成的二元合金，硬铝是由铝、铜、镁或铝、铜、锰组成的三元合金。

3. 相及组织

相是指合金中具有相同成分、相同结构并以界面相互分开的各个均匀组成部分。固态金属一般是一个相，而合金可能有几个相。合金的组织就是由数量、大小和分布不同的相构成的。由单一相组成的组织为单相组织，由两种或两种以上相组成的组织为多相组织。

二、合金的组织

根据合金中各组元之间结合方式的不同，合金的组织分为固溶体、金属化合物和机械混合物三种。

1. 固溶体

溶质原子溶入溶剂晶格中而仍保持溶剂晶格类型的合金相称为固溶体，溶入的原子称为溶质原子，而基体原子称为溶剂原子。根据溶质原子在溶剂晶格中占据的位置不同，固溶体分为置换固溶体和间隙固溶体。

（1）置换固溶体　溶质原子置换了溶剂晶格结点上某些原子而形成的固溶体，称为置换固溶体，如图 2-12 所示。在生产中加入铬（Cr）、锰（Mn）、硅（Si）、镍（Ni）和钼（Mo）等金属元素都能与铁形成置换固溶体，形成合金钢。

在置换固溶体中，溶质在溶剂中的溶解度取决于两者的原子半径、晶格类型及在化学元素周期表中的位置，若两者晶格类型相同、电子结构相似、原子半径差别小、在元素周期表中的位置接近，则溶解度就大，甚至可以形成无限固溶体。

（2）间隙固溶体　当溶质原子嵌入溶剂晶格各结点之间的空隙内形成的固溶体称为间隙固溶体，如图 2-13 所示。能够作为间隙固溶体的溶质原子多为原子半径小于 0.1nm 的非金属元素，如氮、硼、碳等。由于溶剂晶格的空隙有限，所以间隙固溶体能溶解的溶质原子数量也是有限的。

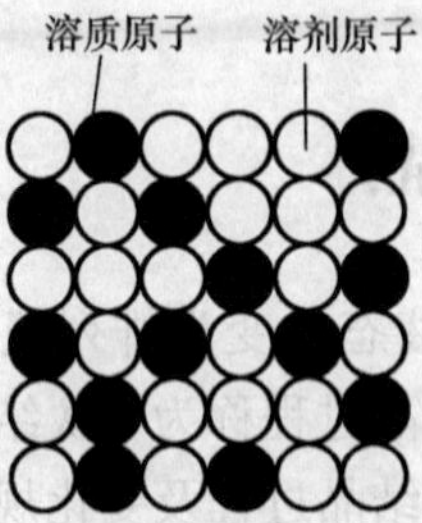

图 2-12　置换固溶体结构示意图

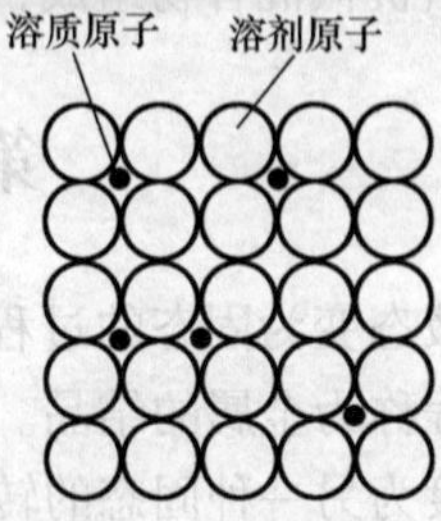

图 2-13　间隙固溶体结构示意图

固溶体的溶解度与温度有关，一般来说，温度越高溶解度越大。

如图 2-14 所示，固溶体中溶质原子的溶入导致溶剂晶格畸变，使金属材料的强度、硬度得到提高，生产中称为固溶强化。例如，铜中加入质量分数为 19% 的镍，可使铜合金的抗拉强度 R_m 由 220MPa 提高到 380～400MPa；硬度由 44HBW 提高到 70HBW；而断后伸长率仍然保持在 50% 左右。所以，通过不同溶质原子溶入溶剂晶格的方法，使固溶体的强度、塑性和韧性之间达到较好的配合。在生产中，力学性能要求较高的结构材料，多以固溶体为基本相，在辅以其他强化方法来生产。

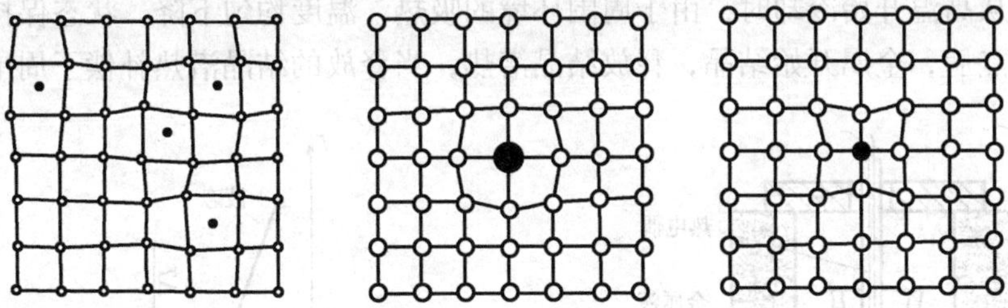
图 2-14　固溶体的晶格畸变

2. 金属化合物

合金中溶质含量超过溶剂的溶解度时，合金元素间发生相互作用而生成具有金属性质的一种新相，称为金属化合物。其晶格类型及性能不同于组成化合物的任意组元，一般具有较复杂的晶格结构，Fe_3C 的晶体结构如图 2-15 所示。金属化合物的特点是熔点高、性能硬而脆。因此，当合金中出现金属化合物时，通常能提高合金的强度、硬度和耐磨性，但也会降低塑性和韧性。以金属化合物作为强化相强化金属材料的方法，称为第二相强化。多数合金都是由固溶体和少量金属化合物组成的混合物，通过调整固溶体的溶解度和分布在其中的化合物的形状、数量、大小及分布来调整合金的性能，满足不同性能对材料的要求。

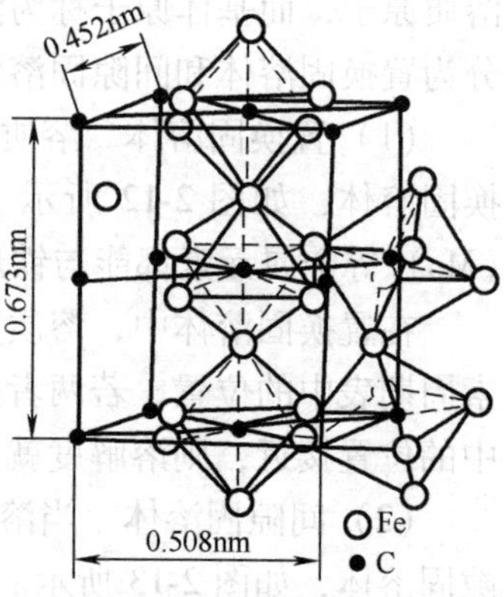

图 2-15　Fe_3C 的晶体结构示意图

3. 机械混合物

组成合金的各组元在固态下既互不溶解，也不形成化合物，而是按一定的质量比例以混合方式存在着，形成各组元晶体的机械混合物。组成机械混合物的物质可能是纯组元、固溶体或者是化合物各自的混合物，也可能是它们之间的混合物，机械混合物中各相仍保持原有的晶格和性能。工业中使用的大多数合金均由机械混合物组成，如钢、铸铁、铝合金等。

第三节　纯金属的结晶

金属由液态变为固态的过程也是原子从排列不规则的液态转变为排列规则的晶态的过程，这个过程称为金属的结晶。金属从液态过渡为固态的结晶过程称为一次结晶，而金属从一种固态过渡为另一种固态的转变称为二次结晶。了解金属结晶过程及变化规律，对改变和控制材料的内部组织和性能是非常重要的。

一、纯金属结晶的冷却曲线及过冷现象

1. 冷却曲线

纯金属的结晶过程可用热分析方法测绘的冷却曲线来描述。纯金属的结晶是在一定温度下进行的，这个温度称为结晶温度。如图 2-16 所示，将纯金属加热熔化为液体，然后缓慢冷却，在冷却过程中每隔一段时间测量记录一次温度，并以温度为纵坐标、时间为横坐标，作出温度与时间的关系曲线，即纯金属结晶时的冷却曲线。从图 2-17 所示的曲线可以看出，当液态金属从高温开始冷却时，由于周围环境的吸热，温度均匀下降，状态保持不变；当温度下降到 a 点后，金属开始结晶，释放结晶潜热，当释放的结晶潜热补偿了周围空气从金属

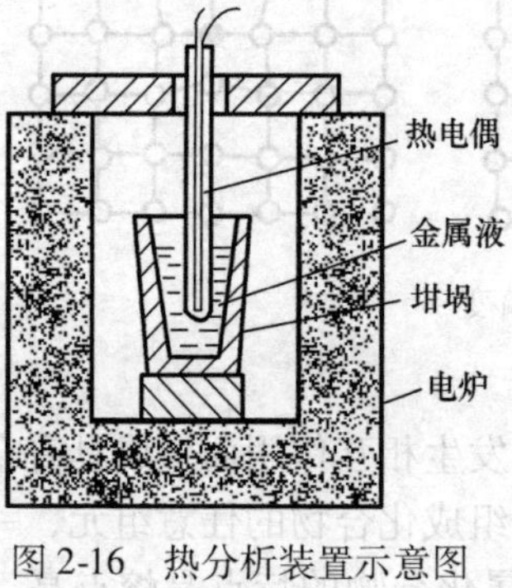

图 2-16　热分析装置示意图

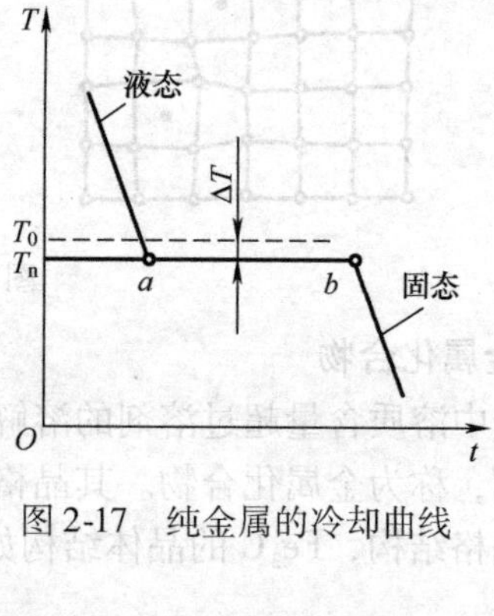

图 2-17　纯金属的冷却曲线

吸收的热量时，温度停止下降，保持恒定，在冷却曲线上出现一个平台，结晶完成后（b点），设备继续向外散热，温度继续下降，直至室温。a、b两点间的水平线段为结晶阶段，它们对应的温度称为金属的实际结晶温度，用T_n表示。

2. 过冷现象

纯金属液体在无限缓慢的冷却条件下结晶，所得到的结晶温度为理论结晶温度，用T_0表示。当温度高于T_0时，金属处于液态；当温度低于T_0时，金属处于固态。在T_0温度时，金属处于液固平衡状态。但在实际生产中，金属自液态向固态结晶时，都有较快的冷却速度，液态金属只有冷却到低于T_0温度，直到T_n温度时才开始结晶。金属的实际结晶温度低于理论结晶温度的现象称为过冷，理论结晶温度与实际结晶温度的差值ΔT称为过冷度，过冷度$\Delta T = T_0 - T_n$。金属结晶时过冷度与冷却速度成正比关系，冷却速度越快，金属的实际结晶温度越低，过冷度也就越大。生产中一般利用改变冷却速度的方法来控制金属的结晶。

二、纯金属的结晶过程

金属的结晶过程由晶核形成和晶核长大两个过程组成，如图2-18所示。

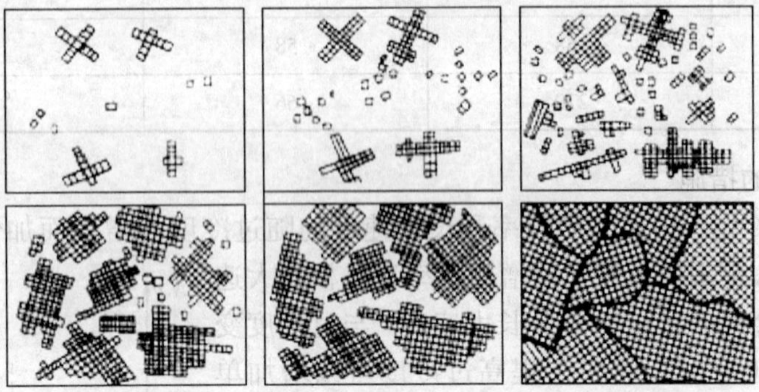

图2-18　纯金属结晶过程示意图

1. 晶核的形成

在液态金属从高温冷却到结晶温度的过程中，液体内部存在一些微小体积，它们的原子由不规则排列向规则排列逐渐过渡，不断产生许多类似晶体中原子规则排列的小集团，其特点是极不稳定，时聚时散，尺寸越大，稳定性越低。这种原子不稳定排列的小集团是产生晶核的基础，当液体温度降到实际结晶温度后，一些尺寸较大的原子小集团逐渐稳定，并能够自发地成长，形成晶核。

2. 晶核的长大

晶体主要以两种方式生长，当过冷度较小时，纯金属晶体主要以其结晶表面向前平移的方式长大，即平面式长大；当过冷度较大时，特别是液态金属内部存在非自发晶核时，在晶核长大的早期，其内部原子排列规则，但随着晶核的长大，晶体棱角的形成，棱角处的散热条件优于其他部位，因而得到优先生长，如长出树枝状枝干，在枝干上再长出分枝称为树枝晶，如图2-19所示，当相邻树枝晶的骨架相遇时，就停止了扩展。在生产

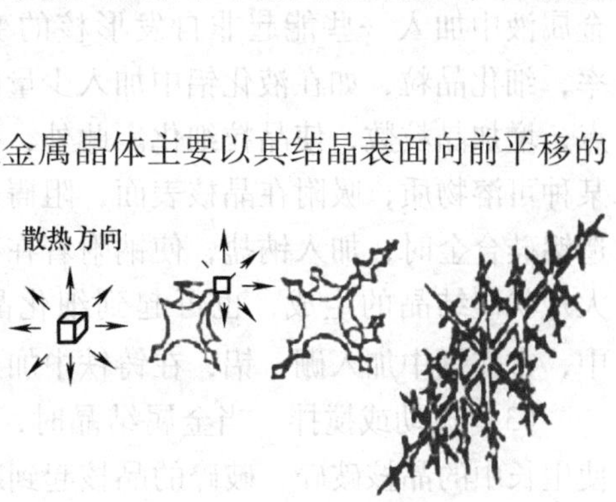

图2-19　树枝晶生长示意图

中，金属的结晶多为树枝晶，在结晶过程中，如果金属液体供应不充分，金属最后凝固的树枝晶之间的间隙则不能被填满，晶体的树枝状结构就很容易显露出来，在实际生产中，我们很容易在金属的铸锭表面见到树枝状的浮雕。

三、金属晶粒大小及控制

1. 晶粒大小对力学性能的影响

衡量金属的晶粒大小常用晶粒度（即单位体积或面积内晶粒的数量）表示。在单位体积中，晶粒越细，则数量越多。在同样变形条件下，变形量被分散到更多的晶粒内进行，各晶粒的变形比较均匀而不致产生过分的应力集中现象，同时由于晶粒多，不规则的晶界也多，所以细晶粒的金属不仅强度高，而且塑性和韧性也好，见表 2-1。

表 2-1 晶粒大小对纯铁力学性能的影响

晶粒平均直径/μm	R_m /MPa	R_{eL}/MPa	A（%）
70	184	34	30.6
25	216	45	39.5
2.0	268	58	48.8
1.6	270	66	50.7

2. 细化晶粒的措施

（1）增加过冷度　金属的形核率和长大速度均随过冷度的增大而加快，但两者加快速率不相同，在很大范围内形核率的增长速率比晶核长大速率增长得更快。金属的形核率 N 和长大速度 v 与过冷度变化的关系如图 2-20 所示。可见，提高过冷度可以增加单位体积内晶粒的数目，使晶粒细化。但过冷度过大或温度过低时，由于原子的扩散能力降低，形核的速率反而减小。在铸造生产中，为了提高铸件的冷却速度，一般用热导率大的金属铸型代替砂型，以提高铸件的力学性能。

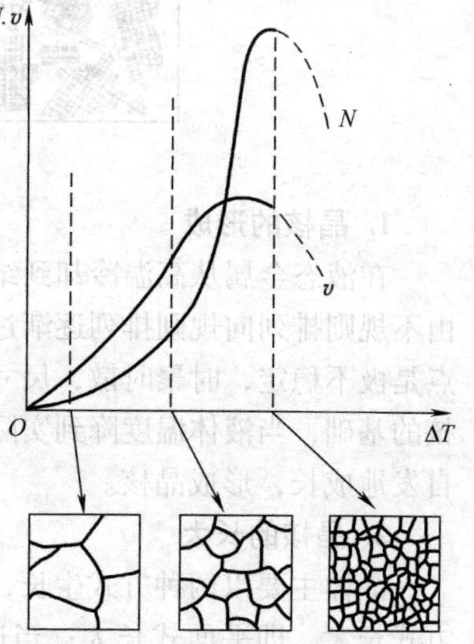

图 2-20 形核率和长大速度与过冷度的关系示意图

（2）变质处理　当体积过大的金属或形状复杂的铸件，在冷却速度不能过快，无法增大过冷度时，可采用向金属液中加入一些能起非自发形核的变质剂以增加形核率，细化晶粒，如在液化铝中加入少量的硼，形成 AlB_2 质点，增加晶粒数，使晶粒细化。此外，可在金属液中加入某种可溶物质，吸附在晶核表面，阻碍晶核长大，如在铸造铝硅合金时，加入钠盐，使钠附着在硅的表面，阻碍粗大片状硅结晶的生成，也可起到细化晶粒的效果。生产中，常在钢中加入硼、铝，在铸铁中加入硅、钙等，这些都是变质处理的典型实例。

（3）振动或搅拌　当金属结晶时，对液态金属进行机械、超声或电磁振动等措施，可使生长中的晶核破碎，破碎的晶核起到新生晶核的作用，增加了形核率，从而达到细化晶粒的目的。

第四节　合金的结晶

合金的结晶过程比纯金属复杂，为了研究方便，通常用合金相图来分析合金的结晶过程。合金相图是合金成分、温度和组织状态三者之间关系的一个简明图表，是表示合金在平衡条件下，在不同温度和成分时各相关系的图解，所以又称合金状态图或合金平衡图。

一、二元合金相图的建立

以 Cu-Ni 二元合金为例，建立二元合金相图，如图 2-21 所示。

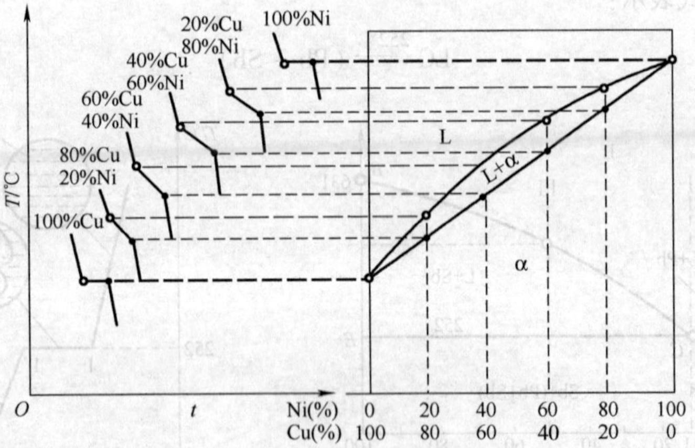

图 2-21　Cu-Ni 二元合金匀晶相图的绘制

首先配制一系列不同成分的 Cu-Ni 二元合金，然后用热分析方法测定这些不同成分合金的冷却曲线，将每组冷却曲线上的相变临界点（温度）标注在温度-成分坐标图上，再把相同意义的点连接成线，即绘成 Cu-Ni 合金的匀晶相图。图中上面一条曲线为液相线，下面一条曲线为固相线，两条线把匀晶相图分为三个相区，液相线以上为液相区（L），固相线以下为固相区（α），在液、固相线之间为液固二相共存区（L+α）。

二、二元合金相图的种类及应用

1. 二元匀晶相图

两组元不但在液态可无限互溶，在固态下也可无限互溶的二元合金系所形成的相图称为二元匀晶相图，具备这类二元合金相图的合金主要有 Cu-Ni、W-Mo 及 Fe-Ni 等。

从图 2-21 所示的 Cu-Ni 合金匀晶相图中可以看出，与纯金属冷却曲线不同的是，合金的冷却曲线有两个相变点，上相变点是结晶的开始点，下相变点是结晶的终了点，结晶放出的潜热使结晶时的温度下降缓慢，所以合金的结晶是在一定温度范围内进行的，在冷却曲线上表现为两个相变点之间的部分。

2. 二元共晶相图

当两组元在液态下完全互溶，在固态下只能有限互溶，并在凝固过程中发生共晶转变，形成两种成分与结构完全不同的固相的相图称为二元共晶相图。所以，在一定温度下，由一定成分的液相同时结晶出成分一定的两个固相的过程称为共晶转变。共晶转变的产物称为共晶体，所构成的相图为共晶相图，具有这类相图的合金有 Pb-Sn、Pb-Sb、Ag-Cu、Al-Si 及 Zn-Sn 等。

图 2-22 所示为 Pb-Sb 二元合金相图，图中 *A* 点是铅的熔点（327℃），*B* 点是锑的熔点（631℃），*C* 点是共晶点（温度是 252℃，此点的成分是 11% Sb + 89% Pb）。*ACB* 连线为合金开始结晶温度的上相变点连线，称为液相线，*DCE* 连线是液态合金结晶终止温度的下相变点连线，称为固相线，两个相线把相图分成几个区域。

图 2-22 中合金Ⅰ（成分 11% Sb + 89% Pb）的结晶过程是：在 *C* 点以上，合金处于液态，当缓慢冷却到 *C* 点时，发生共晶转变，在恒温条件下，从液相中同时结晶出 Pb 和 Sb 的共晶体，继续冷却共晶体不再发生变化，这种合金称为共晶合金，它的转换过程如图 2-23 所示。并可用公式表示：

$$\mathrm{LC} \xrightleftharpoons{252℃} (\mathrm{Pb}+\mathrm{Sb})$$

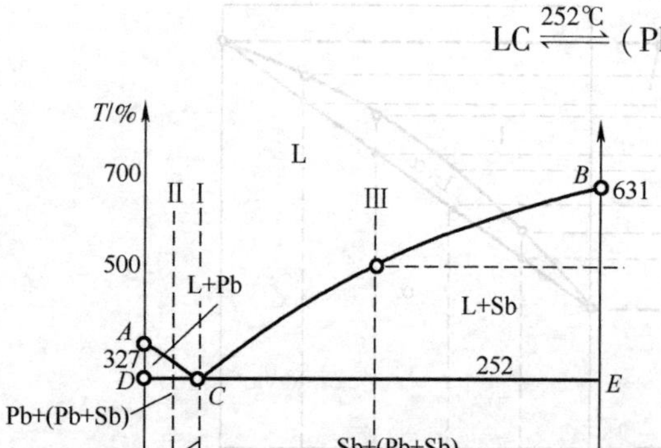

图 2-22　Pb-Sb 二元合金共晶相图

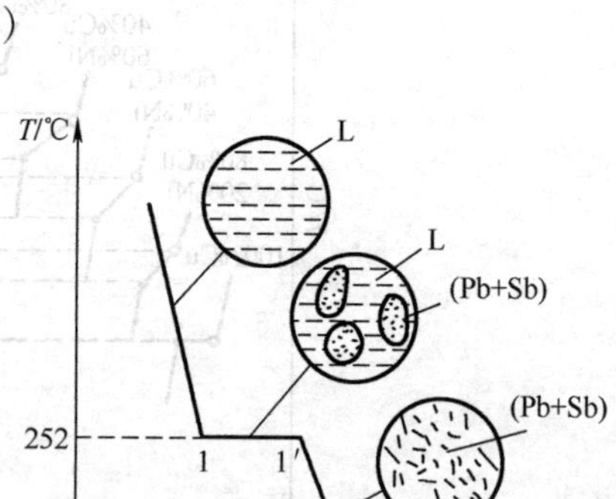

图 2-23　Pb-Sb 合金Ⅰ的结晶过程示意图

从图 2-22 中可以看出，凡是成分在 *C* 点以左（$w_{Sb}<11\%$）的合金称为亚共晶合金，如图 2-22 中的合金Ⅱ；合金成分在 *C* 点以右（$w_{Sb}>11\%$）的合金称为过共晶合金，如图 2-22 中的合金Ⅲ。亚共晶和过共晶合金的结晶过程与共晶合金结晶过程不同的是：从液相线到共晶转变温度之间，亚共晶合金要先结晶出 Pb 晶体，过共晶合金要先结晶出 Sb 晶体，因而它们的室温组织分别为 Pb +（Pb + Sb）和 Sb +（Pb + Sb）。合金Ⅱ、Ⅲ的冷却曲线及组织转换过程如图 2-24、图 2-25 所示。

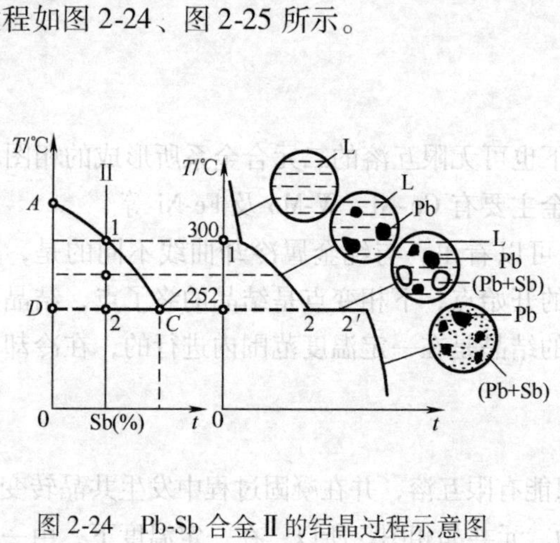

图 2-24　Pb-Sb 合金Ⅱ的结晶过程示意图

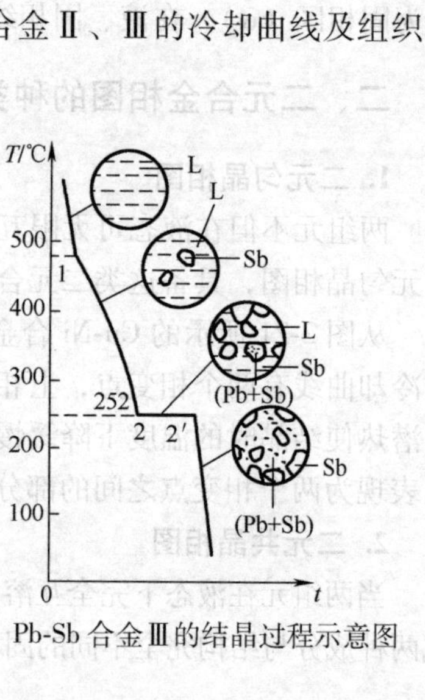

图 2-25　Pb-Sb 合金Ⅲ的结晶过程示意图

三、相图与合金性能的关系

合金的性能取决于合金的成分和组织，而合金的工艺性能取决于结晶特点，因此，通过相图可以判断合金的使用性能和工艺性能，为正确地配制合金、选材和制订相应的工艺提供了依据。

1. 相图与合金使用性能的关系

二元合金室温组织主要有两种类型，即单相固溶体与两相混合物，单相固溶体合金相图为匀晶相图。固溶体的性能与溶质元素溶入量有关，对一定的溶剂和溶质来说，溶质的溶入量越多，则合金的强度、硬度越高，电阻越大，电阻率越低，并在某一成分下达到最大或最小值，如图 2-26 所示。因固溶强化对强度和硬度的提高有限，不能满足工程结构件对金属材料性能的要求，所以在生产中经常将固溶体作为合金的基底。

在两相混合物共晶相图中，成分在两相区内的合金结晶后，形成两相混合物。两相组织的力学性能和物理性能随合金的成分变化而呈直线变化，由于共晶合金形成的是致密组织，其强度、硬度均显著提高，组织越致密，合金的性能提高得越显著，如图 2-26 所示。

2. 相图与合金工艺性能的关系

合金的铸造性能与相图的关系如图 2-27 所示，纯组元或共晶成分合金的流动性最好，缩孔集中，铸造性能好。相图中液相线与固相线之间距离越小，液体合金结晶的温度范围越窄，对浇注和铸造质量越有利；合金的液、固相线温度间隔大时，形成树枝晶偏析倾向也大，同时先结晶的树枝晶阻碍未结晶液体的流动，增加分散缩孔，所以，铸造合金常选用共晶或接近共晶成分的合金，如发动机活塞多采用 $w_{Si}=11\%\sim13\%$ 的铝硅铸造合金的共晶合金。

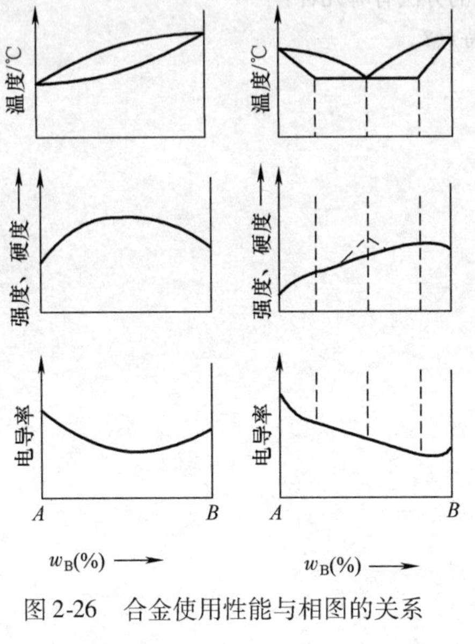

图 2-26　合金使用性能与相图的关系

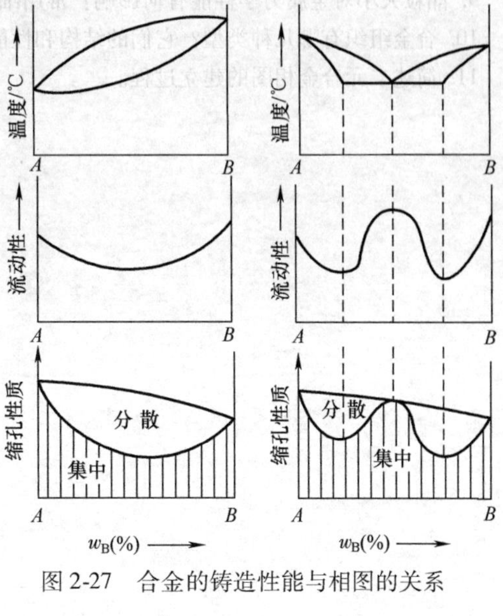

图 2-27　合金的铸造性能与相图的关系

本 章 小 结

1. 晶体的原子在三维空间呈按一定几何规律重复排列的有序结构，晶格是表示原子在晶体中排列规律的空间几何格架，晶胞是组成晶格的最小几何单位。

2. 三种常见的晶体结构是体心立方晶格、面心立方晶格及密排六方晶格。三种晶体缺陷是点缺陷、线缺陷、面缺陷。

3. 合金是由两种以上金属或金属与非金属组成的具有金属特性的物质。组元是组成合金的最基本的独立物质。相是指合金中具有相同成分、相同结构并以界面相互分开的各个均匀组成部分。

4. 合金有三种组织，即固溶体、金属化合物及机械混合物。

5. 纯金属的结晶过程包括晶核的生成和晶核的长大。细化晶粒的措施包括增加过冷度、变质处理、振动或搅拌。

6. 合金相图表示合金在平衡条件下，在不同温度和成分时各相关系的图解，又称合金状态图或合金平衡图。

复习思考题

1. 何谓晶体？何谓非晶体？两者有何区别？
2. 何谓晶格？何谓晶胞？
3. 金属常见的晶格类型有哪几种？
4. 实际金属的晶体结构有哪些缺陷？它们对金属的力学性能有何影响？
5. 何谓金属的结晶？
6. 何谓过冷现象和过冷度？过冷度与冷却速度有何关系？
7. 纯金属的结晶是由哪两个基本过程组成的？
8. 何谓单晶体？何谓多晶体？多晶体为什么具有各向同性的特点？
9. 晶粒大小对金属力学性能有何影响？常用细化晶粒的方法有哪几种？
10. 合金组织有哪几种类型？它们的结构和性能有何特点？
11. 简述二元合金相图的建立过程。

第三章 铁碳合金及碳钢

【基本要求】

1. 掌握铁碳合金的组织、性能及用途。
2. 掌握碳钢的概念、分类、牌号及用途。

【重点和难点】

1. 铁碳合金的基本组织，奥氏体、铁素体、渗碳体、珠光体及莱氏体的碳质量分数。
2. 铁碳合金相图中主要点、线的意义。
3. 共析钢、亚共析钢和过共析钢的结晶过程及室温组织。
4. 碳钢的分类、牌号、性能及应用。

铁碳合金是碳钢和铸铁的统称。碳的质量分数为 0.0218% ~2.11% 的铁碳合金称为碳钢，大于 2.11% 的铁碳合金称为铸铁，小于 0.0218% 的称为工业纯铁。纯铁的强度和硬度都很低，在机械制造中很少应用。钢铁是现代机械制造工业中应用最广泛的金属材料，铁与碳是钢铁中两个基本的元素。碳钢与铸铁均为铁碳合金，不同成分的铁碳合金具有不同的组织和性能。

第一节 铁碳合金的组织

一、铁素体

碳溶解在 α-Fe 中形成的间隙固溶体称为铁素体，用符号 F 表示，其晶胞与显微组织如图 3-1 所示，在显微镜下铁素体为均匀明亮的多边形晶粒。由于 α-Fe 是体心立方晶格，晶格间隙较小，碳原子只能处于位错、空位、晶界缺陷处或个别八面体间隙中，所以碳在 α-Fe 中溶解度很低，在 727℃时，溶解度最大，碳的质量分数仅为 0.0218%，室温下碳的质量分数为 0.0008%。铁素体的力学性能几乎与纯铁相同，强度和硬度低，而塑性和韧性好。

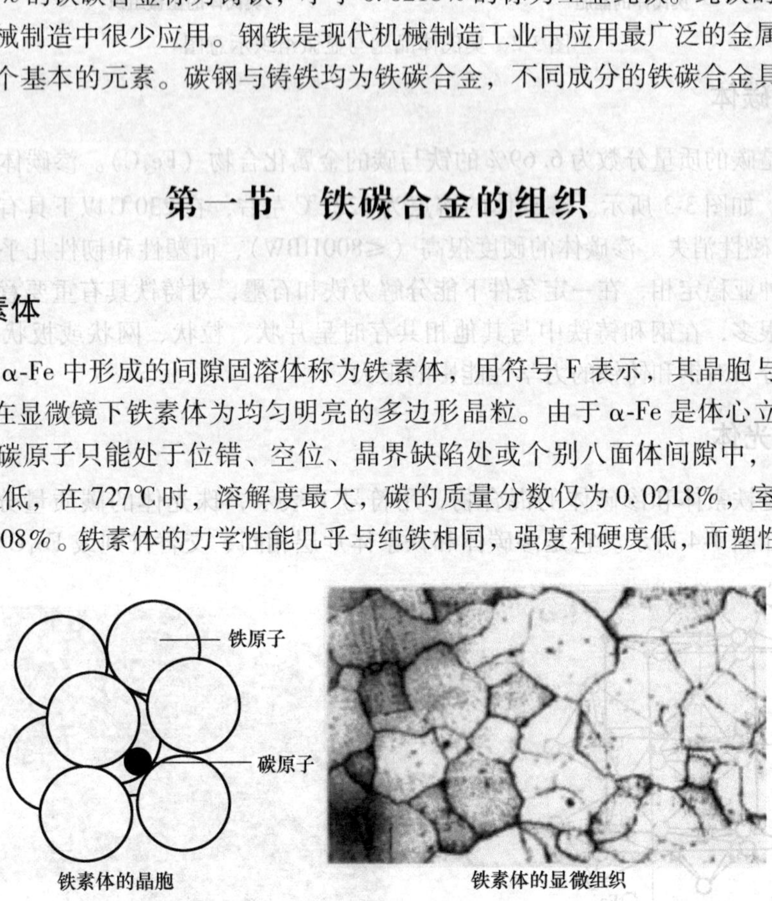

图 3-1 铁素体晶胞与显微组织示意图

二、奥氏体

碳溶解在γ-Fe中形成的间隙固溶体称为奥氏体，用符号A表示。其晶胞与显微组织如图3-2所示，晶粒是多边形，晶界较平直，晶粒内常有孪晶出现。由于γ-Fe是面心立方晶格，晶格间的最大间隙要比α-Fe大，所以溶碳量较强，γ-Fe在1148℃时碳的质量分数最大可达2.11%，在727℃时碳的质量分数最低为0.77%。奥氏体的硬度为170~220HBW，断后伸长率为40%~50%，所以奥氏体强度、硬度较低，而塑性、韧性较高，适于锻压成形。奥氏体不呈铁磁性。

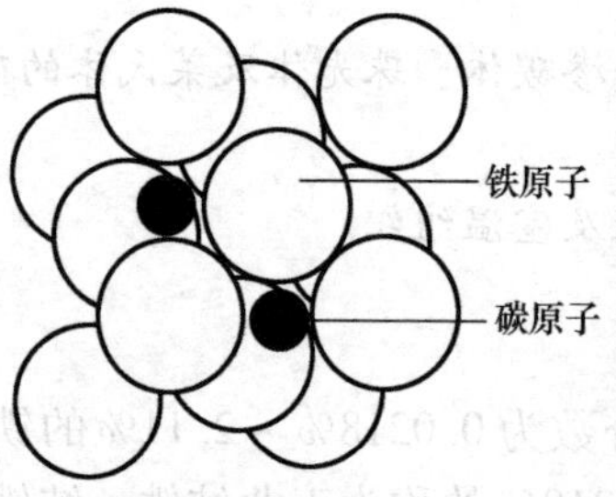

奥氏体的晶胞

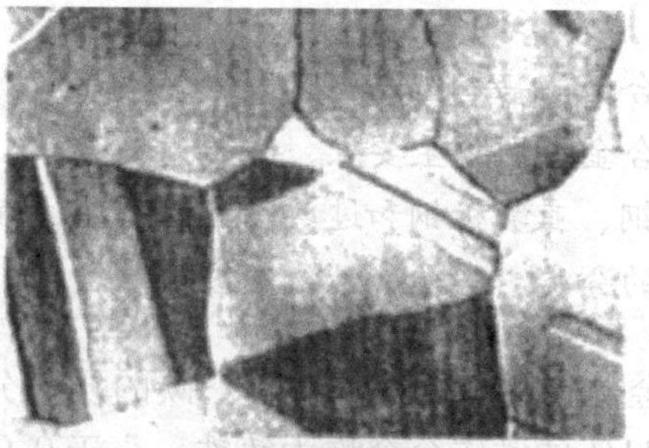
奥氏体的显微组织

图3-2 奥氏体晶胞与显微组织示意图

三、渗碳体

渗碳体是碳的质量分数为6.69%的铁与碳的金属化合物（Fe_3C）。渗碳体具有复杂的斜方晶体结构，如图3-3所示。渗碳体的熔点为1227℃左右，在230℃以下具有弱铁磁性，在230℃以上铁磁性消失。渗碳体的硬度很高（≤800HBW），而塑性和韧性几乎等于零，脆性很大，是一种亚稳定相，在一定条件下能分解为铁和石墨，对铸铁具有重要意义。渗碳体显微组织形态很多，在钢和铸铁中与其他相共存时呈片状、粒状、网状或板状。渗碳体的形状、大小及分布对钢和铸铁的力学性能影响很大。

四、珠光体

珠光体是铁素体和渗碳体的混合物，用符号P表示，珠光体的碳质量分数为0.77%，其显微组织如图3-4所示。它是渗碳体和铁素体片层相间、交替排列或Fe_3C以颗粒状分布

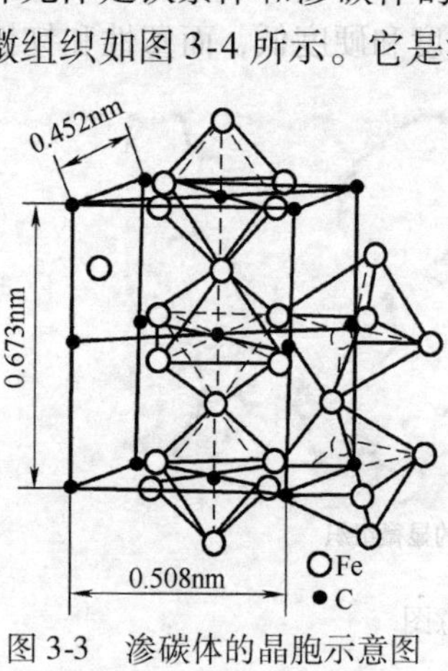

图3-3 渗碳体的晶胞示意图

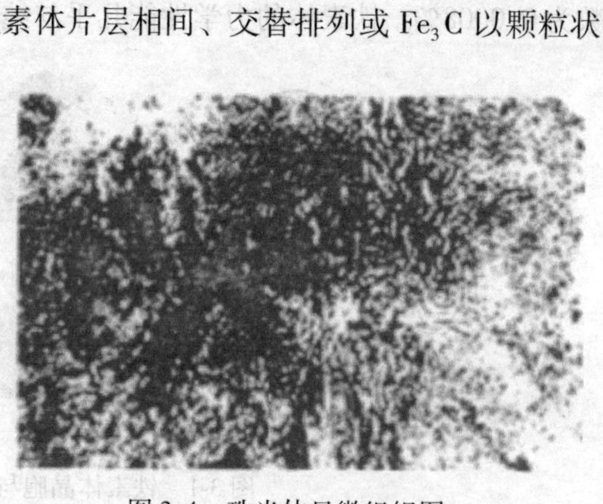
图3-4 珠光体显微组织图

在铁素体基体上形成的混合物，所以珠光体的性能大体上是铁素体和渗碳体两者性能的平均值。因此，珠光体的强度较高、硬度适中，具备一定的塑性。

五、莱氏体

莱氏体是碳质量分数为4.3%的奥氏体和渗碳体组成的两相机械混合物，用符号“Ld”表示，它存在于高温区（727～1148℃）。在727℃以下时，奥氏体转变为珠光体，此时变成渗碳体和珠光体的混合物，称为低温莱氏体，用符号L′d表示。由于莱氏体含有大量的渗碳体，所以莱氏体的力学性能和渗碳体相似，硬度很高，塑性、韧性很低。

铁素体、奥氏体、渗碳体为单相组织，是铁碳合金的基本相，珠光体、莱氏体是由基本相混合组成的多相组织，铁碳合金基本组织的力学性能见表3-1。

表3-1　铁碳合金基本组织的力学性能

组织名称	符　号	w_C（%）	力学性能		
			R_m/MPa	A（%）	硬度HBW
铁素体	F	≤0.0218	180～280	30～50	50～80
奥氏体	A	≤2.11	—	40～60	120～220
渗碳体	Fe_3C	6.69	30	0	≤800
珠光体	P	0.77	800	20～35	180
莱氏体	L′d（Ld）	4.30	—	0	>700

第二节　铁碳合金相图

铁碳合金相图是表示在缓慢冷却或缓慢加热的条件下，不同成分的铁碳合金的状态或组织随温度变化的图形，是研究铁碳合金的重要工具。

一、铁碳合金相图的组成

在铁碳合金中，铁和碳可以形成一系列稳定的化合物，如Fe_3C、Fe_2C、FeC等。每一个稳定的化合物都可以成为一个独立的组元，图3-5所示为整个铁碳合金相图，它可以分解为Fe-Fe_3C、Fe_3C-Fe_2C、Fe_2C-FeC等一系列铁碳二元合金相图。但是，工业用铁碳合金的碳质量分数一般不超过5%，因为碳质量分数过高的铁碳合金，脆性很大，难以加工，在生产中无实用意义。因此，对铁碳合金的研究集中在Fe-Fe_3C（w_C=6.69%）相图的研究上，如图3-6所示。为了便于学习，将Fe-Fe_3C相图左上角部分（实际应用很少）简化，形成如图3-7所示的Fe-Fe_3C相图。

二、Fe-Fe_3C相图中的特性点

（1）*A*点　*A*点是纯铁的熔点——1538℃。

（2）*D*点　*D*点是渗碳体的熔点——1227℃。

（3）*G*点　*G*点是铁的同素异构转变点，温度为912℃。铁在该点发生面心立方晶格与体心立方晶格的相互转变。

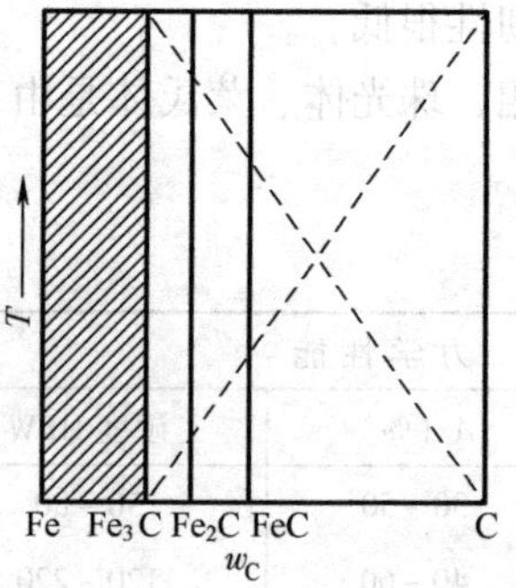

图 3-5 铁碳合金相图的组成

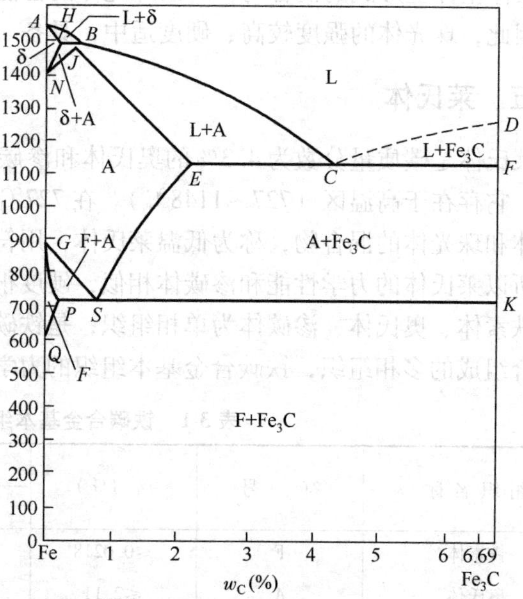

图 3-6 以相组成表示的铁碳合金相图

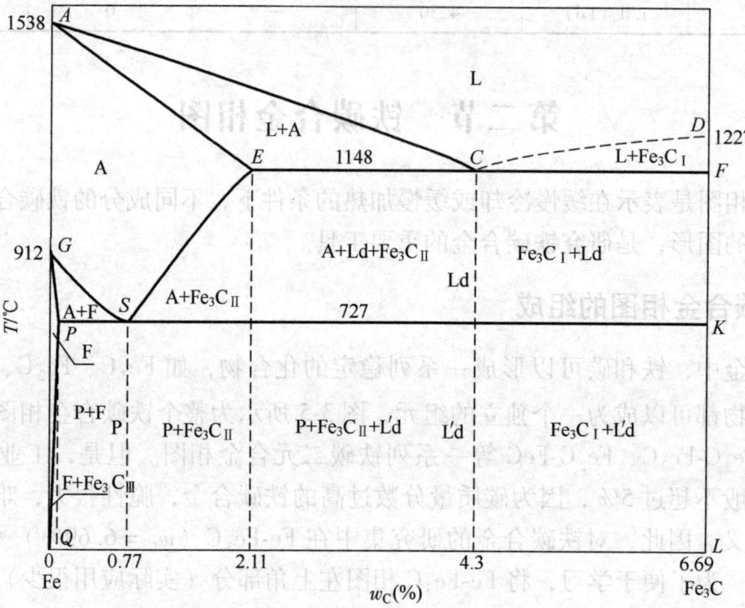

图 3-7 简化后的 Fe-Fe_3C 相图

（4）*E* 点 *E* 点是碳在 γ-Fe 中最大溶解度点，$w_C=2.11\%$，温度为 1148℃。

（5）*P* 点 *P* 点是碳在 α-Fe 中最大溶解度点，$w_C=0.0218\%$，温度为 727℃。

（6）*Q* 点 *Q* 点是室温下碳在 α-Fe 中的溶解度，$w_C=0.0008\%$。

（7）*C* 点 *C* 点为共晶点，液相在 1148℃ 同时结晶出奥氏体和渗碳体，该转变称为共晶转变。共晶转变是一定成分的液态金属，在某一恒温下，同时析出两种固相的转变。共晶转变的产物是莱氏体，用符号 Ld 表示。共晶转变的表达式为

$$Lc \rightleftharpoons (A + Fe_3C)$$

（8）*S* 点　*S* 点为共析点。奥氏体在 727℃同时析出铁素体和渗碳体，该转变为共析转变。奥氏体是铁素体和渗碳体的机械混合物，用符号 P 表示。共析转变是一定成分的固溶体，在某一恒温下，同时析出两种固相的转变。共析转变的表达式为

$$As \rightleftharpoons (F + Fe_3C)$$

三、Fe-Fe$_3$C 相图中的特性线

1. *ACD* 线

ACD 线是液相线，此线以上区域全部为液相，用符号 L 表示，金属液冷却到此线开始结晶，在 *AC* 线以下从液相中结晶出奥氏体，在 *CD* 线以下从液相中结晶出渗碳体。

2. *AECF* 线

AECF 线是固相线，金属液冷却到此线全部结晶为固体，此线以下为固态区。液相线与固相线之间为金属液的结晶区域，这个区域内金属液与固相并存，*AEC* 区域内为金属液与奥氏体共存区，*CDF* 区域内为金属液与渗碳体共存区。

3. *GS* 线

GS 线也叫 *A*3 线，它是冷却时从奥氏体中析出铁素体的开始线，或者说在加热过程中，铁素体溶入奥氏体的转变终止线。

4. *ES* 线

ES 线是碳在奥氏体中的溶解度曲线，也叫 A_{cm} 线，随着温度的降低，碳沿 *ES* 线从 2.11% 下降至 0.77%。由于奥氏体中碳质量分数的减小，奥氏体中将析出渗碳体，称为二次渗碳体 Fe_3C_{II}，以区别于从液体中沿 *CD* 线析出的一次渗碳体 Fe_3C_I。

5. *PQ* 线

PQ 线是碳在铁素体中的溶解度曲线，在 727℃时，碳在铁素体中质量分数最大为 0.0218%，随着温度的降低，在 300℃以下碳的质量分数小于 0.001%。所以，当铁素体从 727℃冷却下来时，会从铁素体中析出渗碳体，称为三次渗碳体 Fe_3C_{III}。因析出量较少，常与共析渗碳体连在一起不易分辨，可忽略不计。

6. *ECF* 线

ECF 线是共晶线，当金属冷却到此线（1148℃）时将发生共晶转变，凡是 $w_C = 2.11\% \sim 6.69\%$ 的铁碳合金都要发生共晶转变，其产物是莱氏体。

7. *PSK* 线

PSK 线是共析线，当金属冷却到此线（727℃）时将发生共析转变，凡是 $w_C = 0.0218\% \sim 6.69\%$ 的铁碳合金都要发生共析转变。共析线也叫 *A*1 线，共析转变的产物是珠光体。

四、Fe-Fe$_3$C 相图中的相区

1. 单相区

Fe-Fe$_3$C 相图中有四个单相区，*ACD* 线以上是液相区（L）；*AESG* 为奥氏体区（A）；

GPQG 为铁素体区（F），*DFKL* 为渗碳体区（Fe_3C）。

2. 两相区

$Fe-Fe_3C$ 相图中有五个两相区：L + A 两相区、L + Fe_3C 两相区、A + Fe_3C 两相区、A + F 两相区及 F + Fe_3C 两相区。

第三节 铁碳合金的分类

根据铁碳合金中碳的质量分数及室温平衡组织，铁碳合金可分为三类。

1. 工业纯铁

碳质量分数 $w_C < 0.0218\%$ 的铁碳合金，室温平衡组织为铁素体加少量 $Fe_3C_{Ⅲ}$。

2. 钢

碳质量分数 $w_C = 0.0218\% \sim 2.11\%$ 的铁碳合金称为钢。根据碳质量分数及室温平衡组织的不同，钢又可分为如下三类：

1）亚共析钢（$w_C = 0.0218\% \sim 0.77\%$）：室温平衡组织为铁素体加珠光体。

2）共析钢（$w_C = 0.77\%$）：室温平衡组织为珠光体。

3）过共析钢（$w_C = 0.77\% \sim 2.11\%$）：室温平衡组织为珠光体加二次渗碳体。

3. 白口铸铁

碳质量分数 $w_C = 2.11\% \sim 6.69\%$ 的铁碳合金称为白口铸铁，根据碳质量分数及室温组织的不同，又可分为如下三类：

1）亚共晶白口铸铁（$w_C = 2.11\% \sim 4.3\%$）：室温平衡组织为珠光体加二次渗碳体加低温莱氏体。

2）共晶白口铸铁（$w_C = 4.3\%$）：室温平衡组织为低温莱氏体。

3）过共晶白口铸铁（$w_C = 4.3\% \sim 6.69\%$）：室温平衡组织为一次渗碳体加低温莱氏体。

第四节 典型铁碳合金的结晶过程

一、共析钢的结晶过程

共析钢的冷却过程如图 3-8 中合金Ⅰ所示，共析钢中碳的质量分数为 0.77%，当液态合金冷却到与液相线相交于 1 点温度时，开始从液相（L）中结晶出奥氏体（A），冷却到 2 点时，液相全部结晶为奥氏体。从 2 点至 3 点温度范围内为单相奥氏体的冷却，待冷却至 3 点温度（727℃）时，奥氏体发生共析转变 $A_{0.77} \rightleftharpoons (F + Fe_3C)$ 生成珠光体，如图 3-9 所示。

珠光体中的渗碳体为共析渗碳体。珠光体是由层状的铁素体与渗碳体组成的，由于渗碳体的数量少于铁素体，所以片状珠光体中的渗碳体层片比铁素体的层片薄。共析钢的低倍显微组织如图 3-10 所示，从中可以看到白色基底的铁素体和黑色条纹的渗碳体。当分辨率和放大倍数足够大时，可以看到铁素体是有黑色边缘围着的白色窄条，共析钢的室温组织是珠光体。

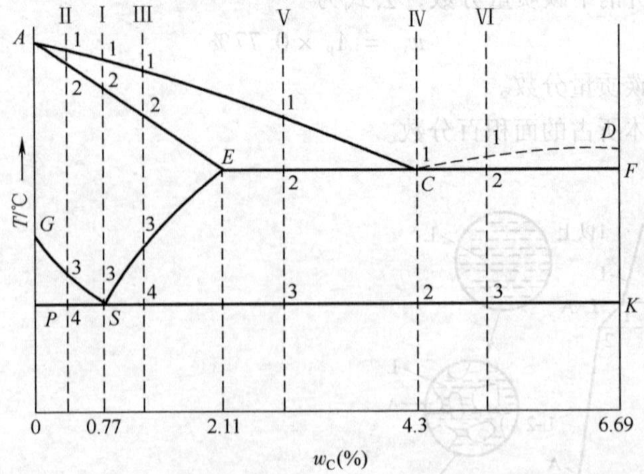

图 3-8　典型铁碳合金在 $Fe-Fe_3C$ 相图中的位置

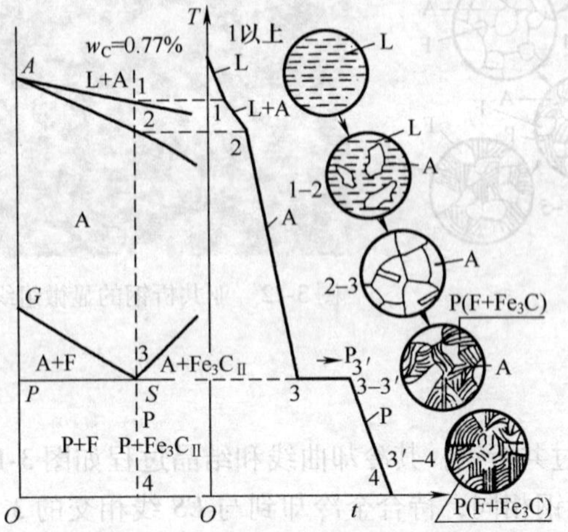

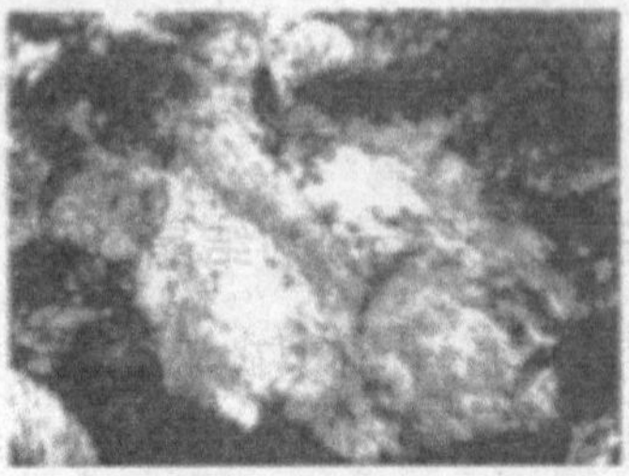

图 3-9　共析钢结晶过程示意图　　　　图 3-10　共析钢的显微组织

二、亚共析钢的结晶过程

图 3-8 中合金Ⅱ是碳质量分数为 0.45% 的亚共析钢，其冷却曲线和结晶过程如图 3-11 所示。金属液冷却到 1 点时，开始结晶出奥氏体，至 2 点结晶结束，2 点至 3 点间为单相奥氏体组织，当冷却到与 *GS* 线相交的 3 点时，开始从奥氏体中析出铁素体，称为先共析铁素体。3～4 点伴随温度的下降，铁素体量不断增加，其成分沿 *GP* 线变化，而奥氏体量则逐渐减少，成分沿 *GS* 线变化，由于奥氏体中不断析出铁素体，而铁素体中碳的质量分数仅为 0.0218%，所以合金内的大部分碳滞留在奥氏体中而使奥氏体的碳质量分数增加，待冷却到与共析线 *PSK* 线相交的 4 点温度（727℃）时，剩余奥氏体的碳质量分数达到 0.77%，奥氏体发生共析转变生成珠光体，4 点以下至室温，合金组织不再发生变化，如图 3-12 所示。黑色部分为珠光体，白色部分为铁素体。亚共析钢的室温组织由铁素体和珠光体构成。碳质量分数不同时，珠光体和铁素体的相对量也不同，碳质量分数越大，亚共析钢中的珠光体数量也越大。显微组织中珠光体所占面积也就越大，通常可以根据金相显微组织中珠光体所占的

面积，估算出亚共析钢中碳质量分数，公式为

$$w_C = A_P \times 0.77\%$$

式中 w_C——钢的碳质量分数。

A_P——珠光体所占的面积百分数。

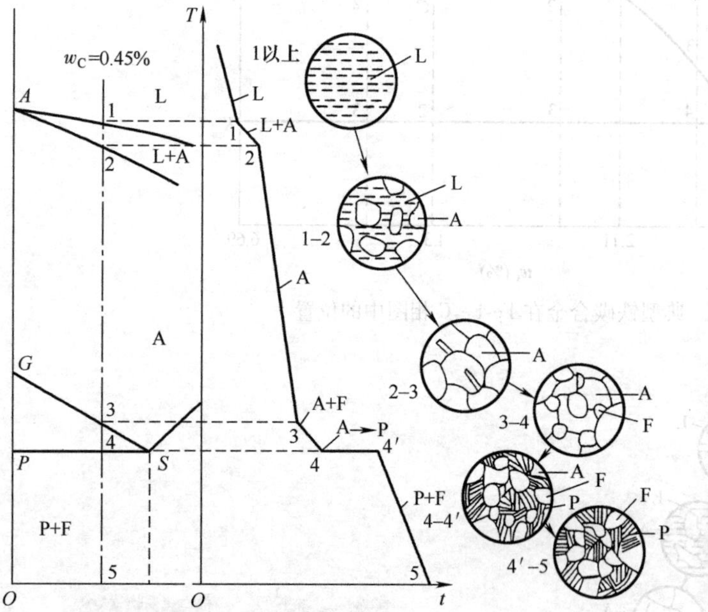

图 3-11 亚共析钢的结晶过程示意图

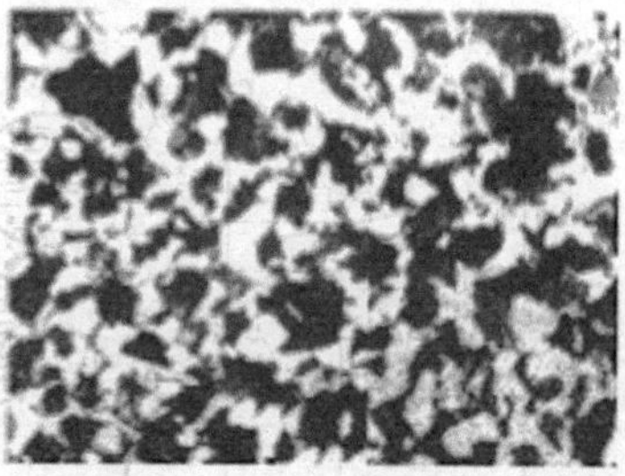

图 3-12 亚共析钢的显微组织

三、过共析钢的结晶过程

图 3-8 中合金Ⅲ是碳质量分数为 1.2% 的过共析钢，其冷却曲线和结晶过程如图 3-13 所示。在 3 点温度以上的冷却曲线及结晶与共析钢相同，待合金冷却到与 *ES* 线相交的 3 点温度时，奥氏体中的碳达到饱和，过剩的碳以渗碳体的形式从奥氏体中析出称为二次渗碳体。二次渗碳体是沿着奥氏体晶界析出，呈网状分布，随着温度下降，析出的二次渗碳体数量逐渐增多，剩余奥氏体中碳的质量分数沿 *ES* 线逐渐减少，当温度降到与共析线 *PSK* 相交的 4 点温度时，剩余奥氏体中的碳质量分数达到 0.77%。因此，剩余奥氏体就发生共析转变，生成珠光体，再继续冷却，合金组织不再发生变化。所以，过共析钢的室温组织为网状二次渗碳体和珠光体，如图 3-14 所示，白色为渗碳体，片状为珠光体。不同的过共析钢，组织中二次渗碳体和珠光体的相对量是不同的，钢中碳的质量分数越大，二次渗碳体也越多，而网状的二次渗碳体对钢的力学性能会产生不良影响。

四、共晶白口铸铁的结晶过程

图 3-8 中合金Ⅳ为碳质量分数为 4.3% 的共晶白口铸铁，其冷却曲线与结晶过程如图 3-15 所示。金属液冷却到共晶点 1 点时发生共晶转变生成高温莱氏体，用符号 Ld 表示。莱氏体由共晶奥氏体和共晶渗碳体组成，由 1 点温度继续下降，碳在奥氏体中的溶解度沿 *ES* 线降低，并不断从奥氏体中析出二次渗碳体，当温度冷却到与共析线 *PSK* 线相交的 2

点温度（727℃）时，奥氏体中碳质量分数刚好是 0.77%，奥氏体发生共析转变，生成珠光体。所以，共晶白口铸铁的室温组织是由珠光体、二次渗碳体及共晶渗碳体组成的，这种组织称为低温莱氏体，用符号 L′d（$P + Fe_3C_{II} + Fe_3C$）表示，如图 3-16 所示。莱氏体的形态一般是粒状或条状的奥氏体均匀分布在渗碳体基体上，黑色部分为珠光体，白色基底为渗碳体。

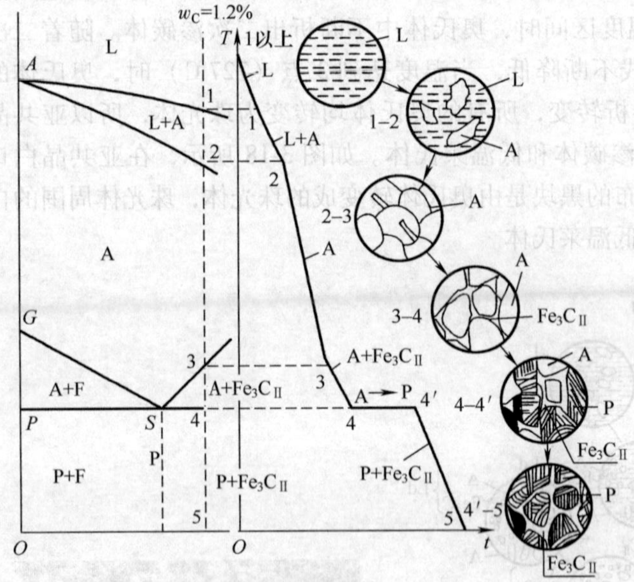

图 3-13　过共析钢的结晶过程示意图

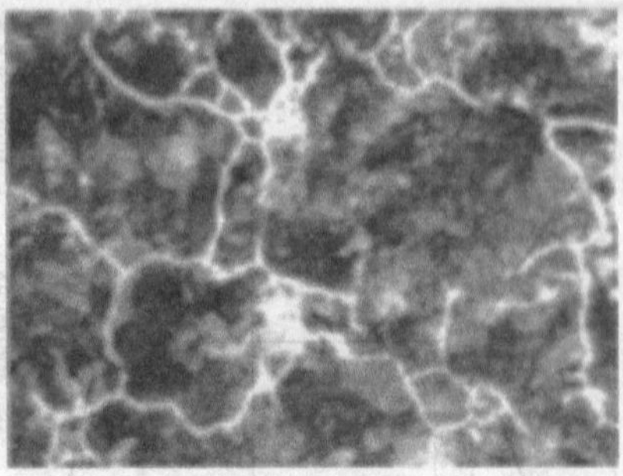

图 3-14　过共析钢的显微组织

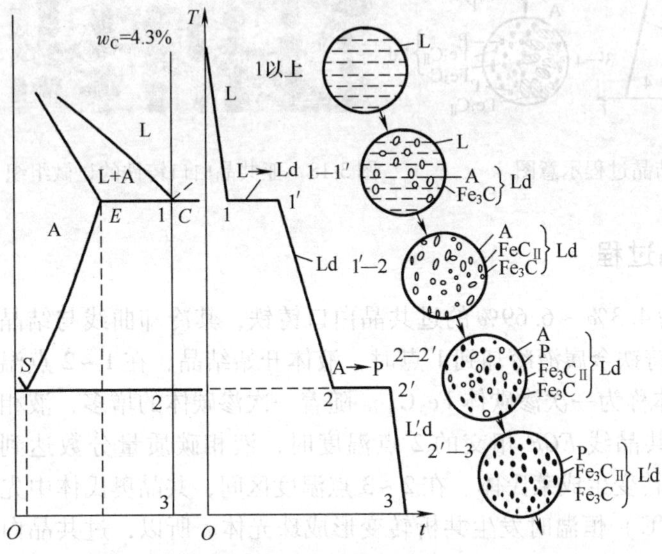

图 3-15　共晶白口铸铁结晶过程示意图

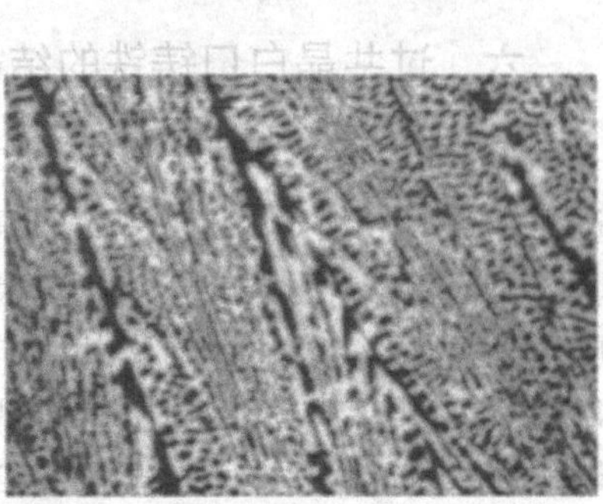

图 3-16　共晶白口铸铁的显微组织

五、亚共晶白口铸铁的结晶过程

图 3-8 中合金Ⅴ是碳质量分数为 2.11% ~4.3% 的亚共晶白口铸铁，其冷却曲线与结晶过程如图 3-17 所示。当亚共晶白口铸铁冷却到 1 点温度时，开始从液相中结晶出奥氏体，奥氏体量随温度下降不断增多，其成分沿固相线 *AE* 变化，而剩余液相成分沿液相线 *AC* 变化，当冷却到与共晶线 *ECF* 相交于 2 点时，液相成分达到共晶点 *C*（1148℃）而发生共晶转变生成莱氏体。当温度在 2 ~3 点温度区间时，奥氏体中不断析出二次渗碳体。随着二次渗碳体的析出，奥氏体的成分沿 *ES* 线不断降低，当温度达到 3 点（727℃）时，奥氏体的碳质量分数也达到 0.77%，则发生共析转变，所有的奥氏体均转变为珠光体，所以亚共晶白口铸铁的室温组织为珠光体、二次渗碳体和低温莱氏体。如图 3-18 所示，在亚共晶白口铸铁的金相显微组织中，呈树枝状分布的黑块是由奥氏体转变成的珠光体，珠光体周围的白色网状物为二次渗碳体，其余部分为低温莱氏体。

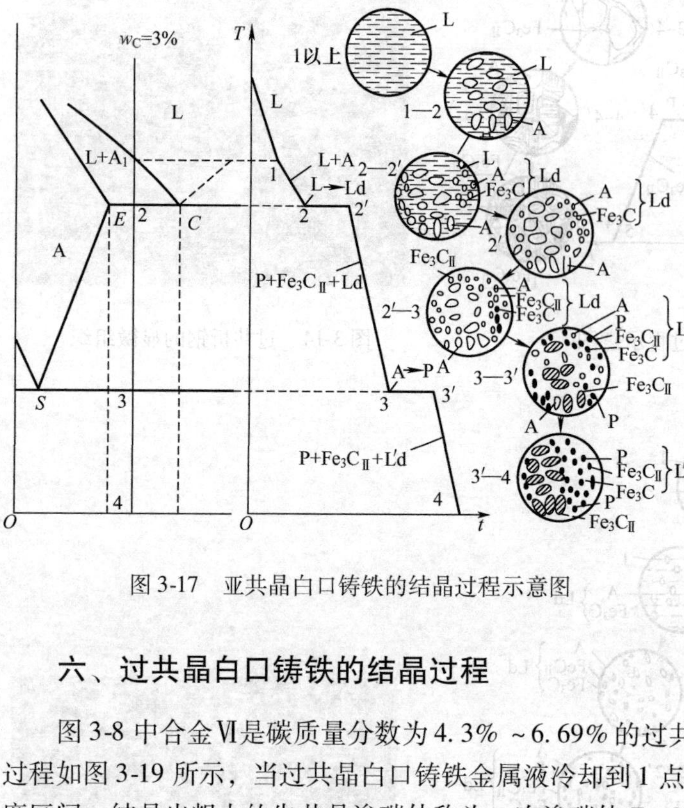

图 3-17 亚共晶白口铸铁的结晶过程示意图

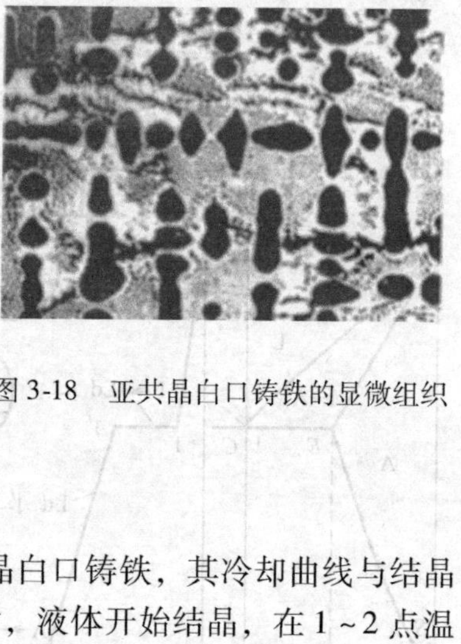

图 3-18 亚共晶白口铸铁的显微组织

六、过共晶白口铸铁的结晶过程

图 3-8 中合金Ⅵ是碳质量分数为 4.3% ~6.69% 的过共晶白口铸铁，其冷却曲线与结晶过程如图 3-19 所示，当过共晶白口铸铁金属液冷却到 1 点时，液体开始结晶，在 1 ~2 点温度区间，结晶出粗大的先共晶渗碳体称为一次渗碳体 Fe_3C_{I}。随着一次渗碳体的增多，液相成分沿着 *DC* 线变化，当冷却到与共晶线 *ECF* 相交的 2 点温度时，液相碳质量分数达到 4.3%，为共晶成分，于是发生共晶转变生成莱氏体。在 2 ~3 点温度区间，共晶奥氏体中先析出二次渗碳体，在 3 点温度（727℃）恒温时发生共析转变形成珠光体。所以，过共晶白口铸铁的室温组织为一次渗碳体和低温莱氏体，图 3-20 所示为过共晶白口铸铁的金相显微组织，图中亮白色板条状的为一次渗碳体，基底为低温莱氏体。

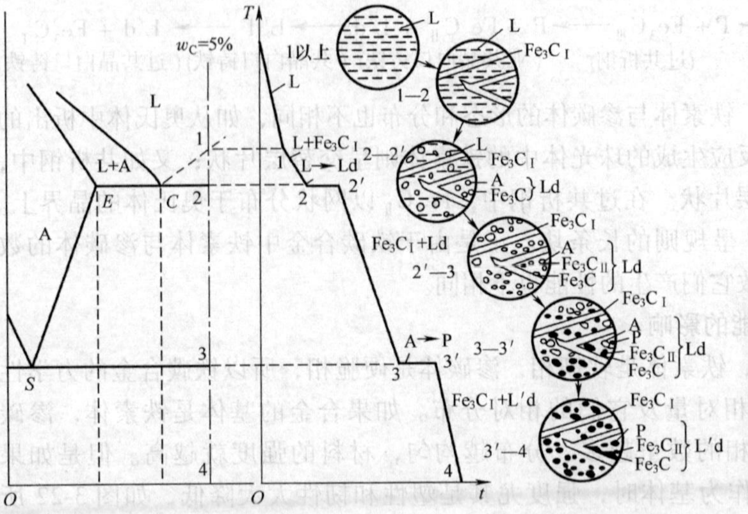

图 3-19 过共晶白口铸铁的结晶过程示意图

图 3-20 过共晶白口铸铁的显微组织

七、碳质量分数对铁碳合金组织和性能的影响

铁碳合金室温组织虽然都是由铁素体和渗碳体两相组成的，但由于碳质量分数的不同，组织中铁素体与渗碳体的数量、分布及形态也各不相同，力学性能也各异。

1. 碳质量分数对铁碳合金室温平衡组织的影响

根据图 3-21 所示的铁碳合金的成分与组织的关系，可以看出铁碳合金在不同碳质量分数条件下，与平衡结晶后的组织组成物及相组成物的定量关系。由图 3-7 中可看出，当碳质量分数为零时，合金由 100% 的铁素体组成，随着碳质量分数的增加，铁素体含量逐渐减少，直到 w_C = 6.69% 时降为零。同时，随着碳质量分数的增加，渗碳体的含量则由零增至

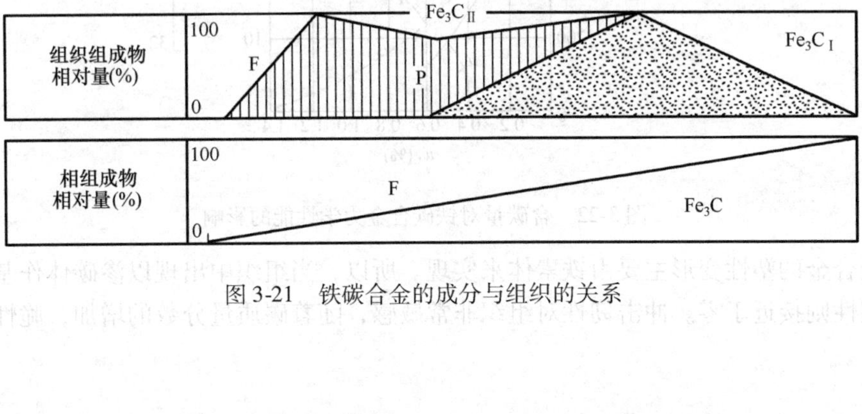

图 3-21 铁碳合金的成分与组织的关系

100%。随着碳质量分数的增加，铁碳合金组织变化如下：

$$\alpha \longrightarrow \alpha + P \longrightarrow P \longrightarrow P + Fe_3C_{Ⅲ} \longrightarrow P + Fe_3C_{Ⅱ} + L'd \longrightarrow L'd \longrightarrow L'd + Fe_3C_{Ⅰ}$$

（工业纯铁）（亚共析钢）（共析钢） （过共析钢） （亚共晶白口铸铁）（共晶白口铸铁）（过共晶白口铸铁）

由于碳质量分数的不同，铁素体与渗碳体的形态和分布也不相同，如从奥氏体中析出的铁素体一般呈块状，而共析反应生成的珠光体中的铁素体则呈交替层片状；又如共析钢中，共析渗碳体与铁素体呈交替层片状。在过共析钢中，$Fe_3C_{Ⅱ}$以网状分布于奥氏体的晶界上。在过共晶白口铸铁中，$Fe_3C_{Ⅰ}$呈规则的长条块。正是由于铁碳合金中铁素体与渗碳体的数量、形态、分布的不同，导致它们产生的性能也不相同。

2. 碳质量分数对力学性能的影响

由于在铁碳合金组织中，铁素体是软韧相，渗碳体是硬脆相，所以铁碳合金的力学性能取决于铁素体与渗碳体的相对量及它们的相对分布。如果合金的基体是铁素体，渗碳体作为强化相，那么，强化相的数量越多、分布越均匀，材料的强度就越高。但是如果渗碳体分布在晶界上，甚至作为基体时，强度尤其是塑性和韧性大大降低，如图 3-22 所示。工业纯铁是由铁素体构成的，所以，塑性很好，硬度、强度很低。亚共析钢中，随着碳质量分数的增加，铁素体逐渐减少而珠光体数量逐渐增多。所以，强度、硬度呈线性增大，塑性、韧性不断降低，共析钢中的强化相是珠光体组织，所以有较高的强度和硬度，但塑性较低。在过共析钢中，当碳质量分数达到 0.9% 时，强度达到最高值，随着碳质量分数的继续增加，强度则显著降低，这是由于具有脆性的二次渗碳体在碳质量分数大于 0.9% 时，在奥氏体组织的晶界处形成连续的网状，从而使钢的脆性增加，而硬度则始终直线上升。

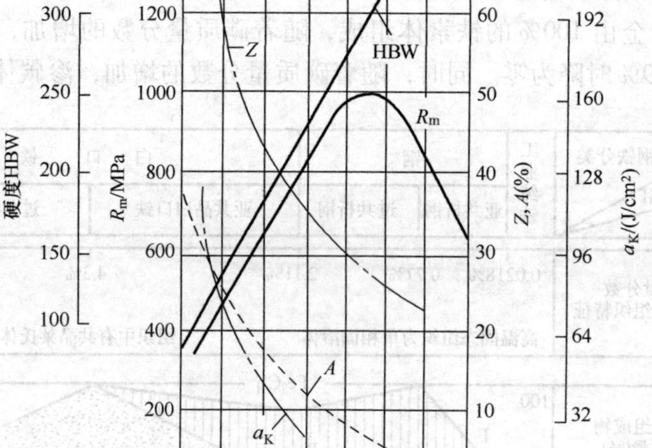

图 3-22 含碳量对铁碳合金力学性能的影响

铁碳合金的塑性变形主要由铁素体来实现。所以，当组织中出现以渗碳体作基体的莱氏体时，塑性则接近于零。冲击韧性对组织非常敏感，随着碳质量分数的增加，脆性的渗碳体增多，冲击韧性则下降，当出现网状二次渗碳体时，韧性则急剧下降。生产中，若控制二次渗碳体的形态，不使其形成网状，则强度就不会明显下降。硬度则是随着碳质量分数的增加，铁碳合金的硬度呈直线上升。对于上述铁碳合金来说，由于处理方法和冷却条件的改变，其组织及性能也各不相同。在实际生产中，为保证铁碳合金具有一定的塑性和韧性，碳素钢及普通低、中合金钢碳的质量分数一般不超过1.3%。

3. 铁碳合金相图的应用

（1）在选材方面的应用　铁碳合金相图对生产具有重要的指导意义，铁碳合金相图总结了铁碳合金组织和性能随成分的变化规律，设计人员可以参照铁碳合金相图、根据零件的工作要求和性能要求选择适当的材料。低碳钢是塑性好、韧性高的材料，中碳钢是强度、硬度、塑性都较好的材料，而高碳钢是硬度高、耐磨性好的材料，白口铸铁则是耐磨性高、冲击韧度差的材料。

（2）在铸造方面的应用　由相图可确定合金的浇注温度。共晶成分的铁碳合金熔点最低，结晶温度范围最小，有良好的铸造性能。生产中，根据相图中液相线的位置可确定各种铸钢和铸铁的浇注温度，如图3-23所示，为制订铸造工艺提供了依据。

（3）在可锻性方面的应用　金属的可段性是金属在压力加工时，能改变形状而不产生裂纹的性能。奥氏体具有良好的塑性，钢加热到高温时可获得单相奥氏体组织，可锻性好，因此钢的始轧温度一般选在固相线以下100～200℃的奥氏体区内。亚共析钢终锻温度控制在*GS*线偏上的位置，对过共析钢控制在*PSK*线偏上的位置，白口铸铁由于是以硬而脆的渗碳体为基体，故很难锻造，如图3-23所示。

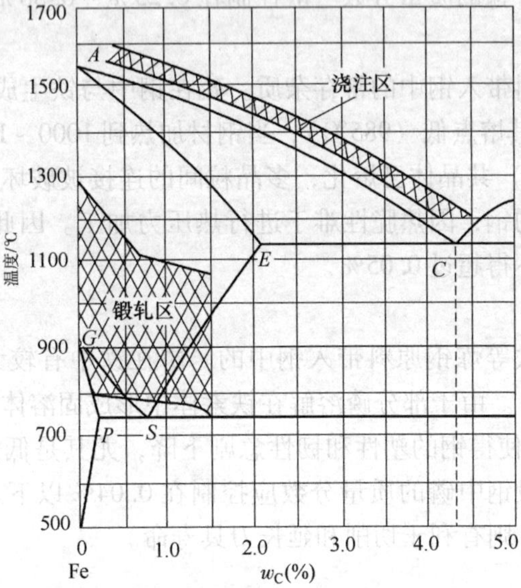

图3-23　铁碳合金相图与铸锻工艺的关系

（4）在焊接方面的应用　焊接时，焊缝到母材各区域的温度是不同的，由铁碳合金相图可知，不同加热温度的各区域在随后的冷却中可能会出现不同的组织与性能，所以，在焊接后需要用热处理的方法加以改善。此外，铁碳合金相图对制订热处理工艺有非常重要的意义，在后续章节将详细介绍。

第五节 碳素钢

碳素钢简称碳钢，指碳质量分数大于 0.0218% 小于 2.11%，且不含有特意加入合金元素的铁碳合金。由于碳钢冶炼成本低，加工容易，价格低廉，同时具有良好的力学性能和工艺性能，所以在建筑、交通运输和机械制造中得到了广泛的应用。

一、常存杂质元素对碳钢性能的影响

碳钢中除铁碳两个基本元素外，还含有少量的锰（Mn）、硅（Si）、硫（S）、磷（P）元素，它们是存在于矿石或冶炼过程中自然溶入钢中的，这些元素称为常存杂质。它们对碳钢的力学性能和工艺性能产生影响，所以在生产中对这些常存杂质要严格控制。

1. 硅

硅能溶于铁素体中，形成含硅铁素体，从而提高钢的强度和硬度，所以硅是钢中的有益元素。在碳素钢中，硅的质量分数一般控制在 0.17% ~0.37% 之间。

2. 锰

锰是在冶炼时作为脱氧剂加入钢中的，锰能溶于铁素体，起到固溶强化的作用，从而提高钢的强度和硬度。此外，锰能与硫形成 MnS，从而减轻硫对钢的危害。所以锰也是钢中的有益元素。在碳素钢中，锰的质量分数一般控制在 0.25% ~0.80% 之间。

3. 硫

硫是随同矿石或燃料带入钢中的常存杂质。硫在钢中与铁生成 FeS，而 FeS 继续与铁形成共晶体（FeS + Fe），其熔点低（985℃），当钢材加热到 1000 ~1200℃进行轧制或锻造时，沿晶界分布的（FeS + Fe）共晶体已熔化，多晶粒间的连接被破坏，引起钢材开裂，这种现象称为热脆。含硫量高的钢，因热脆性难于进行热压力加工。因此，硫是钢中的有害杂质，一般钢中硫的质量分数不得超过 0.05%。

4. 磷

磷是由铁矿石和生铁等炼钢原料带入钢中的。磷在铁中有较大的溶解度，室温下磷在 α-Fe 中的溶解度达 1.2%。由于部分磷溶解在铁素体中形成固溶体，部分在结晶时形成脆性很大的化合物（Fe_3P），使得钢的塑性和韧性急剧下降，尤其是低温韧性，称为冷脆。磷对钢来说是有害元素，一般钢中磷的质量分数应控制在 0.04% 以下。当然，在易切削钢中适当提高硫、磷质量分数，则有利于切削和延长刀具寿命。

二、碳钢的分类

碳钢的品种很多，为了便于生产、使用、管理和研究，对钢要进行分类和统一编号。

1. 按碳质量分数分类

1） 低碳钢：$w_C \leq 0.25\%$。

2） 中碳钢：w_C 为 0.25% ~0.60%。

3）高碳钢：$w_C \geq 0.60\%$。

2. 按有害元素质量分数分类

根据钢中有害元素硫、磷质量分数的多少划分如下：

1）普通碳素钢：$w_S \leq 0.050\%$，$w_P \leq 0.045\%$。

2）优质碳素钢：$w_S \leq 0.035\%$，$w_P \leq 0.035\%$。

3）高级优质碳素钢：$w_S \leq 0.025\%$，$w_P \leq 0.025\%$。

3. 按用途分类

（1）碳素结构钢　用于制造工程构件和机械零件的钢。工程用钢主要用于建筑、桥梁、船舶和车辆等；机器零件用钢包括渗碳钢、调质钢、轴承钢和弹簧钢等，碳质量分数一般小于0.70%。

（2）碳素工具钢　用于制造各种刀具、模具及量具等，碳质量分数一般大于0.70%。

4. 按冶炼时脱氧程度分类

1）沸腾钢：脱氧程度不完全的钢。

2）镇静钢：脱氧程度完全的钢。

3）半镇静钢：脱氧程度介于沸腾钢与镇静钢之间的钢。

三、碳钢的牌号和应用

碳钢的牌号是根据国家标准《钢铁产品表示方法》（GB/T 221—2008）制订的。下面介绍各类碳钢的牌号、性能和用途。

1. 碳素结构钢

（1）普通碳素结构钢　由于普通碳素结构钢的杂质较多，碳质量分数较低，焊接性能好，塑性、韧性好，冶炼容易，价格低，产量大。在性能上能满足桥梁、建筑等工程构件和一些受力不大的机械零件（如螺钉、螺母等），一般在热轧状态下直接使用，很少再进行热处理。

根据GB/T 700—2006的规定，碳素结构钢的表示方法为

Q＋数字＋（质量等级符号）＋（脱氧方法符号）＋（专门用途的符号）。

钢号冠以“Q”，代表钢材屈服强度“屈”字汉语拼音的首位字母；“Q”后面的数字表示屈服强度值，单位是MPa。例如，Q235表示屈服强度为235MPa的碳素结构钢；质量等级符号分别为A、B、C、D，质量依次升高，其中A级硫、磷质量分数最高，D级硫、磷质量分数最低。脱氧方法符号：F表示沸腾钢、Z表示镇静钢、TZ表示特殊镇静钢，“Z”与“TZ”符号可以省略。

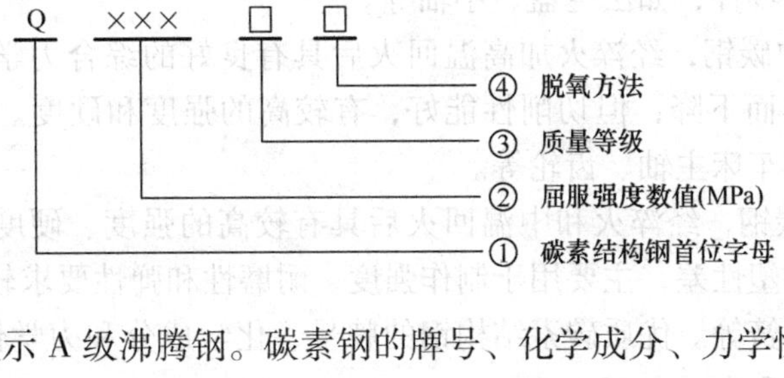

例如：Q235AF表示A级沸腾钢。碳素钢的牌号、化学成分、力学性能见表3-2。

表 3-2 碳素结构钢的牌号、化学成分和力学性能

牌号	等级	化学成分（质量分数）(%)，不大于					脱氧方法	力学性能		
		C	Mn	Si	S	P		R_{eL}/ MPa	R_m/MPa	A（%）
Q195	—	0.12	0.50	0.30	0.040	0.035	F、Z	195	315～430	33
Q215	A	0.15	1.2	0.35	0.050	0.045	F、Z	215	335～450	31
	B				0.045					
Q235	A	0.22	1.4	0.35	0.050	0.045	F、Z	235	375～500	26
	B	0.20			0.045					
	C	0.17			0.040	0.040	Z			
	D				0.035	0.035	TZ			
Q275	A	0.24	1.5	0.35	0.050	0.045	F、Z	275	410～540	22
	B	0.21			0.045	0.045	Z			
	C	0.22			0.040	0.040	Z			
	D	0.20			0.035	0.035	TZ			

（2）优质碳素结构钢　含硫、磷及非金属杂质数量较少，在制造重要机械零件中应用广泛，常在加工过程中应用热处理方法以提高其力学性能。

优质碳素结构钢的表示方法：数字+（元素符号）+（脱氧方法符号）+（专门用途的符号）。数字表示平均碳质量分数的万分比。例如，平均碳质量分数为0.45%的钢，钢号为45；对于含锰量较高的优质碳素结构钢（w_{Mn}=0.7%～1.2%），在数字后面要标出元素锰的符号，如“65Mn”钢表示平均碳质量分数为0.65%，锰质量分数为0.70%～1.2%的优质碳素结构钢。对于沸腾钢及专门用途的优质碳素结构钢，应在钢号后标出相应的符号，如20G钢是平均碳质量分数为0.20%的锅炉用优质碳素结构钢。高级优质碳素结构钢，在牌号后加符号“A”，如平均碳质量分数为0.45%的高级优质碳素结构钢，其牌号为“45A”。

08、08F、10、10F钢属于低碳钢，强度、硬度较低，塑性、韧性、焊接性及冷成形性好，用于制作冷冲压件，如汽车车身，仪表外壳等。

15～25钢也属于低碳钢，经渗碳、淬火处理后则表硬内韧，用于制造表面要求耐磨而内部强度要求不高的零件，如法兰盘、小轴等。

30～55钢属于中碳钢，经淬火加高温回火后具有良好的综合力学性能，其塑性和韧性随碳质量分数的增加而下降，但切削性能好，有较高的强度和硬度。主要用于制作轴类零件，如曲轴、连杆、车床主轴、齿轮等。

60以上属于高碳钢，经淬火和中温回火后具有较高的强度、硬度和弹性，但焊接性不好，切削性、冷变形塑性差，主要用于制作强度、耐磨性和弹性要求较高的零件，如气门弹簧、板弹簧及螺旋弹簧等。优质碳素结构钢的牌号、化学成分和力学性能见表3-3。优质碳素结构钢的用途见表3-4。

表 3-3　优质碳素结构钢的牌号、化学成分和力学性能

牌号	化学成分（质量分数）（%）			力学性能						
				R_{eL}	R_m	A	Z	a_K	硬度 HBW	
				MPa		%		J/cm²	未热处理钢	退火钢
	C	Si	Mn	不小于					不大于	
08F	0.05 ~ 0.11	≤0.03	0.25 ~ 0.50	175	295	35	60	—	131	—
08	0.05 ~ 0.11	0.17 ~ 0.37	0.35 ~ 0.65	195	325	33	60	—	131	—
10F	0.07 ~ 0.13	≤0.07	0.25 ~ 0.50	185	315	33	55	—	137	—
10	0.07 ~ 0.13	0.17 ~ 0.37	0.35 ~ 0.65	205	335	31	55	—	137	—
15F	0.12 ~ 0.18	≤0.07	0.25 ~ 0.50	205	355	29	55	—	143	—
15	0.12 ~ 0.18	0.17 ~ 0.37	0.35 ~ 0.65	225	375	27	55	—	143	—
20	0.17 ~ 0.23	0.17 ~ 0.37	0.35 ~ 0.65	245	410	25	55	—	156	—
25	0.22 ~ 0.29	0.17 ~ 0.37	0.50 ~ 0.80	275	450	23	50	83.5	170	—
30	0.27 ~ 0.34	0.17 ~ 0.37	0.50 ~ 0.80	295	490	21	50	78.5	179	—
35	0.32 ~ 0.39	0.17 ~ 0.37	0.50 ~ 0.80	315	530	20	45	68.7	197	—
40	0.37 ~ 0.44	0.17 ~ 0.37	0.50 ~ 0.80	335	570	19	45	58.8	217	187
45	0.42 ~ 0.50	0.17 ~ 0.37	0.50 ~ 0.80	355	600	16	40	49	229	197
50	0.47 ~ 0.55	0.17 ~ 0.35	0.50 ~ 0.80	375	630	14	40	39.2	241	207
55	0.52 ~ 0.60	0.17 ~ 0.37	0.50 ~ 0.80	380	645	13	35	—	255	217
60	0.57 ~ 0.65	0.17 ~ 0.37	0.50 ~ 0.80	400	675	12	35	—	255	229
65	0.62 ~ 0.70	0.17 ~ 0.37	0.50 ~ 0.80	410	695	10	30	—	255	229
70	0.67 ~ 0.75	0.17 ~ 0.37	0.50 ~ 0.80	420	715	9	30	—	269	229
75	0.72 ~ 0.80	0.17 ~ 0.37	0.50 ~ 0.80	880	1080	7	30	—	285	241
80	0.77 ~ 0.85	0.17 ~ 0.37	0.50 ~ 0.80	930	1080	6	30	—	285	241
85	0.82 ~ 0.90	0.17 ~ 0.37	0.50 ~ 0.80	980	1130	6	30	—	302	255
15Mn	0.12 ~ 0.18	0.17 ~ 0.37	0.70 ~ 1.00	245	410	26	55	—	163	—
20Mn	0.17 ~ 0.23	0.17 ~ 0.37	0.70 ~ 1.00	275	450	24	50	—	197	—
25Mn	0.22 ~ 0.29	0.17 ~ 0.37	0.70 ~ 1.00	295	490	22	50	88.3	207	—
30Mn	0.27 ~ 0.39	0.17 ~ 0.37	0.70 ~ 1.00	315	540	20	45	78.5	217	187
35Mn	0.32 ~ 0.39	0.17 ~ 0.37	0.70 ~ 1.00	335	560	18	45	68.7	229	197
40Mn	0.37 ~ 0.44	0.17 ~ 0.37	0.70 ~ 1.00	355	590	17	45	58.8	229	207
45Mn	0.42 ~ 0.50	0.17 ~ 0.37	0.70 ~ 1.00	375	620	15	40	49	241	217
50Mn	0.48 ~ 0.56	0.17 ~ 0.37	0.70 ~ 1.00	390	645	13	40	39.2	255	217
60Mn	0.57 ~ 0.65	0.17 ~ 0.37	0.70 ~ 1.00	410	695	11	35	—	269	229
65Mn	0.62 ~ 0.70	0.17 ~ 0.37	0.90 ~ 1.20	430	735	9	30	—	285	229
70Mn	0.67 ~ 0.75	0.17 ~ 0.37	0.90 ~ 1.20	450	785	8	30	—	285	229

表 3-4 优质碳素结构钢的用途

牌号	用途
08 08F	用于制成薄板，制造深冲制品、油桶、高级搪瓷制品，也可用于制成管子、垫片及心部强度要求不高的渗碳和碳氮共渗零件，焊条等
10 10F	用于制造锅炉管、油桶顶盖、钢带、钢丝、钢板和型材，也可制作机械零件
15 15F	用于制造机械上的渗碳零件、紧固零件、冲锻模件及不需热处理的低负荷零件，如螺栓、螺钉、拉条、法兰盘及化工机械用储存器、蒸汽锅炉等
20	用于不经受很大应力而要求韧性的各种机械零件，如拉杆、轴套、螺钉、起重钩等；也用于制造在5.884MPa、450℃以下非腐蚀介质中使用的管子、导管等
25	用作热锻和热冲压的机械零件，机床上的渗碳及碳氮共渗零件，以及重型和中型机械制造中负荷不大的轴、辊子、连接器、垫圈、螺栓、螺母等，还可用作铸钢件
30	用作热锻和热冲压的机械零件、冷拉丝、重型和一般机械用的轴、拉杆、套环，以及机械上用的铸件，如气缸、汽轮机机架、轧钢机机架和零件、机床机架、飞轮等
35	用作热锻和热冲压的机械零件，冷拉和冷顶镦钢材，无缝钢管，机械制造中的零件，如转轴、曲轴、轴销、杠杆、横梁、星轮、套筒、钩环、垫圈、螺钉、螺母等；还可用来铸造汽轮机机身，轧钢机机身、飞轮、均衡器等
40	用来制造机器的运动零件，如辊子、轴、曲柄销、传动轴、活塞杆、连杆、圆盘等，以及火车的车轴
45	用来制造蒸汽轮机、压缩机、泵的运动零件，还可以用来代替渗碳钢制造齿轮、轴、活塞销等零件，但零件需经高频或火焰淬火，并可用作铸件
50	用于耐磨性要求高、动载荷及冲击作用不大的零件，如铸造齿轮、拉杆、轧辊、轴摩擦盘、次要的弹簧、农机上的掘土犁铧、重负荷的心轴与轴等
55	用于制造齿轮、连杆、轮圈、轮缘、扁弹簧及轧辊等，也作铸件
60	用于制造轧辊、轴、偏心轴、弹簧圈、各种垫圈、离合器、凸轮、钢丝绳等
65	用于制造气门弹簧、弹簧圈、轴、轧辊、各种垫圈、凸轮及钢丝绳等
70 80	用于制造弹簧
15Mn 20Mn	用于制造中心部分的力学性能要求较高且需渗碳的零件
30Mn	用于制造螺栓、螺母、螺钉、杠杆、制动踏板；还可以制造在高应力下工作的细小零件，如农机上的钩、环、链等

2. 碳素工具钢

碳素工具钢是碳的质量分数在0.70%以上的高碳钢。它主要用于制造模具、刀具和量具，属于优质或高级优质钢。

碳素工具钢表示方法：字母T+数字+（元素符号）+（质量等级符号）。“T”为汉字“碳”的拼音的首位字母，数字表示钢中碳质量分数的千分之几。如T7表示平均碳质量分数为0.70%的碳素工具钢，如果是高级优质碳素工具钢，则在数字后面标注字母“A”，如T13A表示平均碳质量分数为1.3%的高级优质碳素工具钢。

碳素工具钢经淬火和低温回火后，硬度高，主要用于制作尺寸较小、形状简单的量具、模具等。碳素工具钢的牌号、化学成分、力学性能和用途见表 3-5。

表 3-5　碳素工具钢的牌号、化学成分、力学性能和用途

牌号	化学成分（质量分数）（%）					热处理		应用举例
	C	Mn	Si	S	P	淬火温度和冷却剂	HRC（不小于）	
T7	0.65～0.74	≤0.40	≤0.35	≤0.03	≤0.035	800～820℃水淬	62	受冲击而要求较高硬度和耐磨性的工具，如木工用錾、锤头、钻头、模具等
T8	0.75～0.84					780～800℃水淬		
T8Mn	0.80～0.90	0.40～0.60						
T9	0.85～0.94	≤0.40						受中等冲击的工具和耐磨机件，如刨刀、冲模、丝锥、板牙、手工锯条、卡尺等
T10	0.95～1.04					760～780℃水淬		
T11	1.05～1.14							
T12	1.15～1.24							不受冲击而要求极高硬度的工具和耐磨机件，如钻头、锉刀、刮刀、量具等
T13	1.25～1.35							

3. 铸造碳钢

铸造碳钢的碳质量分数为 0.20%～0.60%，牌号由汉字“铸钢”两字拼音的首位字母“ZG”为符号，再连接两组数字，第一组数字代表屈服强度，第二组数字代表抗拉强度，如 ZG310-570 表示屈服强度不小于 310MPa，抗拉强度不小于 570MPa 的铸造碳钢。

铸造碳钢主要用于制造形状复杂，力学性能要求较高，不能用铸铁来替代的机械零件，不同牌号的铸造碳钢用于制作不同要求的零件。如：

ZG200-400 用于制作机座、变速箱等。

ZG230-450 用于制作轴承盖、外壳、阀体等。

ZG270-500 用于制作连杆、缸体、曲轴等。

ZG310-570 用于制作大齿轮、缸体、制动轮等。

ZG340-640 用于制作齿轮、棘轮等。

铸造碳钢的牌号、化学成分和力学性能见表 3-6。

表 3-6　铸造碳钢的牌号、化学成分和力学性能

牌号	化学成分（质量分数）（%）					室温下的力学性能				
	C	Si	Mn	P	S	R_{eL}或 $R_{p0.2}$/MPa	R_m/MPa	A（%）	Z（%）	a_K/（J/cm^2）
	不大于					不小于				
ZG200-400	0.20	0.60	0.80	0.035		200	400	25	40	60
ZG230-450	0.30	0.60	0.90	0.035		230	450	22	32	45
ZG270-500	0.40	0.60	0.90	0.035		270	500	18	25	35
ZG310-570	0.50	0.60	0.90	0.035		310	570	15	21	30
ZG340-640	0.60	0.60	0.90	0.035		340	640	10	18	20

本章小结

1. 铁碳合金分为工业纯铁、钢和白口铸铁。工业纯铁是碳质量分数<0.0218%的铁碳合金，钢是碳质量分数为0.0218%～2.11%的铁碳合金。根据碳质量分数及室温组织的不同，钢又可分为三类：亚共析钢（w_C=0.0218%～0.77%），室温平衡组织为铁素体加珠光体；共析钢（w_C=0.77%），室温平衡组织为珠光体；过共析钢（w_C=0.77%～2.11%），室温平衡组织为珠光体加二次渗碳体。白口铸铁是碳质量分数为2.11%～6.69%的铁碳合金。

2. 铁碳合金的基本组织包括奥氏体、铁素体、渗碳体、珠光体和莱氏体。

3. 掌握典型铁碳合金的结晶过程及室温组织。

4. 铁碳合金相图的应用包括在选材方面的应用、在铸造方面的应用、在可锻性方面的应用和在焊接方面的应用。

5. 碳钢的分类

1）按碳质量分数划分：低碳钢、中碳钢及高碳钢。

2）按质量划分：普通碳素钢、优质碳素钢及高级优质碳素钢。

3）按用途划分：碳素结构钢、碳素工具钢。

4）按冶炼时脱氧程度划分：沸腾钢、镇静钢及半镇静钢。

复习思考题

1. 何谓铁碳合金？试举例说明。
2. 根据溶质原子在溶剂晶格中的位置不同，固溶体可分为哪两种？
3. 何谓铁素体、奥氏体、渗碳体、珠光体及莱氏体？它们各用什么符号表示？各有何性能特点？
4. 何谓铁碳合金相图？绘出简化后的 $Fe-Fe_3C$ 相图，说明图中主要特性点和线的含义。
5. 何谓共晶转变？写出铁碳合金中的共晶转变反应式。
6. 何谓碳素钢？根据碳质量分数和室温组织的不同，钢分为哪几类？试述它们的含碳量范围和室温组织。
7. 铁碳合金状态图有哪些方面的应用？
8. 硅、锰、磷、硫对钢性能有何影响？
9. 指出Q235、20、45、65、65Mn、T8、T8Mn、T8A、T8MnA、Y20、ZG270-500各属于哪一类钢？它们的符号和数字各表示什么意思？
10. 碳素工具钢有什么特点？在哪些方面应用？
11. 什么是铸钢？铸钢有什么特点？
12. 低碳钢、中碳钢和高碳钢是怎样划分的？
13. 以组织组成物标注 $Fe-Fe_3C$ 相图。
14. 随着碳质量分数的增加，Fe-C 合金的组织和性能是如何变化的？
15. 根据铁碳合金相图填写下表。

碳的质量分数（%）	温度/℃	显微组织	温度/℃	显微组织
0.45	800		900	
0.77	700		900	
1.20	600		800	

16. 45钢、T12A钢按碳质量分数、质量、用途划分各属于哪类钢？

第四章　合　金　钢

【基本要求】

1. 掌握合金钢的概念，合金元素在钢中的主要作用。

2. 掌握合金钢的分类、牌号、性能特点和热处理方法。

3. 掌握合金钢在机械制造中的应用。

【重点和难点】

1. 合金钢的分类。

2. 合金钢的牌号、性能特点及应用。

碳钢的淬透性差，综合性能不能满足特殊的性能要求，如耐热、耐腐蚀、耐磨等。为了改善碳钢的性能，特意向碳钢中加入一些合金元素而炼成的钢称为合金钢。

合金钢中除了含有硅、锰、硫、磷等元素外，还常加入铬（Cr）、镍（Ni）、钼（Mo）、钨（W）、钒（V）、钴（Co）、硼（B）、铌（Nb）、铝（Al）、钛（Ti）及稀土（RE）等合金元素。

第一节　合金钢的分类及牌号

一、合金钢的分类

合金钢的分类方法很多，但常用以下两种分类方法。

（1）按合金元素总含量分类

1）低合金钢：合金元素总的质量分数 <5%。

2）中合金钢：合金元素总的质量分数为 5%～10%。

3）高合金钢：合金元素总的质量分数 >10%。

（2）按使用特性分类

1）合金结构钢：用于制造工程结构件及机械零件。

2）合金工具钢：用于制造各种量具、刃具和模具。

3）特殊性能钢：具有某种特殊物理性能、化学性能，如不锈钢、耐热钢和耐磨钢等。

二、合金钢的牌号

1. 低合金高强度结构钢的牌号

低合金高强度结构钢的牌号表示方法与普通碳素结构钢相同，由“屈”字的汉语拼音字母 Q、屈服强度值、质量等级符号（A、B、C、D）及脱氧方法符号（F、b、Z、TZ）四个部分按顺序组成。如 Q390A 代表屈服强度是 390MPa、质量为 A 级的低合金高强度结构钢。Z、TZ 在牌号表示中可省略。

2. 合金结构钢的牌号

合金结构钢的牌号原则是依据国家标准 GB/T 3077—1999 的规定，采用“两位数字 + 合金元素符号 + 数字”的形式表示，前面两位数字表示合金结构钢的平均碳质量分数的万分之几；元素符号表示合金结构钢中含有的主要合金元素；后面的数字表示该合金元素的百分含量。合金元素含量 <1.5% 时不标出；平均含量为 1.5% ~2.5%、2.5% ~3.5%…时，则应以 2、3…标出。

例如合金结构钢 60Si2Mn，60 表示合金结构钢平均碳质量分数为 0.6%，平均硅质量分数为 2%，合金元素锰的质量分数小于 1.5%。

合金结构钢牌号中也有特例，如滚动轴承钢，它是一类专用钢，为表明其用途，在牌号前冠以“G（“滚”字的汉语拼音首字母）+ Cr + 数字 + 化学元素符号 + 数字”，牌号中不标碳质量分数，Cr 后面的数字表示铬的平均质量分数，以千分之一为单位。例如“GCr15”，表示平均铬质量分数为 1.5% 的滚动轴承钢。

3. 合金工具钢的牌号

合金工具钢中碳质量分数 <1.0% 时，其牌号由“一位数字 + 元素符号（或汉字）+ 数字”表示。

一位数字表示平均碳质量分数的千分之几。当碳质量分数 ≥1.0% 时，则不予标出，牌号其余部分的表示方法与合金结构钢相同。

如 9SiCr 钢，9 表示合金工具钢中碳的平均质量分数为 0.9%，主要合金元素为硅、铬，其质量分数均 <1.5%。

Cr12MoV 钢表示碳的平均质量分数 ≥1.0%，主要合金元素铬的平均质量分数为 12%，钼和钒的质量分数均 <1.5%。

合金工具钢牌号中也有特例，如高速钢 W18Cr4V，它没有标出碳的质量分数，只写出所含合金元素符号及其含量，其中，w_C 为 0.7% ~0.8%、w_W 为 17.5% ~19.0%、w_{Cr} 为 3.8% ~4.40%、w_V 为 1.0% ~1.40%。

4. 特殊性能钢的牌号

特殊性能钢的牌号表示方法基本与合金结构钢牌号表示方法相同。如不锈钢 40Cr13 表示平均碳质量分数为 0.40%，平均铬质量分数为 13%。如 06Cr18Ni9 钢的平均碳质量分数为 0.06%；如 008Cr30Mo2 钢的平均碳质量分数小于 0.03%。

第二节　合金元素在钢中的主要作用

不同的合金元素在钢中的作用不同，对钢的组织和性能的影响也不同。下面介绍合金元素在钢中的主要作用。

一、合金元素在钢中的存在形式

1. 形成合金铁素体

大多数合金元素都能溶入铁素体中，形成合金铁素体，使铁素体的晶格发生畸变，产生固溶强化，使铁素体的强度、硬度提高。如图 4-1a 所示，磷（P）、锰（Mn）、硅（Si）能明显提高铁素体的硬度，而铬（Cr）、钼（Mo）、钨（W）则较弱。合金元素对铁素体韧性的影响与它们的含量有关，当合金元素的质量分数超过一定数值时，塑性和韧性将下降，甚至明显下降。如图4-1b所示，硅（Si）、锰（Mn）能明显降低铁素体的塑性和韧性，但少量的铬（Cr）、锰（Mn）、镍（Ni）在适当范围内可使铁素体的塑性和韧性有所提高。

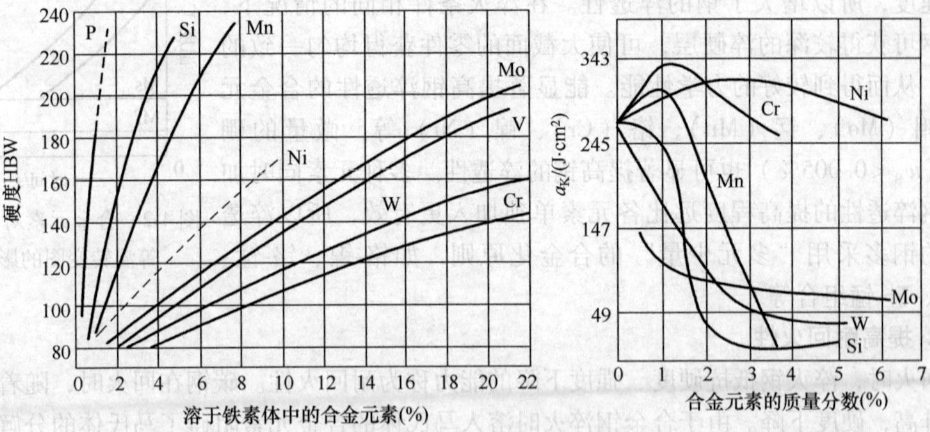

a)　　　b)

图4-1　合金元素对铁素体力学性能的影响

a）对硬度的影响　b）对韧性的影响

2. 形成合金碳化物

合金元素与碳的亲和力不同，它们在钢中形成两种碳化物。

（1）合金渗碳体　合金渗碳体是合金元素溶入渗碳体中形成的碳化物，它仍具有渗碳体的复杂晶格。一般由锰（Mn）、铬（Cr）、钼（Mo）、钨（W）等弱或中强碳化物形成元素置换渗碳体中的铁原子所形成的化合物称为合金渗碳体。如锰（Mn）是弱碳化物形成元素，它在钢中一般是溶入渗碳体形成合金渗碳体，如$(Fe, Mn)_3C$；铬（Cr）、钼（Mo）、钨（W）在钢中的质量分数为0.5%～3%时，一般也倾向于形成合金渗碳体，如$(Fe, Cr)_3C$，$(Fe, W)_3C$等。

合金渗碳体的稳定性及硬度比渗碳体高，是一般低合金钢中碳化物的主要存在形式。

（2）特殊碳化物　特殊碳化物是一种与渗碳体晶格类型完全不同的合金碳化物，通常是由中强或强碳化物形成元素，如钒（V）、铌（Nb）、钛（Ti），与碳形成特殊的碳化物。它有两种类型，一种是具有简单晶格的间隙相碳化物，如WC、Mo_2C、VC、TiC等；另一种是具有复杂晶格的碳化物，如$Cr_{23}C_6$、Fe_3W_3C等。

特殊碳化物尤其是间隙相碳化物比合金渗碳体具有更高的熔点、硬度和耐磨性，而且结构更稳定、不易分解。

二、合金元素在钢中的作用

1. 细化晶粒

除合金元素锰（Mn）外，几乎所有的合金元素都在加热时具有抑制钢中奥氏体晶粒长大的作用，达到细化晶粒的目的，从而使合金钢在热处理后获得比碳钢更细的晶粒。

2. 提高钢的淬透性

除钴（Co）外，所有合金元素溶于奥氏体后，均可增加过冷奥氏体的稳定性，推迟奥氏体向珠光体的转变，使奥氏体等温转变图向右移动，如图 4-2 所示。

由于合金元素使奥氏体等温转变图右移，故降低了钢的临界冷却速度，所以增大了钢的淬透性。在淬火条件相同的情况下，合金钢可获得较深的淬硬层，可使大截面的零件获得均匀一致的组织，从而得到较好的力学性能。能显著提高钢淬透性的合金元素有钼（Mo）、锰（Mn）、铬（Cr）、镍（Ni）等，微量的硼（B）（$w_B < 0.005\%$）也可显著提高钢的淬透性。多种元素同时加入对钢淬透性的提高程度远比各元素单独加入更有效，所以淬透性好的钢多采用“多元少量”的合金化原则，如铬-镍、铬-锰、铬-硅、硅-锰组合等。

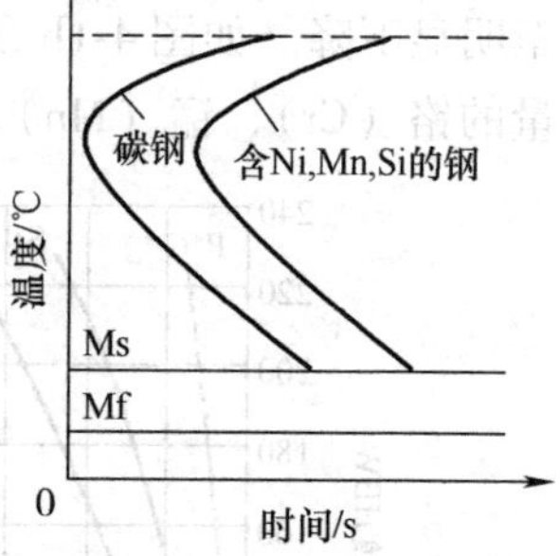

图 4-2　合金元素对奥氏体等温转变图的影响

3. 提高耐回火性

回火时，淬火钢抵抗硬度、强度下降的能力称为耐回火性。碳钢在回火时，随着回火温度的升高，硬度下降。由于合金钢淬火时溶入马氏体的合金元素阻碍了马氏体的分解，碳化物不易析出，即使析出也不易聚集长大，而保持较大的弥散性，因此合金钢在回火时保持着较大的抵抗强度和硬度下降的能力。

高的耐回火性可以使钢在较高的温度下仍能保持高的硬度和耐磨性。如钼（Mo）、钒（V）、钨（W）等强碳化物形成元素，在高温回火时，会形成细小弥散的特殊碳化物，如 Mo_2C、W_2C 等，弥散地分布在马氏体基体上并与马氏体保持共格关系，阻碍位错移动，使钢在回火后硬度有所提高。同时，淬火后残留奥氏体中碳及合金元素的浓度，由于特殊碳化物的析出而下降，提高了 *Ms* 点温度，故在随后冷却时会有部分残留奥氏体转变为马氏体，使钢回火后硬度显著提高，这两种现象被称为“二次硬化”，如图 4-3 所示。高的耐回火性和二次硬化使合金钢在较高温度（500～600℃）下仍保持高硬度（≥60HRC），这种性能被称为热硬性。热硬性对热变形模具及高速切削刀具非常重要，如高速切削时，刀具温度很高，刀具材料的耐回火性高，就可以延长刀具的使用寿命。

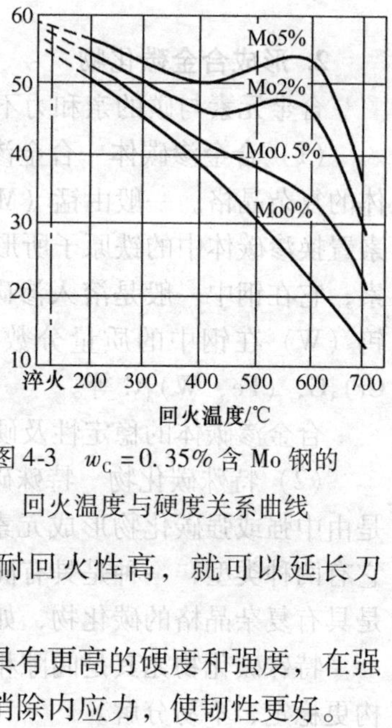

图 4-3　$w_C = 0.35\%$ 含 Mo 钢的回火温度与硬度关系曲线

合金钢和碳钢相比，在相同的回火温度下，合金钢比碳钢具有更高的硬度和强度，在强度要求相同的条件下，合金钢可在更高的温度下回火，以充分消除内应力，使韧性更好。

第三节　合金结构钢

合金结构钢是用于制造各种工程结构件和机械零件的钢。根据用途不同，合金结构钢可分为工程结构钢与机械结构钢两类。工程结构钢又称为低合金结构钢，按性能及使用特性又可分为低合金高强度结构钢、低合金耐候钢及低合金专业用钢等。机械结构钢根据用途及热处理特点分为合金渗碳钢、合金调质钢、合金弹簧钢及滚动轴承钢等。

一、工程结构钢

1. 低合金高强度结构钢

低合金高强度结构钢是在低碳钢的基础上加入少量合金元素形成的，其碳质量分数在0.16%～0.20%范围内，合金元素总的质量分数<3%。低合金高强度结构钢所加的主要元素为锰（Mn）、钛（Ti）、钒（V）、铌（Nb）、硅（Si）、铜（Cu）、磷（P）、稀土（RE）等，其中锰是主要加入元素，其质量分数为0.8%～1.8%。锰、硅不仅资源丰富，可以强化铁素体，提高钢的强度，而且硅、钒、钛、铌可以细化晶粒，提高钢的塑性和韧性；少量的铜、磷可以提高钢的耐蚀性，比普通碳钢高2～3倍；少量的稀土元素可以脱硫除气，进一步改善钢的性能。

低合金高强度结构钢具有良好的塑性和韧性，屈服强度比碳钢高30%～50%，同时具有良好的焊接性能，其组织为铁素体和珠光体。这类钢材通常在热轧退火（或正火）状态下使用，由于具有良好的技术性与经济性，因此广泛应用于车辆、桥梁、建筑、船舶、锅炉、高压容器、输油气管道及机械制造中。常用低合金高强度结构钢新、旧标准牌号对照、力学性能及用途见表4-1。

表4-1　常用低合金高强度结构钢新旧标准牌号对照、力学性能及用途举例

新标准牌号 GB/T 1591—1994	旧标准牌号 GB/T 1591—1988	力学性能			特点及用途举例
		R_{eL}/MPa	R_m/MPa	A(%)	
Q345	12MnV，14MnNb，16Mn，18Nb，16MnRE	345	470～630	21	具有良好的综合力学性能和焊接性能，用于船舶、铁路车辆、桥梁、管道、锅炉、压力容器、石油储罐、起重及矿山机械、电站设备、厂房钢架等
Q390	15MnTi，16MnNb，10MnPNbRE，15MnV	390	490～650	19	具有良好的综合力学性能和焊接性能，冲击韧度较高，主要用于中高压锅炉锅筒、中高压石油化工容器、大型船舶、桥梁、车辆、起重机及其他较高载荷的焊接结构件等
Q420	15MnVN，14MnVTiRE	420	520～680	18	具有良好的综合力学性能和焊接性能，加工成形性能和低温韧性好，主要用于大型船舶、桥梁、电站设备、起重机械、机车车辆、中压或高压锅炉及容器及其大型焊接结构件等
Q460	14MnMoV，18MnMoNb	460	550～720	17	具有良好的综合力学性能和焊接性能，加工成形性能和低温韧性好，淬火加回火后可用于大型挖掘机、起重运输机械、钻井平台等

2. 低合金耐候钢

低合金耐候钢是指耐大气的腐蚀。由于合金元素铜（Cu）、磷（P）、铬（Cr）、镍（Ni）、钼（Mo）、钛（Ti）等可在钢材表面形成一层保护膜，能明显提高钢材对大气的耐蚀性。

低合金耐候钢又可分为高耐候结构钢与焊接结构用耐候钢。高耐候结构钢应用于车辆、建筑和塔架等工程结构；焊接结构用耐候钢应用于桥梁、建筑等。焊接结构用耐候钢的牌号及力学性能见表4-2，高耐候性结构钢的牌号及力学性能见表4-3。

表4-2　焊接结构用耐候钢的牌号及力学性能

牌　号	R_{eL}/MPa	R_m/MPa	A(%)
Q235NH	235	360～490	25
Q295NH	295	420～560	24
Q355NH	355	490～630	22
Q460NH	460	550～710	22

表4-3　高耐候结构钢的牌号及力学性能

牌　号	状　态	R_{eL}/MPa	R_m/MPa	A(%)
Q345GNHL	热轧	345	480	22
Q295GNHL		295	430	24
Q295GNH		295	390	24
Q345GNHL	冷轧	320	450	26
Q295GNHL		260	390	27
Q295GNH		260	390	27

3. 低合金专业用钢

在低合金高强度结构钢的基础上，通过调整其化学成分和采用不同的工艺方法，使其成为一些专业用钢，满足某些行业的特殊需要，如钢轨用低合金钢、汽车用低合金钢及锅炉用低合金钢等。低合金专业用钢的牌号与合金结构钢牌号的表示方法相同，但增加了表示用途的符号，常用结构钢中表示用途的符号见表4-4。

表4-4　常用结构钢中表示用途的符号

名　称	汉字	符号	位置	名　称	汉字	符号	位置
易切削结构钢	易	Y	牌号头	压力容器用钢	容	R	牌号尾
耐候钢	耐候	NH	牌号尾	焊接用钢	焊	H	牌号头
钢轨钢	轨	U	牌号头	桥梁用钢	桥	Q	牌号尾
铆螺钢	铆螺	ML	牌号头	锅炉用钢	锅	G	牌号尾
汽车大梁用钢	梁	L	牌号尾	矿用钢	矿	K	牌号尾

二、机械结构钢

1. 合金渗碳钢

合金渗碳钢用于制造表面承受强烈摩擦，整体承受强烈冲击载荷的机械零件，如汽车的变速齿轮、汽车后桥齿轮、发动机的凸轮轴、活塞销等。这类零件工作时要求心部要有良好的强度和韧性，表面又要具备高的硬度、耐磨性和接触疲劳强度。合金渗碳钢是经渗碳、淬火和低温回火处理后使用的低碳合金钢。

（1）化学成分

1）碳质量分数。合金渗碳钢的碳质量分数在0.1%～0.25%范围内，属于低碳钢，保证淬火后零件心部具有足够的塑性和韧性。

2）合金元素。主加合金元素为Cr（$w_{Cr}\leqslant 2.0\%$），还可加入Ni（$w_{Ni}\leqslant 4.5\%$）、Mn（$w_{Mn}\leqslant 2.0\%$）和B（$w_{B}\leqslant 0.005\%$）等，主要用于提高钢的淬透性，使零件在渗碳、淬火、回火后表面和心部获得较高的强度。附加元素V（$w_{V}\leqslant 0.20\%$）、W（$w_{W}\leqslant 1.2\%$）、Mo（$w_{Mo}\leqslant 0.60\%$）、Ti（$w_{Ti}\leqslant 0.10\%$）等碳化物形成元素，主要是防止高温渗碳时晶粒长大，并细化晶粒，降低钢的过热敏感性，从而提高钢的韧性。

（2）热处理特点　合金渗碳钢的预备热处理一般都采用正火，以消除锻造过程所产生的内应力，同时改善切削加工性能，便于后续加工制造。

合金渗碳钢的渗碳层组织为高碳回火马氏体＋粒状合金碳化物＋少量残留奥氏体，表面硬度一般为58～64HRC。心部组织则视钢的淬透性高低及零件截面尺寸而定，完全淬透时为低碳回火马氏体，硬度为40～48HRC。

（3）常用的合金渗碳钢　常用合金渗碳钢的牌号、化学成分、热处理、力学性能及用途见表4-5。

2. 合金调质钢

对于机床主轴、汽车后桥半轴、连杆螺栓及内燃机曲轴等零件需要用合金调质钢制造。合金调质钢是经调质处理后使用的钢。一般为中碳钢，调质后具有较高强度与良好的塑性及韧性，即具有良好的综合力学性能。

（1）化学成分

1）碳的质量分数。合金调质钢的碳质量分数为0.30%～0.50%，属于中碳钢，调质后在获得一定强度、硬度的基础上，还能保持较好的塑性及韧性。

2）合金元素。合金元素铬、镍、锰、硅、硼的主要作用是增加钢的淬透性，以便制造截面尺寸较大的零件。合金元素钒的主要作用是阻止晶粒长大，细化晶粒，提高钢的耐回火性，进一步提高钢的综合力学性能，合金元素钼、钨可以减轻或抑制第二类回火脆性，合金元素铝可以加速调质钢的渗氮过程。

（2）热处理特点

1）预备热处理。调质钢制造的零件在锻造成形后，一般应进行预备热处理，以消除锻造中产生的应力，提高钢的切削加工性能。碳的质量分数较低、合金元素含量较少的低淬透性调质钢，预备热处理采用正火；碳的质量分数较高、合金元素含量较多的中淬透性调质钢，预备热处理通常采用退火。

2）最终热处理。最终热处理一般是采用淬火后进行高温回火（即调质处理），回火温度一般为500～650℃。最终热处理后的组织为回火索氏体，零件具有良好的综合力学性能。若要求表面具有很高的耐磨性，可在调质后再进行表面淬火或渗氮热处理。

（3）常用的合金调质钢　常用合金调质钢的牌号、热处理、力学性能和用途见表4-6。

表 4-5　常用渗碳钢的牌号、化学成分、热处理、力学性能及用途

钢号	主要化学成分（质量分数）（%）					热处理/℃				力学性能（不小于）					毛坯尺寸/mm	用途
	C	Mn	Si	Cr	V	渗碳	预备处理	淬火	回火	R_m/MPa	R_{eL}/MPa	A(%)	Z(%)	a_K/(J/cm^2)		
15	0.12～0.19	0.35～0.65	0.17～0.37			930	890±10 空	770～800 水	200	≥500	≥300	15	≥55		<30	活塞销等
20Mn2	0.17～0.24	1.40～1.80	0.20～0.40			930	850～870	770～800	200	820	600	10	47	600	25	小齿轮、小轴、活塞销等
20Cr	0.17～0.24	0.50～0.80	0.20～0.40	0.70～1.00		930	880 水，油	880 水，油	200	850	550	10	40	600	15	齿轮、小轴、活塞销等
20MnV	0.17～0.24	1.30～1.60	0.20～0.40		0.07～0.12	930		880 水，油	200	800	600	10	40	700	15	同上，也用作锅炉、高压容器管道的材料
20CrV	0.17～0.24	0.50～0.80	0.20～0.40	0.80～1.10	0.10～0.20	930	880	800 水，油	200	850	600	12	45	700	15	齿轮、小轴、顶杆、活塞销、耐热垫圈
20CrMn	0.17～0.24	0.90～1.20	0.20～0.40	0.90～1.20		930		850 油	200	950	750	10	45	600	15	齿轮、轴、蜗杆、活塞销、摩擦轮

（续）

钢号	主要化学成分（质量分数）（%）							热处理/℃				力学性能（不小于）					毛坯尺寸/mm	用途
	C	Mn	Si	Cr	Ni	V	其他	渗碳	预备处理	淬火	回火	R_m/MPa	R_{eL}/MPa	A(%)	Z(%)	a_K/(J/cm²)		
20CrMnTi	0.17～0.24	0.80～1.10	0.20～0.40	1.00～1.30			Ti0.06～0.12	930	830油	860	200	1100	850	10	45	700	15	汽车、拖拉机上的变速器齿轮
20SiMnVB	0.17～0.24	1.30～1.60	0.50～0.80			0.07～0.12	B0.001～0.004	930	850～880	780～800油	200	≥1200	≥1100	≥10	≥45	≥700	15	代20CrMnTi
18Cr2Ni4WA	0.13～0.19	0.30～0.60	0.20～0.40	1.35～1.65	4.00～4.50		W0.80～1.20	930	950空	850空	200	1200	850	10	45	1000	15	大型渗碳齿轮和轴类件
20Cr2Ni4A	0.17～0.24	0.30～0.60	0.20～0.40	1.25～1.75	3.25～3.75			930	880油	780油	200	1200	1100	10	45	800	15	同上
15CrMn2SiMo	0.13～0.19	2.00～2.40	0.40～0.70	0.40～0.70			Mo0.40～0.50	930	880～920空	860油	200	1200	900	10	45	800	15	大型渗碳齿轮、飞机齿轮

表 4-6 常用合金调质钢的牌号、热处理、力学性能及用途

类别	牌号	热处理/℃		力学性能					用途举例
		淬火	回火	R_{eL}/MPa	R_m/MPa	A(%)	Z(%)	a_K/(J/cm^2)	
低淬透性	40Cr	850 油	520 水、油	785	980	9	45	47	制作受中等载荷、中速的零件，如机床主轴、齿轮、连杆、螺栓等
	40MnB	850 油	500 水、油	785	980	10	45	47	代替 40Cr 制作中小截面调质件，如机床主轴、齿轮、汽车半轴
	40MnVB	850 油	520 水、油	785	980	10	45	47	
中淬透性	42CrMo	850 油	560 水、油	930	1080	12	45	63	连杆、大齿轮、摇臂等
	30CrMnSi	880 油	520 水、油	885	1080	10	45	39	砂轮轴、联轴器、离合器等
	38CrMoAlA	940 油	640 水、油	835	980	14	50	71	镗床镗杆、蜗杆、高压阀门、主轴等
高淬透性	40CrNiMoA	850 油	600 水、油	835	980	12	55	78	锻床偏心轴、压力机曲轴、耐磨齿轮等
	40CrMnMo	850 油	600 水、油	785	980	10	45	63	用于大截面、高强度、高韧性的调质件，如齿轮、连杆及汽轮机件
	25Cr2Ni4WA	850 油	550 水、油	930	1080	11	45	71	汽轮机主轴、叶轮等

3. 合金弹簧钢

合金弹簧钢主要用来制造各种机械和仪表中的弹簧。弹簧是利用弹性变形吸收存储能量，以缓冲振动和冲击作用，如火车的减振弹簧等。同时，弹簧还可存储能量使其他机件完成某些事先规定的动作，如仪表弹簧、阀门弹簧等。由于弹簧都是在动负荷下使用的，在长期交变应力作用下，常见的破坏形式是疲劳破坏。因此，要求弹簧钢必须有高的抗拉强度、高的屈强比（R_{eL}/R_m）、高的疲劳强度、较好的淬透性和低的脱碳敏感性，一些特殊弹簧还要求有耐热性、耐蚀性。

（1）化学成分

1）碳。合金弹簧钢的碳质量分数一般为 0.45% ~0.75%，以保证有高的弹性极限和疲劳强度。

2）合金元素。锰、硅、铬主要是提高钢的淬透性、耐回火性和强化铁素体，从而提高钢的弹性极限和屈强比。但硅含量过高，会增加钢在加热时的脱碳现象，锰含量过高则增加钢的过热倾向和回火脆性，所以要求性能较高的弹簧常加入铬、钒、钼、钨等元素，以克服

硅、锰带来的不良影响。

（2）热处理特点　根据弹簧成形方式的不同，弹簧钢可分为热成形弹簧、冷成形弹簧两种。热成形弹簧用于制造直径大于10～15mm的大型弹簧或形状复杂的弹簧，冷成形弹簧用来制作截面尺寸较小的弹簧。

1）热成形弹簧的热处理采用淬火加中温回火方式，然后再进行喷丸处理，使表面产生硬化层并形成残余压应力，从而获得高的弹性极限和疲劳极限。通过喷丸处理还能消除或减轻弹簧表面的裂纹、划痕、氧化及脱碳等缺陷的有害影响。

2）冷成形弹簧的热处理工艺可分为以下三种：

① 退火状态的弹簧钢丝。钢丝先冷拔至要求的直径，然后进行退火软化处理，便于绕制成形，但其强度、硬度低，所以绕制成的弹簧必须经淬火及中温回火处理。

② 铅浴等温处理冷拉钢丝。铅浴等温处理是先将材料冷拉到一定尺寸，然后进行连续加热至奥氏体化后，在500～550℃铅浴中等温冷却，待出浴空冷后重新盘绕，然后经多次冷拔到所需直径。由于多次冷拔使钢丝冷塑性变形而产生加工硬化，从而使钢丝强度、弹性极限达到工作所需要求。冷绕而成的弹簧只进行一次较低温度（200～300℃）的去应力定型回火，即成为成品。

③ 油淬回火钢丝。在淬火前，钢丝先冷拔至规定的直径，再进行连续淬火、回火处理，使其具备工作性能，虽然抗拉强度不及铅浴等温处理的冷拉钢丝，但抗拉强度波动范围小。这种工艺广泛用于动力机械的阀门弹簧。

（3）常用的合金弹簧钢　常用合金弹簧钢的牌号、成分、热处理、力学性能见表4-7。

表4-7　常用合金弹簧钢的牌号、成分、热处理、力学性能

种类	牌号	化学成分（质量分数）（%）						热处理		力学性能			
		C	Si	Mn	Cr	V	其他	淬火/℃	回火/℃	R_{eL}/MPa	R_m/MPa	A（%）	Z（%）
合金弹簧钢	65Mn	0.62～0.70	0.17～0.37	0.90～1.20				830油	540	800	1000	8	30
	60Si2Mn	0.56～0.64	1.50～2.00	0.60～0.90				870油	480	1200	1300	5	25
	50CrVA	0.46～0.54	0.17～0.37	0.50～0.80	0.80～1.10	0.10～0.20		850油	500	1150	1300	10	40
	60Si2CrVA	0.56～0.64	1.40～1.80	0.40～0.70	0.90～1.20	0.10～0.20		850油	410	1700	1900	6	20

4. 滚动轴承钢

滚动轴承钢主要用于制造各种滚动轴承内、外圈及滚动体（滚珠、滚柱、滚针），也可用于制造各种工具和耐磨零件。滚动轴承工作时，内、外圈和滚动体之间受循环载荷作用，产生强烈的摩擦。因而要求滚动轴承钢要有高的接触疲劳强度、高的硬度和耐磨性、高的弹性极限，还要有一定的韧性与淬透性，在大气和润滑介质中有一定的耐蚀能力，轴承钢在热处理后，要有良好的尺寸稳定性。

（1）化学成分

1）碳的质量分数。滚动轴承钢一般都是高碳铬钢，碳质量分数通常为 0.95% ~ 1.15%，高碳的目的是保证轴承钢具有高的硬度及良好的耐磨性。

2）合金元素。铬的质量分数通常为 0.40% ~ 1.65%，其主要作用是提高钢的淬透性，同时有部分铬与碳形成合金渗碳体（Fe，Cr）$_3$C，阻碍奥氏体晶粒长大，减少钢的过热敏感性，淬火后此碳化物是以细小颗粒状均匀分布在隐晶马氏体的基体上，使轴承钢热处理后获得高而均匀的硬度及耐磨性。

大型轴承钢在 GCr15 基础上加入适量的硅及锰（硅的质量分数为 0.40% ~ 0.65%，锰的质量分数为 0.90% ~ 1.20% 范围），不仅能改善钢的淬透性，还能在不降低韧性的同时，提高钢的强度和弹性极限。

（2）热处理特点

1）球化退火。球化退火的目的是使锻造后的轴承钢硬度降低，以利于切削加工，同时为最终热处理淬火作组织准备。退火工艺一般是将钢材加热到 780 ~ 810℃，在 710 ~ 720℃保温 3 ~ 4h，然后缓慢冷却至 650℃左右，再出炉空冷。退火后的金相组织为球状珠光体和在铁素体基体上均匀分布的细颗粒状碳化物，硬度低于 210HBW。

2）淬火、回火。对于 GCr15 钢来说，淬火温度为 820 ~ 840℃，如图 4-4 所示，温度过高，就会出现过热组织，增加残留奥氏体量，并会因过热而得到粗片状马氏体，导致轴承的韧性和疲劳强度下降；温度过低，会使奥氏体中溶解铬量及碳量不足，影响淬火后的硬度。

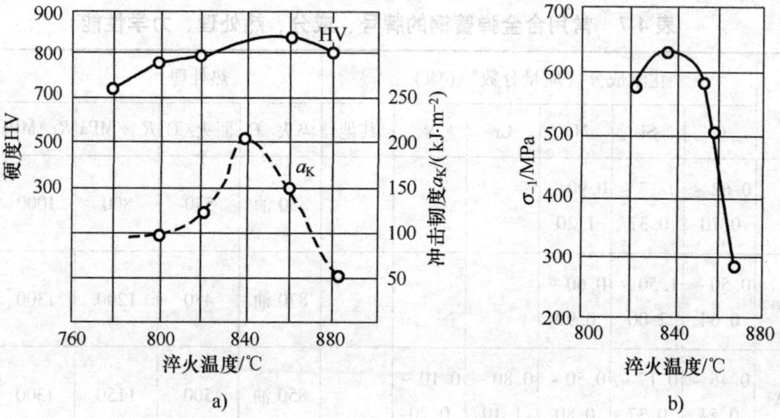

图 4-4 GCr15 钢淬火温度对力学性能的影响

a）硬度和冲击韧度 b）疲劳强度

回火温度为 150 ~ 170℃，保温 2 ~ 4h，以去除应力，提高韧性与尺寸稳定性。对于精密轴承零件，为保证其尺寸稳定性，立即进行一次 −70℃以下的冷处理，以降低残留奥氏体的含量，并在精磨后再进行一次 120 ~ 130℃、5 ~ 10h 的低温时效处理，以消除应力，稳定尺寸。

滚动轴承钢淬火 + 低温回火后的金相组织为回火马氏体，分布着均匀的细粒状碳化物和少量的残留奥氏体，硬度为 61 ~ 65HRC。

（3）常用的滚动轴承钢　常用滚动轴承钢的牌号、成分、热处理工艺及用途见表4-8。

表4-8　常用滚动轴承钢的牌号、成分、热处理工艺及用途

牌　号	化学成分（质量分数）（%）							回火后硬度HRC	应　用
	C	Cr	Si	Mn	V	Mo	RE		
GCr6	1.05～1.15	0.4～0.7	0.15～0.35	0.2～0.4				62～66	小于10mm的滚珠，滚柱和滚针
GCr9	1.0～1.1	0.9～1.2	0.15～0.35	0.2～0.4				62～66	20mm以内的各种滚动轴承
GCr9SiMn	1.0～1.1	0.9～1.2	0.4～0.7	0.9～1.2				61～65	壁厚小于14mm，外径小于250mm的轴承套，25～50mm的钢珠，直径25mm滚柱
GCr15	0.15～1.05	1.30～1.65	0.15～0.35	0.2～0.4				62～66	与GCr9SiMn相同
GCr15SiMn	0.95～1.05	1.30～1.65	0.4～0.65	0.9～1.2				>62	壁厚小于14mm，外径为250mm的套圈，直径20～200mm的钢球
GMnMoVRE	0.95～1.05		0.15～0.4	1.1～1.4	0.15～0.25	0.4～0.6	0.05～0.1	≥62	代GCr15用于轴承
GSiMnMoV(RE)	0.95～1.1	≤0.30	0.40～0.65	0.75～1.05	0.2～0.3	0.2～0.4	0.10	≥62	与GMnMoVRE相同

第四节　合金工具钢

制造各种刃具、模具、量具的合金钢称为合金工具钢。与碳素工具钢相比，合金工具钢含有一定量的合金元素，具有更好的淬透性、耐磨性、热硬性和强韧性，热处理变形小，较碳素工具钢具有更优越的力学性能。由于用途不同，合金工具钢的化学成分与性能也不相同。根据用途不同，合金工具钢分为合金刃具钢、合金量具钢和合金模具钢三类。

一、合金刃具钢

合金刃具钢主要用于制造车刀、铣刀、铰刀、钻头、板牙及丝锥等各种刃具。合金刃具钢按用途分为低合金刃具钢及高速钢两种。刃具在工作时，刃部要承受极大的切削力作用，与切屑之间产生强烈的摩擦及磨损，使刃部产生高温，同时还要受到冲击与振动。

1. 刃具钢的性能要求

（1）高硬度　一般刃具的硬度都在60HRC以上。高硬度主要取决于碳的质量分数，所以合金刃具钢的碳质量分数为0.7%～1.65%。

（2）高耐磨性　高耐磨性不仅取决于高硬度，还与组织中碳化物的性能、数量、大小及分布有关，在回火马氏体基体上分布着适量的均匀细小的硬碳化物，可获得良好的耐磨

性，耐磨性的高低决定刃具的使用寿命。

（3）高热硬性　刃具材料在高温下保持高硬度的能力称为热硬性，热硬性又称红硬性，是刃具材料必须具备的性能。刃具在切削过程中，由于刃部摩擦而使温度升高，有时刃部温度可达500～600℃，在高温的情况下，若刃具硬度下降，则无法继续切削。

（4）足够的塑性和韧性　刃具在切削过程中常受弯曲、扭转、振动、冲击等复杂载荷的作用，所以只有足够的塑性和韧性才可以阻止刃具在切削过程中发生脆性断裂或崩刃。

2. 低合金刃具钢

低合金刃具钢主要用于制作工作温度在300℃以下，切削量不大但截面尺寸较大、形状复杂的低速切削刃具（如板牙、丝锥、铰刀及拉刀等）、冷作模具和量具等。

（1）化学成分　低合金刃具钢的碳质量分数为0.80%～1.50%，可保证高硬度又可形成足够的合金碳化物，提高耐磨性。

低合金刃具钢的常用合金元素有硅、锰、铬、钼、钨、钒等，合金元素总的质量分数<5%，其中铬、锰、硅等可提高淬透性、耐回火性及改善热硬性。加入钨、钒等碳化物形成元素可形成WC、VC或V_4C_3等特殊碳化物，可提高热硬性和耐磨性。

（2）热处理特点　低合金刃具钢的预备热处理是球化退火，最终热处理为淬火后低温回火。以常用的9SiCr钢为例预备热处理的球化退火工艺规范如图4-5所示，经球化退火后，组织为球状珠光体，硬度为197～241HBW，适合机械加工的技术要求。

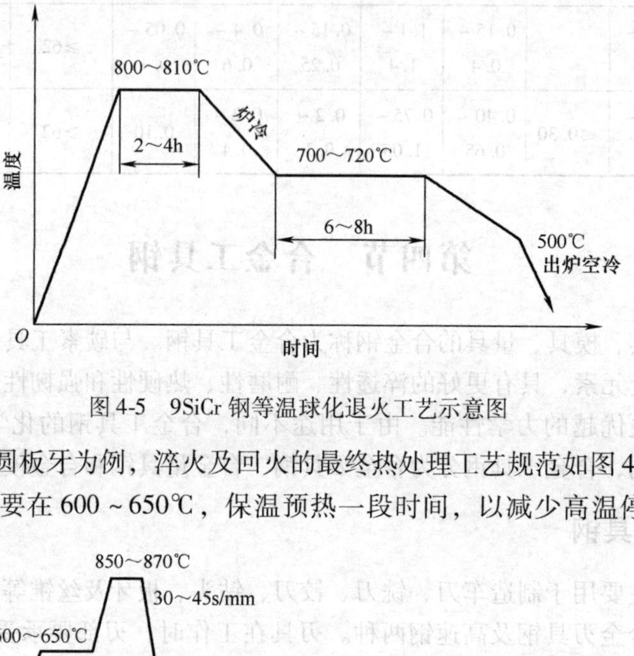

图4-5　9SiCr钢等温球化退火工艺示意图

以9SiCr制造的圆板牙为例，淬火及回火的最终热处理工艺规范如图4-6所示。由图4-6可知，淬火加热过程要在600～650℃，保温预热一段时间，以减少高温停留时间，降低板

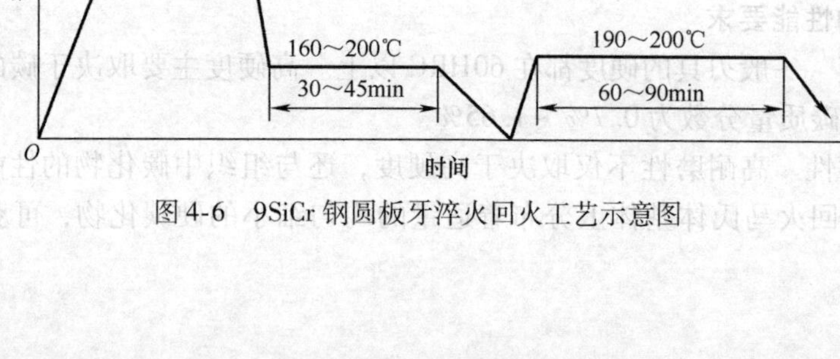

图4-6　9SiCr钢圆板牙淬火回火工艺示意图

牙的氧化脱碳倾向，加热到850~870℃后，在180℃左右的硝盐浴中进行等温淬火，以减少变形，淬火后在190~200℃进行低温回火，以降低残余应力，其最终硬度为60~63HRC左右。热处理后的组织为细回火马氏体、合金碳化物和少量残留奥氏体。

（3）常用的低合金刃具钢　常用低合金刃具钢的牌号、热处理及用途举例见表4-9。

表4-9　常用低合金刃具钢的牌号、热处理及用途举例

牌号	化学成分（质量分数）（%）					热处理					用途举例
						淬火			回火		
	C	Mn	Si	Cr	其他	温度/℃	淬火冷却介质	HRC ≥	温度/℃	HRC >	
Cr2	0.95~1.10	≤0.40	≤0.40	1.30~1.65		830~860	油	62	130~150	62~65	用于制造车刀、插刀、铰刀、冷轧辊、样板及量规等
9SiCr	0.85~0.95	0.30~0.60	1.20~1.60	0.95~1.25		820~860	油	62	180~200	60~62	用于制造耐磨性要求高、切削不剧烈的刀具，如板牙、丝锥、钻头、铰刀、齿轮铣刀及拉刀等，还可用于制造冷冲模具、冷轧辊等
CrWMn	0.90~1.05	0.80~1.10	0.15~0.35	0.90~1.20	1.2~1.6W		油	62	140~160	62~65	又称微变形钢。用于制造要求变形小、形状复杂的刀具，如拉刀、长丝锥等，还可用于制造量规、冷冲模具及精密丝杠等
CrMn	1.30~1.50	0.45~0.75	≤0.40	1.30~1.60		840~860	油	62	130~140	62~65	长丝锥、拉刀和量具等
9Mn2V	0.85~0.95	1.70~2.00	≤0.40		0.01~0.25V	780~810	油	62	150~200	60~62	用于制造小型冷作模具及要求变形小、耐磨性高的量具、样板、精密丝杠、磨床主轴等，也可用于制造丝锥、板牙和铰刀等
8MnSi	0.75~0.85	0.80~1.10	0.30~0.60			800~820	油	60	180~200	58~60	一般用于制造木工工具或其他工具，如凿子、锯条等
CrW5	1.25~1.50	≤0.30	≤0.30	0.40~0.70	4.50~5.50W	800~820	水	65	150~160	64~65	低速切削硬金属用的刀具，如车刀、铣刀和刨刀
9Cr2	0.85~0.95	≤0.40	≤0.40	1.30~1.70		820~850	油	62			主要用于制造冷轧辊、钢印、冲孔凿、尺寸较大的铰刀及木工工具等

3. 高合金刃具钢

高合金刃具钢也叫高速钢或锋钢，合金元素总的质量分数>10%，属于高合金钢。因为具有高的热硬性、高硬度、高耐磨性，在工作温度高达600℃左右时，硬度无明显下降。广泛用于制造高速切削刀具和形状复杂、载荷较大的成形刀具，如车刀、铣刀、拉刀、钻头及刨刀等。

高速钢中碳质量分数为0.7%~1.65%。高碳的作用是：一方面保证足够量的碳溶于高温奥氏体中；另一方面保证与合金元素形成足够数量的碳化物，保证具有良好的热硬性、高硬度及高耐磨性。

高速钢中常加入的合金元素有钨、铬、钒、钼、钴、铝等，其中钨是提高热硬性的主要元素，钨与碳形成碳化钨。在退火状态下，钨以 Fe_4W_2C 的形式存在，淬火加热时，一部分 Fe_4W_2C 溶入奥氏体，淬火后存在于马氏体中，能提高钢的耐回火性。在560℃的回火过程中，一部分钨以 W_2C 形式弥散沉淀析出，产生“二次硬化”，如图4-7所示，W18Cr4V钢回火温度与淬火硬度的关系曲线中，在560℃回火时硬度最高，甚至超过淬火后的硬度而达到64~66HRC，这正是合金碳化物产生二次硬化的结果。加热时未溶的 Fe_4W_2C 能阻止高温下奥氏体晶粒长大。钼的作用与钨类似，铬能明显提高淬透性，使高速钢在空冷条件下也能形成马氏体组织。

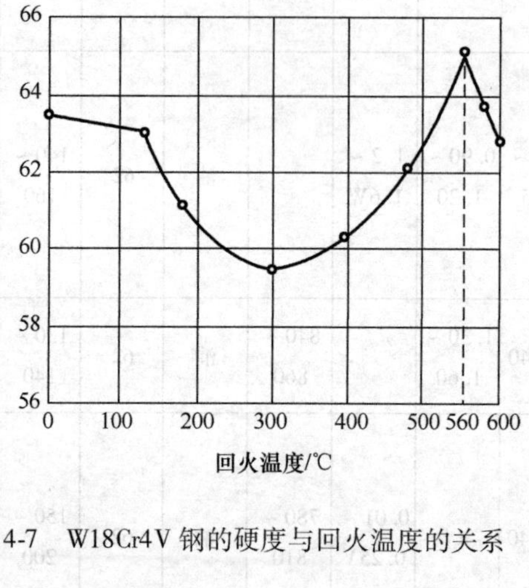

图4-7 W18Cr4V钢的硬度与回火温度的关系

二、合金量具钢

1. 合金量具钢应具备的性能

合金量具钢主要用于制造精密测量工具，如卡尺、千分尺、量块、量规及样板等。因在使用过程中受摩擦、磨损而失效，几乎不能承受载荷作用，故对精密量具有如下性能要求：

1）因量具需经常与被测工件接触产生摩擦，故量具工作部分要具有高硬度和高耐磨性，硬度应在56~62HRC范围内。

2）量具在长期使用过程中，其尺寸不能因时间的推移而发生变化，同时还要有良好的耐蚀性，并且要具有高的组织稳定性。

3）量具在使用过程中不会因偶尔的冲击或碰撞而损坏，要有足够的韧性，同时要有良好的加工工艺性。

2. 合金量具钢的化学成分

1）为了保证高硬度和高耐磨性，合金量具钢的碳质量分数为0.90%～1.50%。

2）加入的铬、钨、锰等合金元素，可提高合金量具钢的淬透性、硬度及耐磨性，减少合金量具钢的淬火变形。

3. 合金量具钢的热处理特点

合金量具钢热处理的关键在于减少其热处理变形和提高组织稳定性，具体的热处理工艺如下：

1）淬火。在保证硬度的前提下，尽量降低淬火温度以减少热应力和残留奥氏体量。

2）冷处理。淬火后立即进行-70～-80℃的冷处理，使残留奥氏体转变为马氏体。

3）低温回火。为了降低马氏体的正方度以及减少应力并保证较高的硬度，通常采用150～160℃低温长时间回火。

4）时效处理。对精度要求高的量具，在淬火、冷处理及低温回火后，还需进行120～130℃的几小时甚至几十小时的时效处理，进一步消除内应力。

图4-8所示为GCr15（或CrWMn）钢制造高精度量块的热处理工艺曲线，处理后的量块要求一年内每10mm长度尺寸变量不超过0.1～0.2μm。常用合金量具钢的选用举例见表4-10。

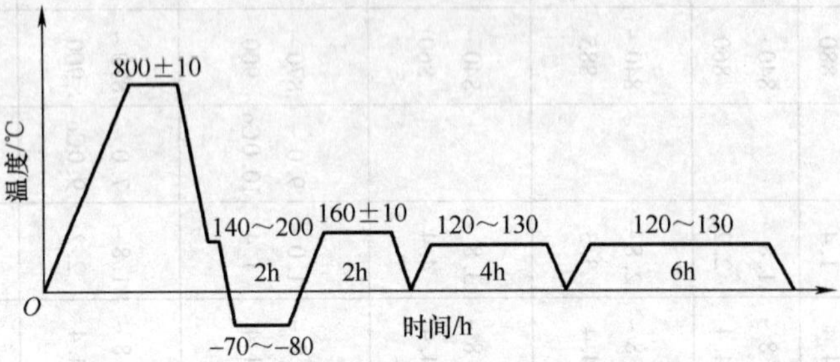

图4-8 GCr15钢量块热处理工艺曲线示意图

表4-10 量具用钢的选用举例

用途	选用的钢号举例	
	钢的类别	钢号
量块、螺纹塞规、环规、样柱和样套等	低合金工具钢	CrMn、9CrWMn、CrWMn
量块、塞规和样柱等	滚动轴承钢	GCr15
高精度且形状复杂的量规、量块	冷作模具钢	9Mn2V、Cr2Mn2SiWMoV
要求高精度和耐腐蚀的量具	不锈钢	4Cr13、9Cr18

我国常用的高速钢有两种，一种是钨系，一种是钨-钼系。常用高速钢的化学成分、热处理、性能及应用见表4-11。

表 4-11 常用高速钢的化学成分、热处理、性能及应用

名称		牌号	化学成分（质量分数）（%）						热处理温度/℃			硬度		热硬性（HRC）	应用
			C	W	Mo	Cr	V	其他	退火	淬火	回火	退火后（HBW）	回火后（HRC）		
钨高速钢		W18Cr4V	0.7 ~ 0.8	17.5 ~ 19.0	≤0.3	3.8 ~ 4.4	1.0 ~ 1.4		860 ~ 880	1260 ~ 1300	550 ~ 570	207 ~ 255	63 ~ 66	61.5 ~ 62	制造一般高速切削用车刀、刨刀、钻头、铣刀
钨钼高速钢		W6Mo5Cr4V2	0.8 ~ 0.9	5.75 ~ 6.75	4.75 ~ 5.75	3.8 ~ 4.4	1.8 ~ 2.2		840 ~ 860	1220 ~ 1240	550 ~ 570	≤241	63 ~ 66	60 ~ 61	制造要求耐磨性和韧性很好的高速切削刀具，如丝锥、钻头等
高钒钨钼高速钢		W6Mo5Cr4V3	1.10 ~ 1.25	5.75 ~ 6.75	4.75 ~ 5.75	3.8 ~ 4.4	2.8 ~ 3.3		840 ~ 885	1200 ~ 1240	550 ~ 570	≤255	>65	64	制造要求耐磨性和热硬性较高、韧性较好、形状稍复杂的刀具，如拉刀、铣刀等
超硬高速钢	高碳高钒高速	W12Cr4V4Mo	1.25 ~ 1.40	11.5 ~ 13.0	0.9 ~ 1.2	3.8 ~ 4.4	3.8 ~ 4.4		840 ~ 860	1240 ~ 1270	550 ~ 570	≤262	>65	64 ~ 64.5	只宜制造形状简单的刀具或仅需很少磨削的刀具
	高钴高速钢	W18Cr4VCo10	0.7 ~ 0.8	18.0 ~ 19.0		3.8 ~ 4.4	1.0 ~ 1.4	9.0 ~ 10.0Co	870 ~ 900	1270 ~ 1320	540 ~ 590	≤277	66 ~ 68	64	制造形状简单截面较粗的刀具，如直径15mm以上的钻头、车刀；不适于制造形状复杂的薄刃成形刀具和载荷较高的小截面刀具。用于加工高温合金、难熔金属、超高强度钢、钛合金、不锈钢等难切削材料；也用于切削硬度小于等于300 ~ 350HBW的合金调质钢
		W6Mo5Cr4V2Co8	0.8 ~ 0.9	5.5 ~ 6.7	4.8 ~ 6.2	3.8 ~ 4.4	1.8 ~ 2.2	7.0 ~ 9.0Co	870 ~ 900	1230 ~ 1260	540 ~ 560	≤269	64 ~ 66	64	
	含铝高速钢	W6Mo5Cr4V2Al	1.1 ~ 1.2	5.75 ~ 6.75	4.75 ~ 5.75	3.8 ~ 4.4	1.8 ~ 2.2	1.0 ~ 1.3Al	850 ~ 870	1220 ~ 1260	550 ~ 570	255 ~ 267	67 ~ 69	65	切削一般材料时刀具使用寿命为W18Cr4V的二倍，切削难加工的超强度钢和耐热合金钢时，其使用寿命接近含钴高速钢
		W10Mo4Cr4V3Al	1.3 ~ 1.4	9.0 ~ 10.5	3.5 ~ 4.5	3.5 ~ 4.5	2.7 ~ 3.2	0.7 ~ 1.2Al	845 ~ 855	1250 ~ 1260	540 ~ 560	≤200	67 ~ 69	65.5 ~ 67.5	

第五节 特殊性能钢

具有特殊的物理性能和化学性能的钢称为特殊性能钢，其化学成分、显微组织及热处理与普通钢不同，在机械制造业中，常用的有不锈钢、耐热钢及耐磨钢等。

一、不锈钢

不锈钢是以不锈、耐蚀性为主要特性，且铬质量分数至少为10.5%，碳质量分数最大不超过1.2%的钢。不锈钢并非不生锈，只是在不同的介质中腐蚀行为各不相同。能够抵抗空气、蒸汽、水等弱腐蚀性介质腐蚀或锈蚀的钢为不锈钢；能在酸、碱、盐等强腐蚀性介质中抵抗腐蚀或锈蚀的钢为耐酸钢。一般不锈钢不一定耐酸，而耐酸钢则一般都具有良好的耐蚀性。

1. 金属的腐蚀或锈蚀

金属表面受周围介质作用而引起损坏的过程称为金属的腐蚀或锈蚀。根据腐蚀的方式不同，腐蚀分为化学腐蚀与电化学腐蚀两类。金属在非电解质中的腐蚀（如钢在高温下的氧化）属于典型的化学腐蚀，腐蚀产物覆盖在金属表面，形成一层氧化膜，在腐蚀过程中不产生电流。金属在电解质中的腐蚀，如钢在室温下的氧化属于电化学腐蚀，在腐蚀过程中有微电流产生，金属的腐蚀以电化学腐蚀为主。

电化学腐蚀实际上是微电池的作用，当有电解质溶液存在，两种电极电位不同的金属相互接触，由于存在电位差，因此就有电流产生，构成了原电池。电极电位较低的金属为阳极，易失去电子，使金属元素因失去电子而变成正离子进入电解质溶液，结果是电极电位较低的阳极不断溶解，而电极电位较高的阴极部分则基本不变，如图4-9所示。钢组织中珠光体是由铁素体和渗碳体两相组成的，由于铁素体的电极电位比渗碳体低，铁素体为阳极，在稀硫酸溶液中，钢表层中的渗碳体和铁素体在电解质溶液中便形成了一个以铁素体为阳极，以渗碳体为阴极的微电池，阳极不断溶解，而阴极则保持不变，导致已抛光的平面变得凸凹不平。

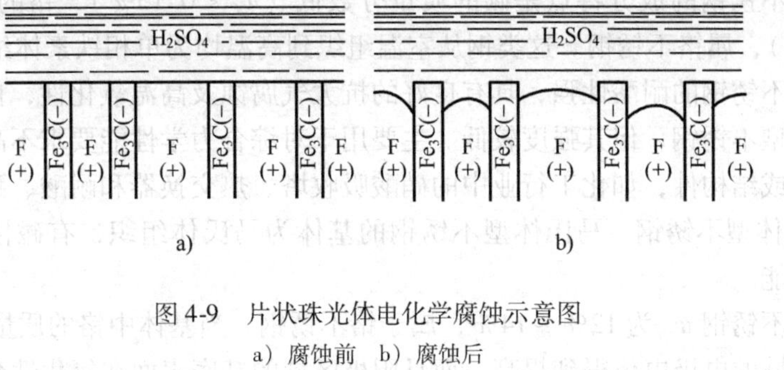

图4-9 片状珠光体电化学腐蚀示意图

a）腐蚀前 b）腐蚀后

2. 不锈钢的合金化原理

不锈钢的合金化原理就是通过向金属中加入合金元素来提高耐蚀性。依据电化学腐蚀的基本原理，具体措施有以下三种：

（1）提高钢基体的电极电位 在钢中加入合金元素铬、镍、硅等能提高钢中基体相

（铁素体、奥氏体、马氏体）的电极电位，使基体相与碳化物的电位差减小，如图4-10所示。在铁素体中溶入质量分数大于11.7%的铬后，铁素体的电极电位由原来的-0.56V跃升至+0.20V，其耐蚀性也明显提高。

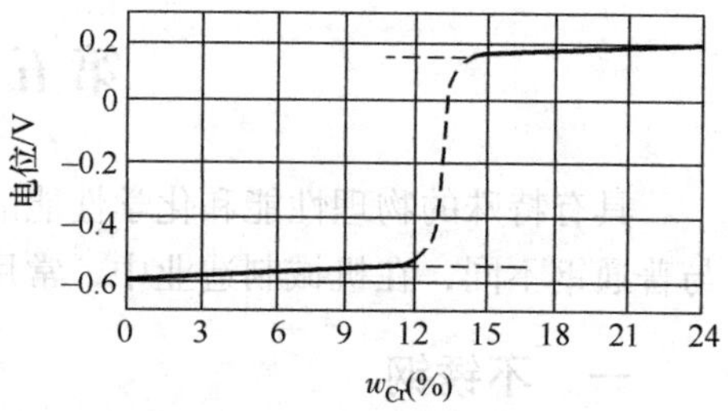

图4-10 铁铬合金的电极电位

（2）尽量使钢在室温下呈均匀的单相组织　加入合金元素铬、镍或锰，可使钢形成单相的铁素体、奥氏体或马氏体组织，以避免形成微电池。例如，铬是缩小γ区的元素，当含铬量较高时能使钢呈单一的铁素体组织；镍是扩大γ区的元素，当钢中含镍量达到一定值时，可使钢在常温下呈单相奥氏体组织，从而提高抗电化学腐蚀的能力。

（3）形成氧化膜　在钢中加入铬、硅、铝等合金元素后，可以在钢的表面形成一层致密的、结合牢固的（Cr_2O_3、SiO_2、Al_2O_3）氧化膜（也称钝化膜），使钢与周围介质隔绝，使腐蚀过程受阻，从而提高钢的耐蚀性。

3. 不锈钢的分类

（1）奥氏体型不锈钢　奥氏体型不锈钢的基体以面心立方晶体结构的奥氏体组织（γ相）为主，无磁性，主要通过冷加工使其强化。

奥氏体型不锈钢中碳质量分数较低，为0.08%～0.15%，铬、镍含量高，w_{Cr}为15%～24%，w_{Ni}为13.5%～22%，铬主要起到提高阳极电极电位，建立钝化状态的作用；镍可以扩大γ区，使钢的*Ms*点降至室温以下，所以奥氏体型不锈钢在室温情况下具有单相奥氏体组织。奥氏体型不锈钢属铬镍钢，也称18-8型不锈钢。这类钢的强度、硬度比较低，而塑性、韧性、焊接性比较好，无磁性，有很好的耐蚀性，是目前应用最广的一类不锈钢。

（2）奥氏体-铁素体（双相）型不锈钢　奥氏体-铁素体型不锈钢的基体兼有奥氏体和铁素体两相组织（其中较少相的质量分数一般大于15%），有磁性，可通过冷加工使其强化。

（3）铁素体型不锈钢　铁素体型不锈钢的基体以体心立方晶体结构的铁素体组织（α相）为主，有磁性，一般不能通过热处理硬化，但冷加工可使其轻微强化。

铁素体型不锈钢的成分特点是碳的质量分数低（$w_C < 0.15\%$），铬的质量分数高（w_{Cr}为12%～32%），属铬不锈钢。这类钢从室温组织到高温均为单相铁素体组织。

铁素体型不锈钢的耐酸性强，具有良好的抗大气腐蚀及高温氧化性，良好的塑性，焊接性优于马氏体型不锈钢，但其强度较低。主要用于对综合力学性能要求不高，而对耐蚀性要求很高的零件或结构件，如化工行业中的硝酸吸收塔、热交换器和耐酸、耐碱的管路等。

（4）马氏体型不锈钢　马氏体型不锈钢的基体为马氏体组织，有磁性，通过热处理可调整其力学性能。

马氏体型不锈钢w_{Cr}为12%～14%，属于铬不锈钢。当基体中铬的质量分数超过11.7%时，其阳极区域的电极电位得到提高，而且阳极区域的基底表面在氧化性介质的作用下形成一层富铬的氧化物保护膜，阻碍了阳极区域的反应，但这层致密的氧化膜只有在氧化性介质中才能起到防锈的作用，如大气、水蒸气、淡水、海水、低于30℃的盐水、食品介质及浓度不高的有机酸中。在硫酸、盐酸、热磷酸、热硝酸溶液及熔碱中，由于不能很好地建立钝化状态，所以耐蚀性很差。

马氏体型不锈钢有平均铬质量分数为 13% 的 06Cr13 型不锈钢及铬质量分数为 18% 的 95Cr18 型不锈钢。12Cr13、20Cr13 钢中的碳质量分数较低，常用于综合力学性能与耐磨性要求较高的零件，如汽轮机叶片等；30Cr13 及 40Cr13 碳质量分数相对前者高，故强度、硬度均高于前者，但变形及焊接性比前者差，主要用于耐磨零件及医疗工具等。

95Cr18、90Cr18MoV 是高碳不锈钢，其硬度值大于 55HRC，常用于制造刀具、耐蚀轴承等。

（5）沉淀硬化型不锈钢　沉淀硬化型不锈钢的基体为奥氏体或马氏体组织，并能通过沉淀硬化（又称时效硬化）处理使其硬（强）化。

不锈钢常用的热处理工艺有固溶处理、稳定化处理及去应力处理等。

18-8 型不锈钢在退火状态下并非是单相奥氏体，还含有少量的碳化物，为了获得单相奥氏体，提高耐蚀性，将钢加热至 1100℃左右，使钢中碳化物充分溶入奥氏体，然后通过水淬快冷以获得单相奥氏体组织，目的是提高钢的耐蚀性，这种处理为固溶处理。

为了获得单相奥氏体组织，18-8 型不锈钢中含镍最少的成分应是 $w_{Cr}=18\%$，$w_{Ni}=13\%$，但若从 1100℃左右通过水淬急冷，则含铬、镍质量分数分别为 $w_{Cr}=18\%$，$w_{Ni}=8\%$ 的钢即可在室温下获得单相奥氏体组织，18-8 型不锈钢是最经济的奥氏体不锈钢。

常用不锈钢的牌号、成分、性能及主要用途见表 4-12。

表 4-12　常用不锈钢的牌号、成分、性能及主要用途

类别	钢号	化学成分（质量分数）（%）			热处理		力学性能（不小于）				用途举例
		C	Cr	其他元素	淬火/℃	回火/℃	R_{eL}/MPa	R_m/MPa	A(%)	硬度	
马氏体型	12Cr13	0.15	11.50~13.50		1000~1050 水、油	700~790	420	600	20	187HBW	汽轮机叶片、水压机阀、螺栓、螺母等耐弱腐蚀介质并承受冲击的零件
	20Cr13	0.16~0.25	12~14		1000~1050 水、油	600~770	450	600	16	197HBW	
	30Cr13	0.26~0.35	12~14		1000~1050 油	200~300				48HRC	做耐磨的零件，如加油泵轴、阀门零件、轴承、弹簧以及医疗器械
	40Cr13	0.36~0.45	12~14		1000~1050 油	200~300				50HRC	
	06Cr13	0.08	11.50~13.50		1000~1050 水、油	700~790	350	500	24	—	耐水蒸气及热含硫石油腐蚀的设备
铁素体型	10Cr17	0.12	16~18			750~800	250	400	20	—	硝酸工厂、食品工厂的设备
	10Cr17Ti	0.12	16~18	Ti：$5\times w_C$~0.8%		700~800	300	450	20	—	同 10Cr17，但晶间腐蚀抗力较高

（续）

类别	钢号	化学成分(质量分数)(%)			热处理		力学性能（不小于）				用途举例
		C	Cr	其他元素	淬火/℃	回火/℃	R_{eL}/MPa	R_m/MPa	A(%)	硬度	
奥氏体型	06Cr19Ni10	0.08	18 ~ 20	Ni：8% ~ 11%	固溶处理 1050 ~ 1100 水		180	490	40	—	深冲零件、焊 NiCr 钢的焊芯
	12Cr18Ni9	0.15	17 ~ 19	Ni：8% ~ 10%	固溶处理 1100 ~ 1150 水		200	550	45	—	耐硝酸、有机酸、盐、碱溶液腐蚀的设备

二、耐热钢

耐热钢是指在高温下具有良好的化学稳定性或较高强度的钢。

在内燃机、燃气轮机、化工机械、石油装置等高温条件下工作的构件，通常需具备热化学稳定性和热强度。热化学稳定性主要是指高温条件下的抗氧化能力，热强性是指在高温条件下的综合力学性能。耐热钢根据用途不同分为抗氧化钢和热强钢两种。

1. 抗氧化钢

在高温条件下有较好的热化学稳定性和一定强度的钢称为抗氧化钢，又称为不起皮钢。大多数金属均能与氧形成氧化物，铁在高温下形成的氧化皮 FeO 非常疏松多孔，氧原子通过孔隙与铁继续发生氧化反应，使氧化膜变厚，同时 FeO 与基底结合能力差，易脱落，由于不断发生锈蚀，最终导致构件烧损。

抗氧化钢就是在钢中加入一定量的铬、硅或铝等合金元素，如在钢中加入质量分数为15%的铬，抗氧化温度可达900℃；在钢中加质量分数为20% ~25%的铬，其抗氧化温度可达1100℃。生产中在铬钢、铬镍钢、铬锰钢的基础上加入硅、铝，由于钢中碳质量分数增多，钢的抗氧化性能下降，故一般抗氧化钢多为低碳合金钢，常用的有 16Cr23Ni13、20Cr25Ni20、06Cr23Ni13、022Cr12 等钢，多用于加热炉用的锅炉吊挂、加热炉底板、燃气轮机燃烧室等。

2. 热强钢

在高温条件下有较好的抗氧化能力和较高强度以及良好组织稳定性的钢称为热强钢。

汽车上利用热强钢制造发动机的进、排气门，涡流室镶块，蜗轮增压器转子，排气净化装置等，如夏利车气门用钢为 40Cr10Si2Mo，桑塔纳、标致车气门用钢为 45Cr9Si3、80Cr20Si2Ni 等，常用耐热钢的牌号、热处理、力学性能及用途见表 4-13。

3. 耐磨钢

耐磨钢是指在强烈冲击载荷作用下才能产生硬化的高锰钢。其特点为高碳高锰，w_C = 1.0% ~1.3%、w_{Mn} =11% ~14%。若碳的质量分数过高，则会损害钢的韧性；若碳的质量分数过低，则会降低钢的耐磨性。由于锰可扩大 γ 区，当锰的质量分数超过 12%时，在室温下即可得到单相奥氏体组织。

表 4-13　常用耐热钢的牌号、热处理、力学性能及用途

牌　　号	热处理方法	力学性能				用途举例
		R_m/MPa	A(%)	Z(%)	硬度 HBW	
06Cr19Ni10	固溶处理：1010 ~ 1150℃快冷	520	40	60	187	工作温度低于 870℃的通用耐氧化钢
06Cr18Ni11Ti	固溶处理：920 ~ 1150℃快冷	520	40	50	187	用于制造 400 ~ 900℃腐蚀条件下使用的零件、高温焊接件等
45Cr14Ni14W2Mo	固溶处理：820 ~ 850℃快冷	705	20	35	248	用于制造 500 ~ 600℃下锅炉和汽轮机零件、内燃机重载荷排气阀等
12Cr13	淬火：950 ~ 1000℃油冷 回火：700 ~ 750℃快冷	540	25	55	159	用于制造 480℃以下的汽轮机叶片、800℃以下的耐氧化零件等
13Cr13Mo	淬火：970 ~ 1020℃油冷 回火：650 ~ 750℃快冷	685	20	60	192	用于制造 500℃以下的汽轮机叶片、800℃以下的耐氧化零件、高温高压蒸汽用零件等
14Cr11MoV	淬火：1050 ~ 1100℃空冷 回火：720 ~ 740℃空冷	685	16	55	—	用于制造 540℃以下工作的透平叶片、导向叶片等
15Cr12WMoV	淬火：1000 ~ 1050℃油冷 回火：680 ~ 700℃空冷	735	15	45	—	用于制造 500 ~ 580℃下工作的汽轮机轮盘、叶片、紧固件等
42Cr9Si2	淬火：1020 ~ 1040℃油冷 回火：700 ~ 780℃油冷	885	19	50	—	用于制造 700℃以下工作的汽车发动机、柴油机排气阀等
40Cr10Si2Mo	淬火：1010 ~ 1040℃油冷 回火：700 ~ 800℃空冷	885	10	35	—	用于制造 750℃以下中、高载荷汽车发动机、柴油机排气阀等

耐磨钢因锰的质量分数很高而称为高锰钢，由于其冷变形强化效果明显，所以切削加工很困难，故一般多采用铸造成形的方法。耐磨钢的牌号由“铸钢”两字汉语拼音第一个字首的大写 ZG + 锰元素符号及其平均质量分数（%） + 品种代号组成。如 ZGMn13-3，表示锰的平均质量分数为 13% 的 3 号耐磨钢。

高锰钢的铸态组织是奥氏体及较多的含锰碳化物，高锰钢只有在全部获得奥氏体组织时才能呈现出良好的韧性和耐磨性，为了全部获得奥氏体组织，需对高锰钢进行水韧处理。

将高锰钢加热到 1100℃，保温一段时间后，使碳化物全部溶解在奥氏体中，然后快速水淬冷却。由于冷却速度快，高锰钢中的碳化物来不及从奥氏体中析出，因而获得了单一的奥氏体组织，这种处理称为水韧处理。水韧处理后的高锰钢强度、硬度并不高，而塑性、韧性良好，当受到强烈冲击、压力与摩擦时其表面因塑性变形而产生强烈的加工硬化，硬度可提高到50HRC以上，并伴随有奥氏体向马氏体转变，使表面硬度快速提高而获得很高的耐磨性，而心部仍维持原来状态。当旧的表层磨损后，新露出的表面又可在强烈冲击和摩擦作用下，获得新的耐磨层。高锰钢只有在强烈冲击和摩擦的条件下才能显示出高的韧性及耐磨性，如果在一般工作条件下，高锰钢的耐磨性甚至不及碳钢。

水韧处理后的高锰钢不能再加热，因为当温度超过300℃时，即使很短时间也能析出碳化物，从而使耐磨性下降。由于高锰钢的特性，即使有裂纹开始发生，由于加工硬化作用，也会抵抗裂纹的继续扩展。同时高锰钢在寒冷条件下也不会发生冷脆而保持良好的力学性能。因此，高锰钢被广泛应用于履带、防弹板、保险箱钢板、铲斗等，同时由于高锰钢组织是单一无磁性奥氏体，也可用做既耐磨又抗磁化的构件。

常见的耐磨钢牌号、热处理、力学性能及用途见表4-14。

表4-14 耐磨钢的牌号、热处理、力学性能及用途

牌号	热处理（水韧处理）	力学性能				用途举例
		R_m/MPa	A(%)	a_K/(J/cm^2)	HBW	
ZGMn13-1	1060~1100℃水冷	635	20	—	—	用于制造结构简单、要求以耐磨性为主的低冲击铸件，如衬板、齿板、辊套、铲齿、铁路道岔等
ZGMn13-2		685	25	147	300	
ZGMn13-3		735	30	147	300	用于制造结构复杂、要求以韧性为主的高冲击铸件，如履带板、碎石机颚板等
ZGMn13-4		735	20	—	300	

本章小结

1. 合金钢是在碳钢基础上加入合金元素炼制成的。合金元素的作用是：①形成合金铁素体；②形成合金碳化物；③细化晶粒；④提高钢的淬透性；⑤提高回火稳定性。

2. 合金钢按合金元素总含量分为低合金钢、中合金钢和高合金钢。合金元素总含量<5%为低合金钢；合金元素总含量为5%~10%属于中合金钢；合金元素总含量>10%属于高合金钢。

合金钢按使用特性分为合金结构钢、合金工具钢和特殊性能钢。合金结构钢用于制造工程结构件及机械零件；合金工具钢用于制造各种量具、刃具和模具的钢；特殊性能钢具有某种特殊物理性能、化学性能，如不锈钢、耐热钢和耐磨钢等。

3. 掌握合金结构钢和合金工具钢的牌号规则及每种牌号的特例。

4. 掌握合金结构钢和合金工具钢的热处理特点。

复习思考题

1. 何谓合金钢？合金钢常用的分类方法有哪几种？
2. 常用的合金元素有哪些？合金元素在钢中起何作用？
3. 试述合金结构钢和合金工具钢的牌号原则。

4. 合金结构钢按用途和热处理特点可分为哪几种？试述它们的含碳量及主要用途。

5. 合金工具钢按主要用途可分为哪几种？

6. 何谓热硬性？试比较碳素工具钢、低合金刃具钢和高速钢哪类钢的热硬性最好？哪类钢的热硬性最差？

7. 普通低合金结构钢有什么特点？有什么用途？

8. 合金调质钢有什么特点？有什么用途？

9. 合金弹簧钢有什么特点？有什么用途？

10. 滚动轴承钢有什么特点？有什么用途？

11. 低合金刃具钢有什么特点？有什么用途？

12. 高速钢有什么特点？有什么用途？

13. 说出下列牌号的钢属于哪一类钢？试述它们的成分特点，并举例说明它们的用途。

16Mn　20CrMnTi　40Cr　60Si2Mn　GCr15　9SiCr　CrWMn　ZGMn13　W18Cr4V　1Cr18Ni9

14. 常用的不锈钢有哪几种？各举一个牌号，说明它们有何用途。

15. 高锰钢 ZGMn13 的热处理有什么特点？有哪些应用？

第五章 钢的热处理

【基本要求】

掌握钢热处理的概念、目的、种类、特点及应用。

【重点和难点】

1. 钢在加热时奥氏体的形成过程。
2. 等温冷却和连续冷却的组织和特性。
3. 退火、正火、淬火、回火的工艺特点及应用。
4. 表面热处理的种类、特点及应用。

热处理是改善金属材料使用性能和工艺性能的一种非常重要的工艺方法，重要的机械零件在制造过程中都要进行热处理。

第一节 热处理概述

钢的热处理是将钢在固态下以适当的方式进行加热、保温和冷却来改变钢的内部组织，从而获得所需性能的一种工艺方法。

热处理工艺在机械制造业中应用极为广泛，它能显著提高钢的力学性能，充分发挥钢材的潜力，延长零件的使用寿命，减轻工件的质量，降低成本。热处理工艺由加热、保温和冷却三个阶段组成，通常可在温度-时间坐标图中用图形表示，如图 5-1 所示。常用热处理方法有退火、正火、淬火、回火及表面热处理等。

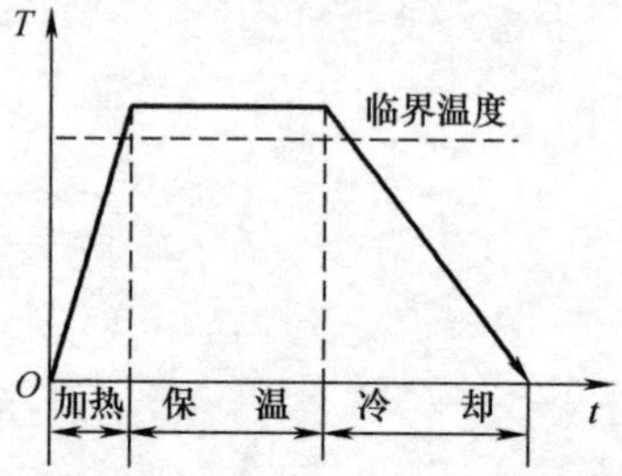

图 5-1 钢的热处理工艺曲线

要了解各种热处理方法对钢性能的改变情况，必须先了解钢在加热、保温和冷却过程中组织的变化规律。

一、钢在加热时的组织转变

1. 钢的临界转变温度

由 $Fe\text{-}Fe_3C$ 相图可知，A_1 线（*PSK* 线）、A_3 线（*GS* 线）和 A_{cm} 线（*ES* 线）是钢在极其缓慢加热和冷却时，组织转变的临界点。但在生产中，热处理的加热和冷却都是按一定速度进行的，因此，相变是在非平衡条件下进行的，从而产生滞后现象，即加热时移向高温，而冷却时移向低温。实际加热时产生相变的临界温度用 Ac_1、Ac_3、Ac_{cm} 表示，而冷却时发生相变的临界温度用 Ar_1、Ar_3、Ar_{cm} 表示，如图 5-2 所示（常用钢的临界点见附录 C）。

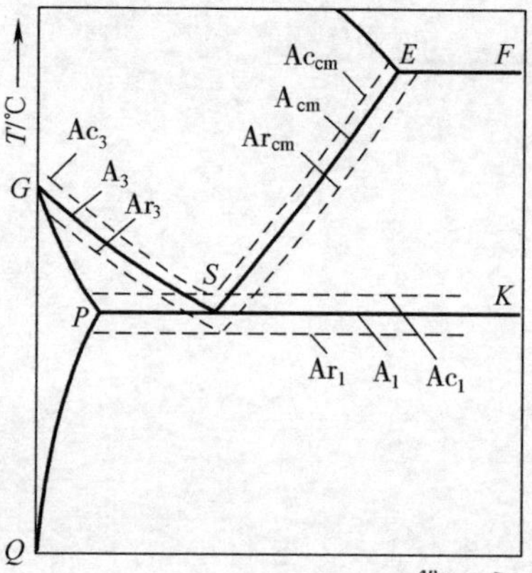

图 5-2 加热、冷却时钢的相变点

2. 共析钢的奥氏体化

下面以共析钢为例，说明加热时组织转变的情况。根据图 3-7 可知，共析钢的原始组织是珠光体，当加热到 Ac_1 温度以上时，发生珠光体向奥氏体的转变，珠光体是铁素体与渗碳体的两相混合物。铁素体具有体心立方晶格，在 A_1 温度时碳质量分数为 0.0218%，渗碳体具有复杂晶格，碳质量分数为 6.69%。当加热到 Ac_1 温度时，珠光体转变成奥氏体，具有面心立方晶格，碳质量分数为 0.77%。由此可知，在转变过程中要发生晶格的改组和碳原子的重新分布，这种变化需要通过原子扩散来完成，所以奥氏体的形成属于扩散型转变。图 5-3所示为共析钢奥氏体形成的四个阶段。

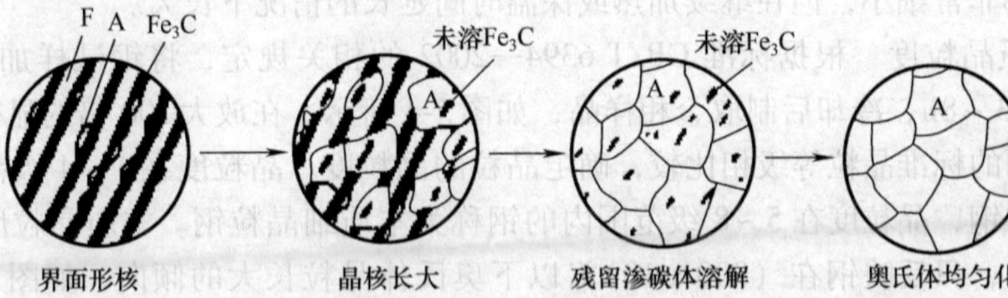

图 5-3　共析钢奥氏体形成过程示意图

（1）奥氏体晶核的形成　当珠光体加热到 Ac_1 点时，首先在铁素体和渗碳体的相界面上形成奥氏体晶核，这是因为奥氏体形核时，与液态结晶形核时一样，需要一定的结构起伏和能量起伏，而相界面处，原子排列紊乱，能量较高，能满足晶核形成的结构、能量要求。

（2）奥氏体晶核的长大　奥氏体晶核形成后，新相奥氏体的相界面向铁素体和渗碳体两个方向推进。由于与铁素体相接的界面碳质量分数低，与渗碳体相接的界面碳质量分数高，从而导致奥氏体晶粒内部的碳浓度梯度的出现。由于渗碳体不断向奥氏体界面扩散，奥氏体便不断长大，同时铁素体向奥氏体转变的速度远高于渗碳体的溶解速度，所以在珠光体向奥氏体转变过程中，当铁素体全部转变成为奥氏体后，还有部分残留渗碳体尚未溶解。

（3）残留渗碳体的溶解　残留渗碳体通常在保温的过程中，随着保温时间的延续，渗碳体逐渐溶入奥氏体中，直至全部消失。

（4）奥氏体成分均匀化　新生成的奥氏体中碳分布不均匀，原渗碳体属地碳质量分数相对高，而铁素体属地碳质量分数相对低，所以，必须通过持续升高温度或延长保温时间，使碳原子按浓度梯度，通过扩散的方式，使奥氏体成分均匀化。

二、影响奥氏体形成的因素

1. 加热温度与加热速度

由于加热速度越快，温度越高，原子扩散能力越强，使奥氏体化过程中的晶格转变及铁碳原子扩散越快，提高了形核率及缩短了珠光体转变为奥氏体所需的时间。

2. 钢中的合金元素与碳的质量分数

钢中的合金元素不改变奥氏体的形成过程，但合金元素可以提高珠光体转变为奥氏体的临界温度，同时合金本身也在扩散和重新分布，所以也会影响碳的扩散速度，使奥氏体形成速度明显减慢。同时，如果钢中碳质量分数相对较高，渗碳体与铁素体的相界面也会增多，可加速奥氏体的形成。

三、奥氏体晶粒的大小及影响因素

钢在加热时获得的奥氏体晶粒大小，直接影响冷却转变后钢的组织和力学性能，为了得到合适的奥氏体晶粒尺寸，必须了解相关知识。

1. 奥氏体晶粒度的概念

晶粒度是表示奥氏体晶粒大小的一种尺度，奥氏体晶粒度分为起始晶粒度、本质晶粒度与实际晶粒度三种。

（1）起始晶粒度　起始晶粒度是珠光体在加热过程中刚刚转变为奥氏体的晶粒大小，起始晶粒度都非常细小，但在继续加热或保温时间延长的情况下长大。

（2）本质晶粒度　根据标准 GB/T 6394—2002 的相关规定，将钢试样加热到（900 ± 10)℃，保温3～8h，冷却后制取金相样品，如图5-4 所示。在放大100 倍的显微镜下与标准晶粒度等级图的标准晶粒等级相比较，确定晶粒的晶粒度。晶粒度在 1～4 级范围内的钢称为本质粗晶粒钢，晶粒度在 5～8 级范围内的钢称为本质细晶粒钢。本质晶粒度不代表钢实际晶粒的大小，只反映钢在（900 ± 10)℃以下奥氏体晶粒长大的倾向，如图 5-5 所示。在930℃以下时，本质细晶粒钢奥氏体晶粒长大缓慢，当温度升至 950℃以上时，本质细晶粒钢的晶粒则迅速增大，晶粒长大的速度反而超过本质粗晶粒钢的晶粒长大速度。反之，本质粗晶粒钢在加热稍高于临界点时，也可得到细小的奥氏体晶粒。

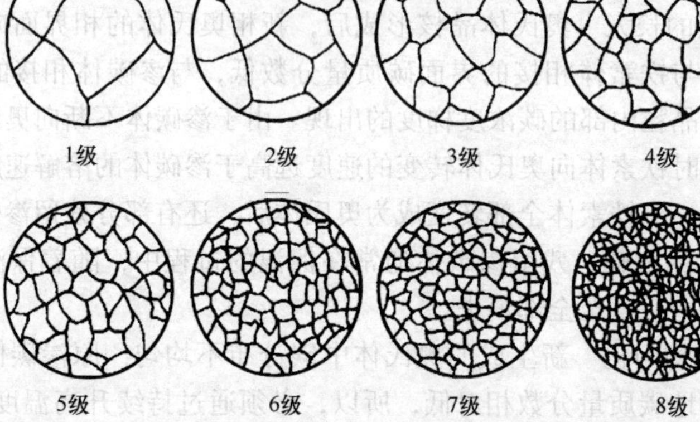

图 5-4　8 级奥氏体晶粒度标准图

在生产中，用铝脱氧冶炼的钢都是本质细晶粒钢，用硅、锰脱氧的钢为本质粗晶粒钢。若钢中含有铝（Al)、钛（Ti)、钒（V)、锰（Mn)、钨（W)、锆（Zr）等合金元素，也是本质细晶粒钢。这是因为这些元素会形成如 AlN、Al_2O_3、TiC 等细小化合物，分布在奥氏体晶界上，从而阻止了奥氏体晶粒的长大，但如果温度继续升高，这些化合物会聚集长大或溶解消失，导致本质细晶粒在高温下生长的速度超过本质粗晶粒钢。本质粗晶粒钢一般有相对宽松的加热温度范围，即使在 930℃高温渗碳的某些零件也可直接淬火，而对本质细晶粒钢则需严格控制加热温度。

（3）实际晶粒度　实际晶粒度是指在实际加热条件下得到的奥氏体晶粒度。

2. 影响奥氏体晶粒大小的因素

(1) 加热温度及保温时间 加热温度是影响奥氏体长大的关键。温度越高，晶粒长大越明显；保温时间的延长也会促进晶粒的长大，但相对于温度的影响要小。

(2) 碳的质量分数 在一定的范围内，由于碳的质量分数增大，渗碳体与铁素体的相界面也增多，则加速了奥氏体的形成，但如果碳质量分数超过一定范围后，就会形成过剩的二次渗碳体，反而阻碍了晶粒的长大。

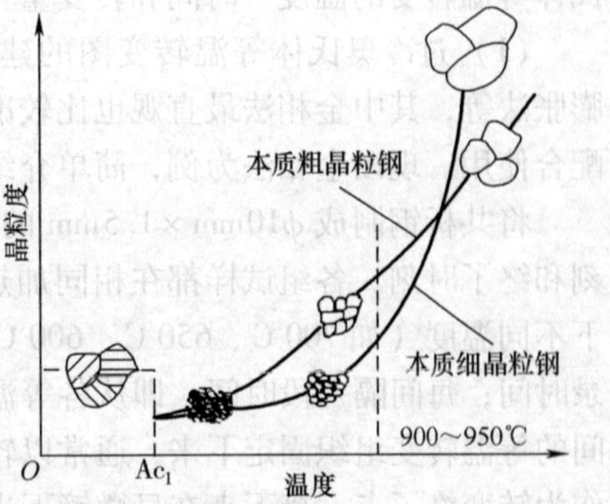

图 5-5 加热时钢的晶粒长大倾向示意图

(3) 钢中的合金元素 当钢中含有形成稳定碳化物或氮化物的合金元素，如铬（Cr）、钨（W）、钛（Ti）、铌（Nb）、钼（Mo）、锆（Zr）、铝（Al）等，这些元素形成的碳化物或氮化物会分布在奥氏体晶界上，从而阻止奥氏体晶粒的长大，而磷（P）、锰（Mn）则有加速奥氏体晶粒长大的倾向。

四、钢在冷却时的组织转变

成分相同的钢，奥氏体化后采用不同的冷却速度，可获得不同的组织和性能。钢在热处理过程中，冷却是关键工序，它决定钢在冷却后的组织和力学性能，钢在相同奥氏体化条件下，由于冷却条件不同，力学性能会出现明显的差别。45 钢在 840℃加热后，不同条件冷却后的力学性能见表 5-1。

表 5-1 45 钢在 840℃加热后，不同条件冷却后的力学性能

冷却方法	R_m/MPa	R_{eL}/MPa	A (%)	Z (%)	HRC
随炉冷却	519	272	32.5	49	15 ~ 18
空气冷却	657 ~ 706	333	15 ~ 18	45 ~ 50	18 ~ 24
油中冷却	882	608	18 ~ 20	48	40 ~ 50
水中冷却	1078	706	7 ~ 8	12 ~ 14	52 ~ 60

过冷奥氏体的冷却方式有两种：等温冷却和连续冷却。如图 5-6 所示，等温冷却或连续冷却均由于冷却速度较快，钢的组织转变不能按 $Fe\text{-}Fe_3C$ 相图进行分析，而只能通过过冷奥氏体等温转变图（又称 TTT 曲线或 C 曲线）来分析过冷奥氏体在不同冷却条件下组织转变的规律。

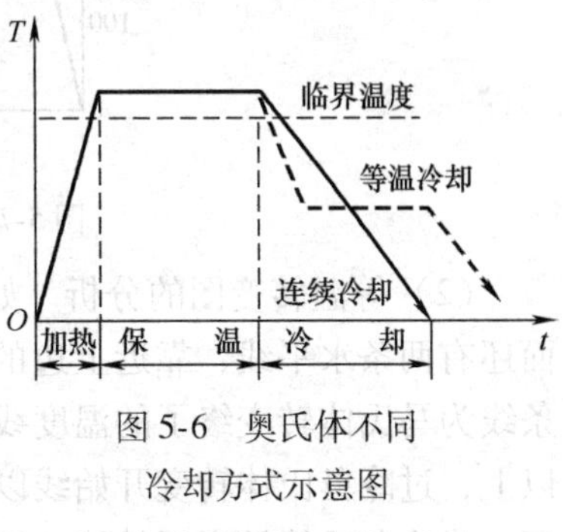

图 5-6 奥氏体不同冷却方式示意图

1. 过冷奥氏体的等温转变图

当共析钢加热温度高于 A_1时，奥氏体是稳定的。当温度低于 A_1时，奥氏体处于不稳定状态，在一定条件下就可以发生分解转变。把这种处于不稳定状态将要发生转变的奥氏体称为过冷奥氏体。当温度低于 A_1 温度时，不稳定奥氏体并不是马上发生转变，在转变前要停留一定的时间，这个时间称为孕育期。过冷奥氏体的等温转变图就是通过对过冷奥氏体等温转变的温度、时间和转变量三者之间的关系所作出的曲线图。

（1）过冷奥氏体等温转变图的建立　测定等温转变图常用的方法有金相法、磁性法、膨胀法等，其中金相法最直观也比较准确，但相对比较麻烦，所以，常用金相法与其他方法配合使用。现以金相法为例，简单介绍等温转变图的建立过程。

将共析钢制成 $\phi 10\text{mm} \times 1.5\text{mm}$ 的几组小圆片试样，每组用于测定一个温度转变开始时刻和终了时刻。各组试样都在相同加热条件下奥氏体化，然后把各组试样分别放入 A_1 点以下不同温度（如 700℃、650℃、600℃、550℃……）的等温浴槽中进行等温处理，同时记录时间；每间隔一段时间，即从各等温浴槽中取出一个试样放入水中冷却，这样就把不同时间的等温转变组织固定下来，通常以转变 1% 的时刻作为转变开始点，而以转变 99% 的时刻作为转变终了点；接下来在显微镜下进行金相分析，凡是在等温时未转变的奥氏体，经水冷后就变成马氏体和残留奥氏体，在显微镜下组织呈白亮色，而等温转变的产物经水冷后则原样保留下来，在组织中呈暗黑色；最后将各个温度的转变开始点与终了点都绘在“温度-时间”的坐标中，把所有转变开始点相连，即成为转变开始线，把所有转变终了点相连，即成为转变终了线，由于两条曲线的形状类似于英文字母“C”，故又称为 C 曲线，此过程称为共析钢过冷奥氏体等温转变图的建立，如图 5-7 所示。由于过冷奥氏体在不同温度下等温转变经历的时间相差很大，所以等温转变图的横坐标采用对数坐标来表示时间。

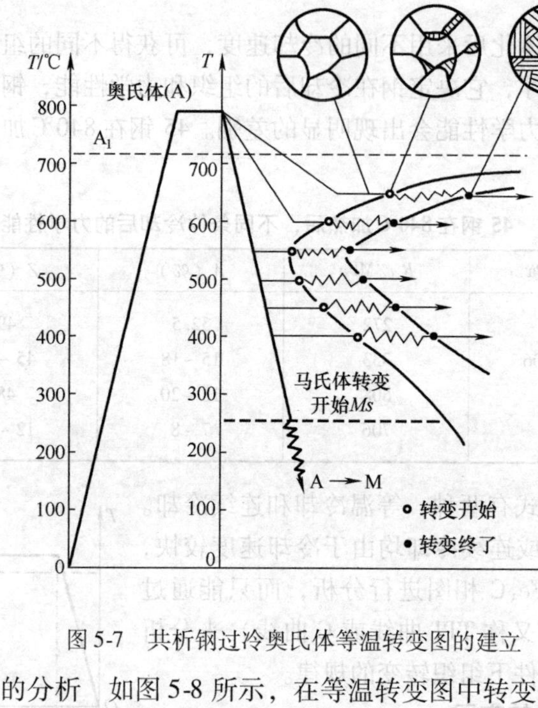

图 5-7　共析钢过冷奥氏体等温转变图的建立

（2）等温转变图的分析　如图 5-8 所示，在等温转变图中转变开始线和转变终了线的下面还有两条水平线，靠近上边的一条为马氏体转变开始的温度线（用 *Ms* 表示），下边的一条线为马氏体转变终了的温度线（用 *Mf* 表示）。A_1 线以上为奥氏体稳定区，A_1 线以下 *Ms* 线以上，过冷奥氏体转变开始线以左为过冷奥氏体区，过冷奥氏体转变终了线以右是转变产物区，过冷奥氏体转变开始线、终了线之间为过冷奥氏体与转变产物的共存区，*Ms* 线以下是马氏体区。

从等温转变图中可以看出，过冷奥氏体在各个温度的等温转变，并不是瞬间就开始的，而且其孕育期的长短随过冷度的变化而变化，越靠近 A_1点，即过冷度越小，则过冷奥氏体的孕育期越长，随着过冷度的增大，过冷奥氏体的孕育期逐渐缩短。曲线在550℃时，孕育期最短，过冷奥氏体稳定性最小，转变最快，此后随着过冷度的增大，过冷奥氏体的孕育期逐渐延长。孕育期的长短，主要反映过冷奥氏体稳定性的大小，在图中形成类似“鼻子”的鼻尖处以上或以下越靠近 A_1点或 *Ms* 点的温度时，过冷奥氏体相对越稳定。

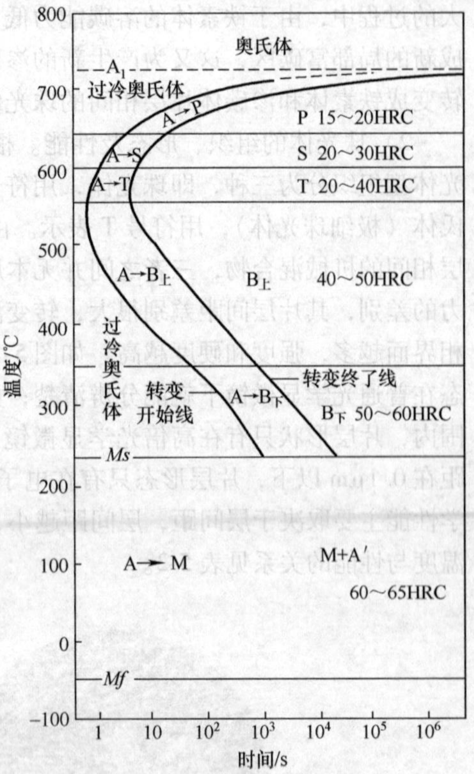

图5-8 共析钢的等温转变图

2. 过冷奥氏体的等温转变过程、产物及性能

根据过冷度的不同，过冷奥氏体转变分三种类型：珠光体型转变、贝氏体型转变及马氏体型转变。现以共析钢为例加以说明。

(1) 珠光体型转变——高温转变（A_1 ~550℃）

1）珠光体型组织的转变过程。过冷奥氏体在 A_1至鼻尖（~550℃）的温度范围内等温，奥氏体以扩散型相变转变成珠光体型组织，即由面心立方晶格的奥氏体（w_C = 0.77%）转变为体心立方晶格的铁素体（w_C <0.0218%）和复杂晶格的渗碳体（w_C = 6.69%）组成的珠光体，必然要进行晶格的改组和铁、碳原子的扩散，所以奥氏体向珠光体的转变是一种扩散型转变，整个过程也是在固态下形核和长大的过程。如图5-9所示，当奥氏体过冷到 A_1以下时，在奥氏体晶界处形成渗碳体晶核。由于渗碳体的碳质量分数为6.69%，而奥氏体中碳质量分数为0.77%，同时渗碳体长大需要从周围奥氏体中吸收碳原子，这就造成渗碳体周围的奥氏体贫碳，为形成铁素体创造了条件，于是在渗碳体两侧通过晶格改组形成铁素体。而在铁素体长

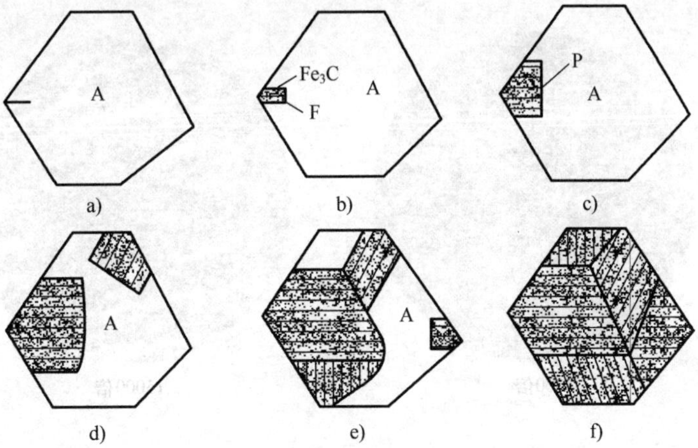

图5-9 珠光体形成示意图

大的过程中，由于铁素体的溶碳能力低（$w_C<0.0218\%$），故不断向周围奥氏体中排出碳形成新的局部富碳区，这又为产生新的渗碳体创造了条件。这样不断交替反复循环，奥氏体就转变成铁素体和渗碳体片层相间的珠光体组织。

2）珠光体的组织、形态及性能。根据珠光体中铁素体与渗碳体片层间距的大小，把珠光体型组织分为三种，即珠光体，用符号 P 表示；索氏体（细珠光体），用符号 S 表示；托氏体（极细珠光体），用符号 T 表示。由于珠光体、索氏体、托氏体都是铁素体和渗碳体片层相间的机械混合物，三者之间并无本质区别，但由于转变温度不同，原子扩散能力及驱动力的差别，其片层间距差别很大，转变温度越低，过冷度越大，珠光体型组织的片层越薄，相界面越多，强度和硬度越高。如图 5-10 所示，珠光体其片层间距在 0.3μm 以上，片层形态在普通光学显微镜下就能分辨清楚；如图 5-11 所示，索氏体其片层间距在 0.1～0.3μm 范围内，片层形状只有在高倍光学显微镜下才能分辨清楚；如图 5-12 所示，托氏体其片层间距在 0.1μm 以下，片层形态只有在电子显微镜下才能分辨清楚。层片状珠光体型组织的力学性能主要取决于层间距，层间距越小，其综合力学性能越好，层片状珠光体型组织的形成温度与性能的关系见表 5-2。

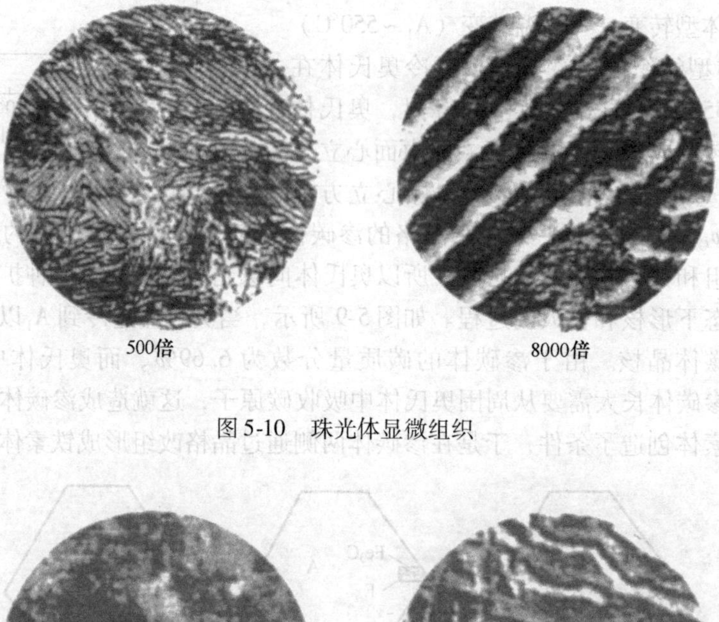

图 5-10　珠光体显微组织

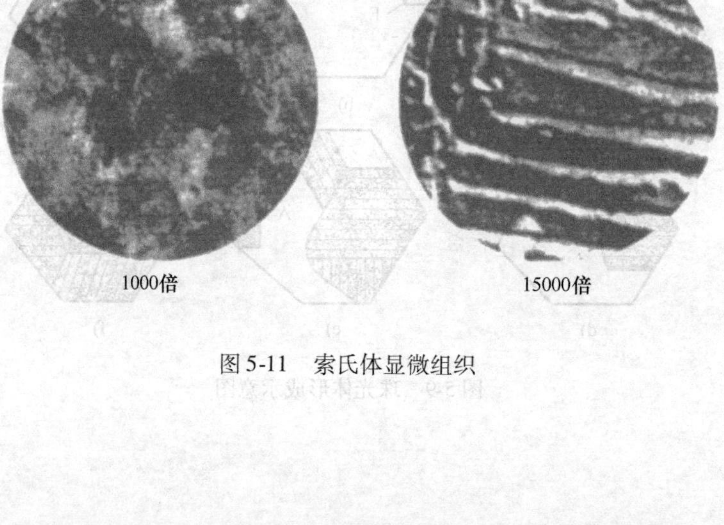

图 5-11　索氏体显微组织

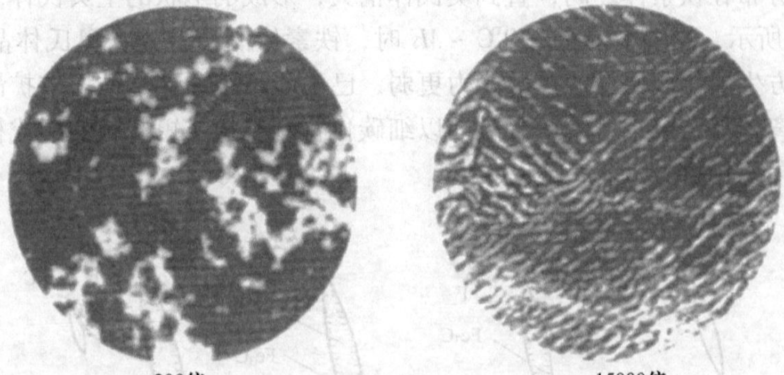

图 5-12　托氏体显微组织

表 5-2　层片状珠光体型组织的形成温度与性能的关系

名称	符号	形成温度/℃	片层间距/μm	显微组织特征	硬度 HRC
珠光体	P	A_1 ~ 650	>0.3	F 与 Fe_3C 片层相间的混合物，>400 倍显微镜下可看到片层状	15 ~ 25
索氏体	S	650 ~ 600	≈0.1 ~ 0.3	F 与 Fe_3C 片层相间的混合物，片层间距比 P 小，>1000 倍显微镜下可看到片层状特征	25 ~ 35
托氏体	T	600 ~ 550	<0.1	F 与 Fe_3C 片层相间的混合物，片层间距比 S 小，>1000 倍显微镜下可看到片层状特征	35 ~ 42

（2）贝氏体型转变——中温转变（550℃ ~ *Ms*）

1）贝氏体型组织的转变过程。贝氏体转变是在 550℃ ~ *Ms* 温度内进行的，贝氏体通常用符号 B 表示。由于贝氏体是由含碳过饱和的铁素体与渗碳体（或碳化物）组成的两相混合物，转变温度低，过冷度大，铁原子扩散困难，只有碳原子有一定的扩散能力，因此有一部分碳原子在铁素体中形成过饱和的铁素体而不能析出，所以碳原子扩散也不充分。因此，贝氏体的转变是半扩散型转变。由于碳化物形成的时间延长，渗碳体已不能呈片状析出。同时，转变前的孕育期和进行转变的时间都随温度的降低而延长。

在 550 ~ 350℃温度范围内形成的贝氏体称为上贝氏体，用符号 $B_上$ 表示。贝氏体的形态主要取决于转变温度，而这一界限与钢的碳质量分数有关，碳质量分数在 0.7% 以上的钢，大致以 350℃为界。如图 5-13 所示，当条状或片状铁素体从奥氏体晶界开始向晶内沿一定方向平行生长时，由于碳原子有一定的扩散能力，随着铁素体的伸长和增宽，其中的碳原子向条间的奥氏体中聚集，当铁素体中奥氏体的碳达到一定浓度时，便从中析出小条状或小片状

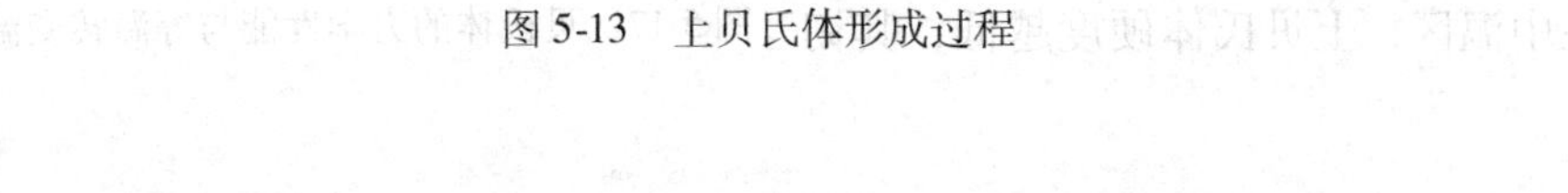

图 5-13　上贝氏体形成过程

渗碳体，继续分布在铁素体之间，直到奥氏体消失，形成羽毛状的上贝氏体。

如图 5-14 所示，当温度降至 350℃ ~ Ms 时，铁素体晶核首先在奥氏体晶界或晶内某些畸变较大的地方生成，碳原子的扩散能力更弱，已不能长距离穿过铁素体扩散，它只能在铁素体内作短距离迁移并聚集，沿一定晶面以细碳化物颗粒状或短杆状的形式析出，从而形成黑针状下贝氏体，用符号 $B_{下}$ 表示。

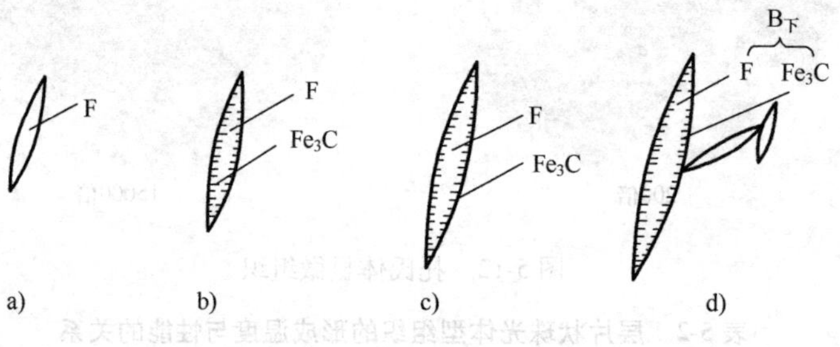

图 5-14　下贝氏体的形成过程

2）贝氏体型组织的形态及性能。上贝氏体中小条状或小片状渗碳体分布于自奥氏体晶界向晶内生长的平行的铁素体条之间，显微镜下呈羽毛状，如图 5-15 所示。

下贝氏体的显微组织特征是黑色针叶状，它是由针叶状铁素体和分布在针叶内的细小颗粒状或短杆状渗碳体组成的，如图 5-16 所示。在光学显微镜下，下贝氏体呈黑色针状组织，而在电子显微镜下，铁素体内极细小的碳化物颗粒状或短杆状的渗碳体与铁素体轴呈 55° ~60°夹角。

图 5-15　上贝氏体金相显微组织

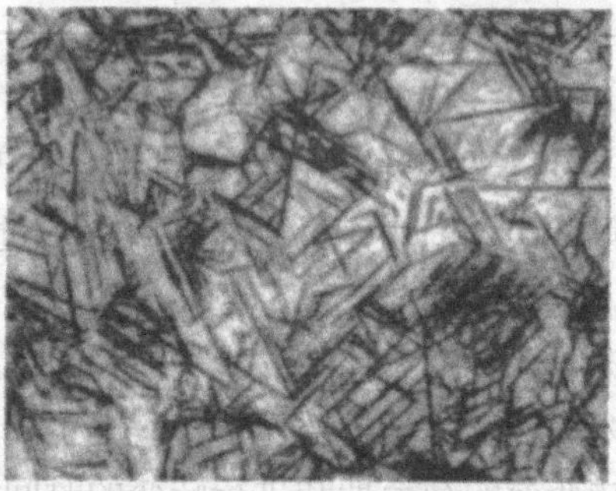

图 5-16　下贝氏体金相显微组织

贝氏体是过饱和的铁素体与渗碳体的机械混合物，转变温度越低，铁素体中的过饱和度越大，碳化物的分布也越弥散，硬度也越高。由于上贝氏体中铁素体比较宽，碳化物较粗并且在铁素体条间分布也不均匀，所以脆性较大，强度较低，因此生产中很少使用。而下贝氏体中的针状铁素体对碳有较高的过饱和度，具备高密度位错的亚结构，同时细小的碳化物均匀、高密度地分布在铁素体片内，所以，除了具有较高的强度和硬度外，还具备良好的塑性和韧性，如图 5-17 所示。在中温区，上贝氏体硬度越低，其韧

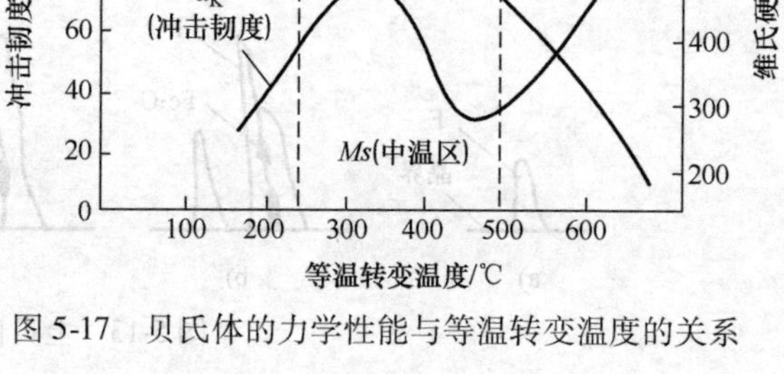

图 5-17　贝氏体的力学性能与等温转变温度的关系

性也越低；而下贝氏体伴随着硬度的降低，韧性则逐渐升高，所以在生产中常采用等温淬火的方法获得下贝氏体组织。贝氏体型组织的形成温度与性能的关系见表 5-3。

表 5-3　贝氏体型组织的形成温度与性能的关系

名称	符号	形成温度/℃	显微组织特征	硬度 HRC	塑性韧性
上贝氏体	$B_{上}$	550 ~ 350	平行的铁素体板条之间分布不连续的、短杆状的 Fe_3C，金相形态呈羽毛状特征	45	差
下贝氏体	$B_{下}$	350 ~ *Ms*	针状的铁素体内分布着细粒状的 Fe_3C，金相形态呈黑色针状特征	55	较好

（3）马氏体型转变——低温转变（*Ms* ~ *Mf*）

过冷奥氏体快速过冷到 *Ms* 点以下（230℃）时，将发生马氏体（M）转变。马氏体转变是在 *Ms* ~ *Mf* 温度范围内，通过连续冷却完成的，这是一种非扩散型转变，因为在这样的温度下，铁原子与碳原子均不能发生扩散移动，转变只有沿一定的晶面通过切变（原子间相对移动）的过程来实现，转变前后母相与新相成分基本相同。

1）马氏体的形成。马氏体是碳在 α-Fe 中的过饱和固溶体，当奥氏体过冷到 *Ms* 点以下时，马氏体晶核在奥氏体晶界、孪晶界、滑移面或晶内晶格畸变较大的地方形成。由于过冷度大，转变温度低，转变速度是在极快的连续冷却过程中进行的，高碳马氏体的长大速度为（1 ~ 1.5）$\times 10^5$cm/s，每个马氏体片形成的时间只需 10^{-7}s，所以转变的驱动力极大，马氏体瞬时长大到最终尺寸。

α-Fe 的体心立方晶格组织在600℃时碳质量分数最大，约0.0057%，而在室温下几乎不溶碳。当过冷到 *Ms* 点以下时，奥氏体的碳质量分数全部“冻结”在马氏体中，而且过饱和固溶体的碳原子择优分布在 α-Fe 晶格的间隙位置，使 c 轴伸长，α-Fe 的体心立方晶格被歪曲成体心正方晶格，导致 c 轴的晶格常数大于 a 轴的晶格常数。c 轴伸长，其余两个 a 轴就缩短，因此 c 轴的晶格常数大于 a 轴的晶格常数，如图 5-18 所示。c 与 a 之比称为马氏体的正方度，马氏体中碳的质量分数越高，其正方度越大，马氏体的比体积就越大，因此由奥氏体转变为马氏体时的体积变化也越大，这也是高碳钢淬火时容易变形和开裂的一个重要原因。

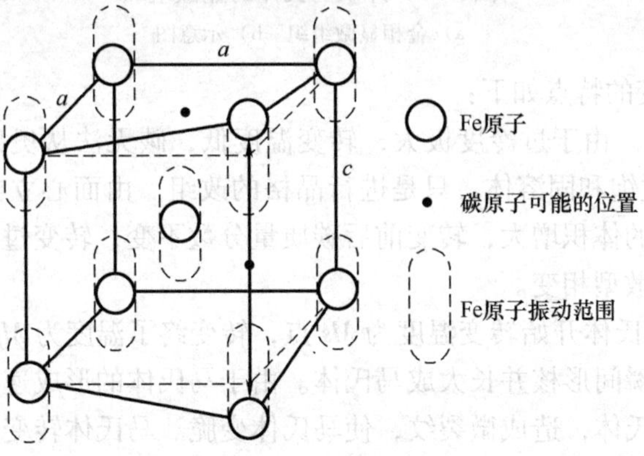

图 5-18　马氏体晶格示意图

2）马氏体型组织的形态。马氏体按其形态的不同分为板条状和片状两种。碳质量分数低于0.25%时为典型的板条状马氏体；碳质量分数大于1.0%时，几乎全是片状马氏体；碳质量分数在0.25%~1.0%之间时，是板条状和片状两种马氏体的混合组织。

板条状马氏体（低碳马氏体）的显微组织如图5-19所示，其组织形态呈椭圆形截面的细长条状，许多尺寸大致相同的马氏体定向地相互平行地排列，形成细板条状的马氏体束；片状马氏体（高碳马氏体）的显微组织如图5-20所示，其组织形态呈双凸透镜状或针状。

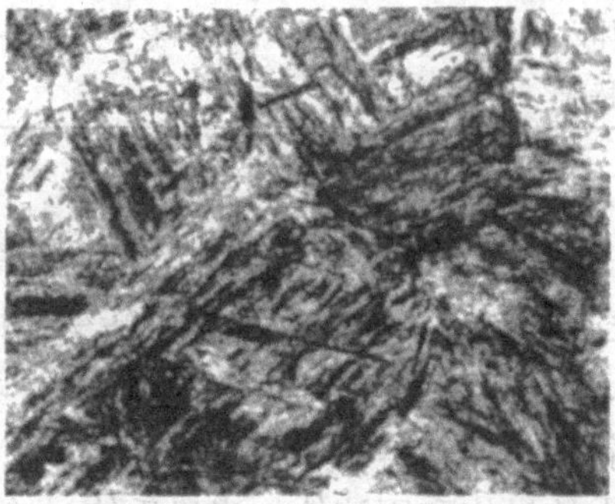
a)

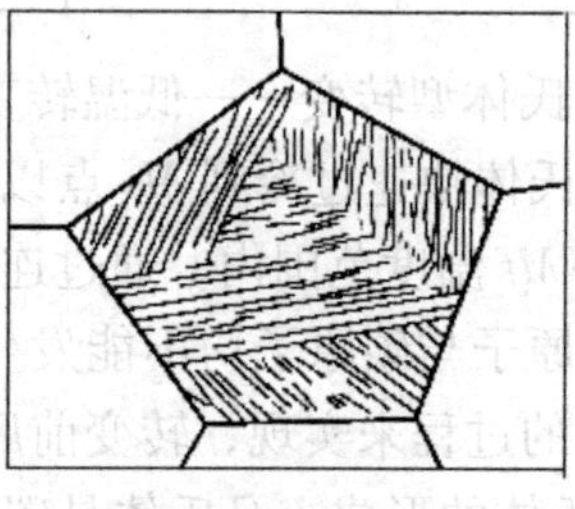
b)

图5-19 板条状马氏体的显微组织

a）金相显微组织 b）示意图

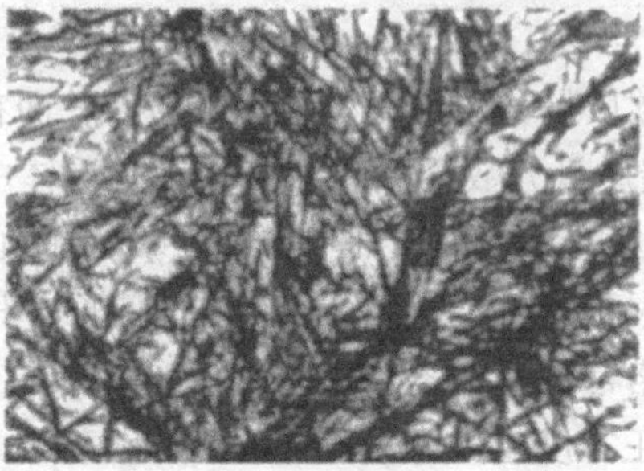
a)

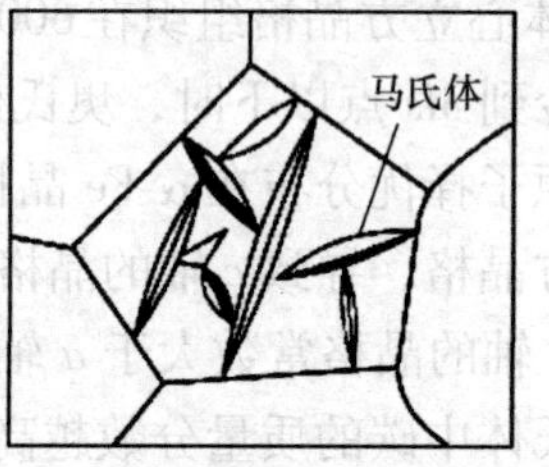

b)

图5-20 片状马氏体的显微组织

a）金相显微组织 b）示意图

3）马氏体型转变的特点如下：

① 无扩散型相变。由于过冷度极大，转变温度低，碳无法从奥氏体中析出，所以马氏体是碳在α-Fe中的过饱和固溶体，只是进行晶格的改组。由面心立方晶格转变为体心正方晶格，结果使马氏体的体积增大，转变前后碳质量分数不变，转变过程中没有成分变化，因此马氏体转变是无扩散型相变。

② 变温形成。马氏体开始转变温度为*Ms*点，转变终了温度为*Mf*点。过冷奥氏体在*Ms*点以下没有孕育期，瞬间形核并长大成马氏体。由于马氏体的形成速度很快，后形成的马氏体会冲击先形成的马氏体，造成微裂纹，使马氏体变脆。马氏体转变量的增加，不是靠原马氏体的继续长大，而是靠新的马氏体的不断形成，同时，随时间的推移，新形成的马氏体比早形成的马氏体形态小。

③ 不完全。如图5-21所示，当奥氏体中碳质量分数超过0.5%时，由于*Mf*点已低于室温，因此，淬火至室温时，总有部分奥氏体不能转变而残留下来，这部分奥氏体称为残留奥氏体，用“A′”表示，残留奥氏体的量与*Ms*及*Mf*相关，而*Ms*、*Mf*点主要取决于奥氏体的碳质量分数及合金元素含量，残留奥氏体量随碳的质量分数增加而增加，如图5-22所示。此外，即使把转变温度降至*Mf*点以下，马氏体转变中仍有少量残留奥氏体，这是因为马氏体形成时伴随着体积的膨胀，对尚未转变的奥氏体产生了多向的压应力，从而阻碍奥氏体向马氏体的转变。

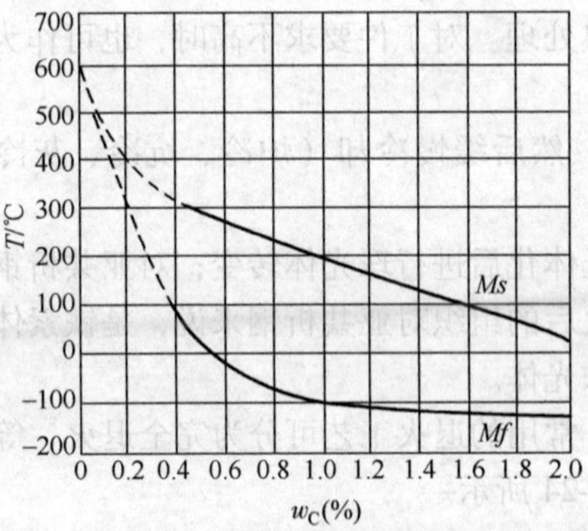

图5-21　奥氏体的碳质量分数对马氏体转变点的影响

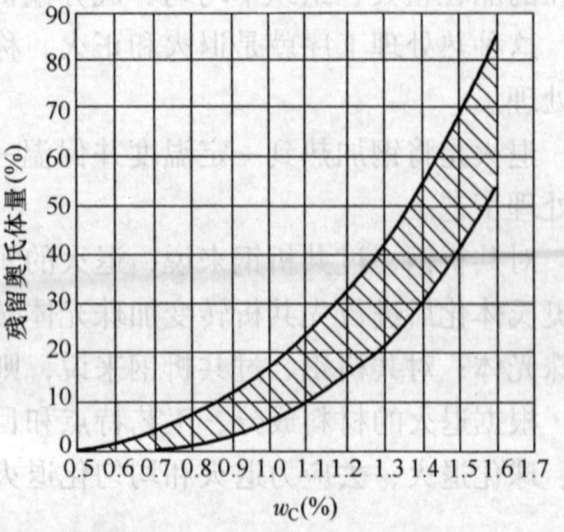

图5-22　奥氏体的碳质量分数对淬火后残留奥氏体量的影响

一般低、中碳钢淬火后有质量分数为1%～2%的残留奥氏体，高碳钢淬火后，残留奥氏体质量分数可达10%～15%；残留奥氏体不仅降低了淬火钢的硬度和耐磨性，同时，由于残留奥氏体会继续转变成马氏体，使精密工件尺寸发生变化。所以，为了保证精度，生产中常将淬火工件冷却到室温后，又随即放到处于零下温度的淬火冷却介质中冷却，如干冰+酒精可冷却至−78℃，液态氮可冷却到−183℃，以最大限度消除残留奥氏体，这种处理称为“冷处理”。

4）马氏体的性能。由于马氏体是含碳过饱和的固溶体，其晶格畸变严重，起到固溶强化作用，同时马氏体转变时造成大量晶体位错或孪晶亚结构，使组织细化，各种强化因素综合作用后，高硬度成为马氏体的主要力学特点。

马氏体的硬度和强度主要取决于马氏体中碳的质量分数，如图5-23所示，随着马氏体中碳质量分数的增加，其强度与硬度也随之增加，当碳的质量分数超过0.6%时，这种增加的趋势就趋于平缓了，合金元素对马氏体的硬度没有太大的影响。

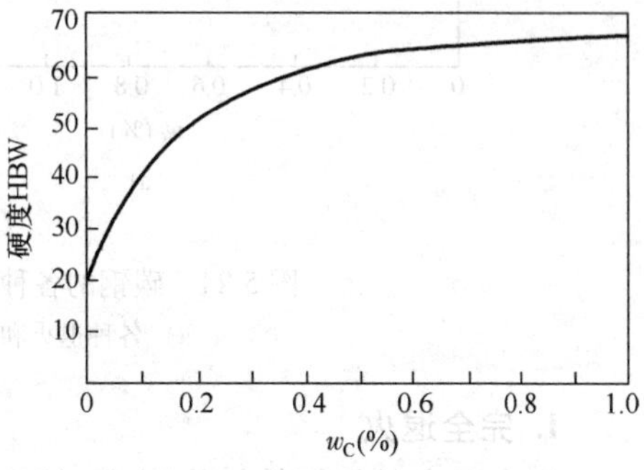

图5-23　碳的质量分数对马氏体硬度的影响

马氏体的塑性和韧性主要取决于其内部亚结构的形式和碳的过饱和度，高碳针状马氏体由于碳的过饱和度大，晶格畸变严重，晶内存在大量孪晶，淬火应力较大，往往存在许多显微裂纹，同时内部的微细孪晶破坏了滑移系，所以，硬度虽大，脆性也大，塑性、韧性均较差。低碳板条状马氏体中的亚结构呈高密度位错，且分布不均匀，低密度的位错区为位错提供了活动余地，同时碳的过饱和度小，淬火应力小，形成温度较高，所以板条状马氏体不仅具有高强度和硬度，也具有良好的塑性和韧性，在生产中应用广泛。

第二节 钢的退火

机械零件在制造过程中需要进行热处理，目的是消除铸造、锻造、焊接等热加工工件中存在的晶粒粗大、组织不均匀、成分偏析或残余应力过大等缺陷及调整硬度，以利于切削加工，这种热处理工序就是退火和正火，称为预备热处理。对工件要求不高时，也可作为最终热处理。

退火是将钢加热到一定温度并保温一定时间，然后缓慢冷却（炉冷、坑冷、灰冷）的热处理工艺。

对共析钢、过共析钢来说，退火的实质是奥氏体化后进行珠光体转变；对亚共析钢来说是奥氏体化后进行先共析转变加珠光体转变。退火后的组织对亚共析钢来说，是铁素体加片状珠光体；对共析钢、过共析钢来说，则是粒状珠光体。

根据退火的材料成分、工艺特点和目的不同，常用的退火工艺可分为完全退火、等温退火、球化退火、去应力退火和均匀化退火，如图 5-24 所示。

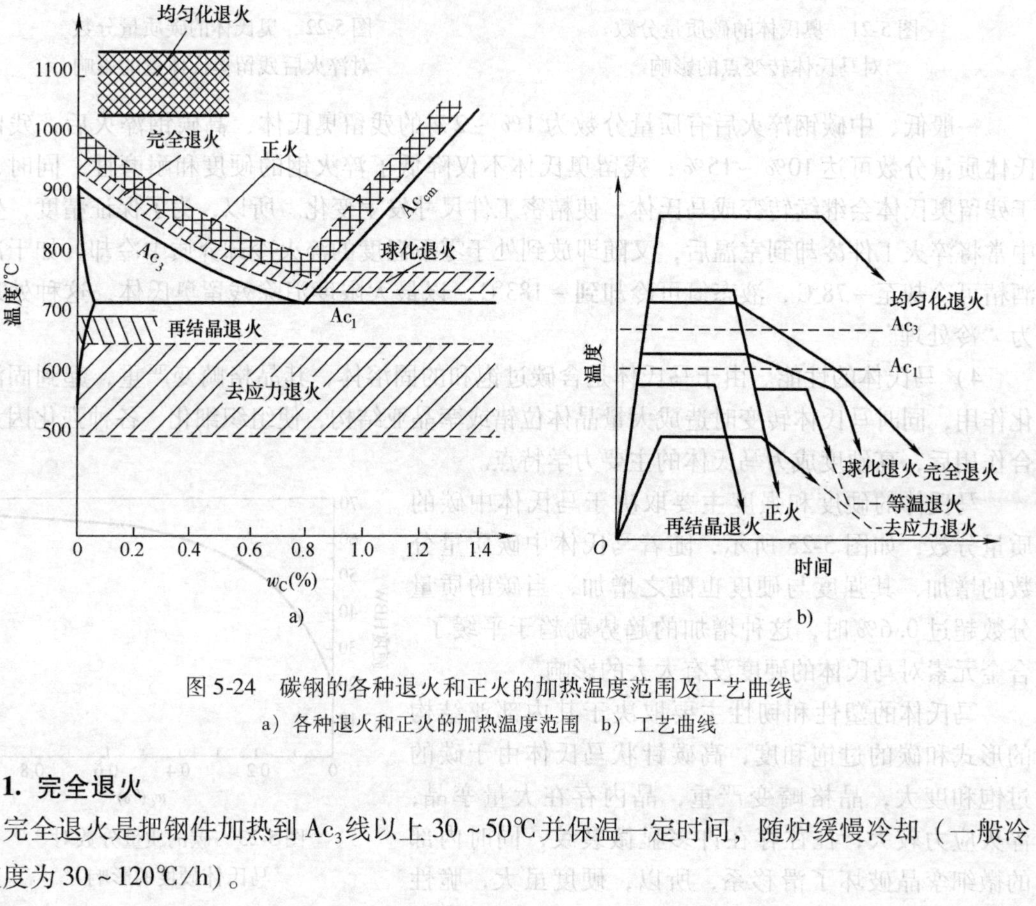

图 5-24 碳钢的各种退火和正火的加热温度范围及工艺曲线
a）各种退火和正火的加热温度范围 b）工艺曲线

1. 完全退火

完全退火是把钢件加热到 Ac_3 线以上 30 ~ 50℃ 并保温一定时间，随炉缓慢冷却（一般冷却速度为 30 ~ 120℃/h）。

完全退火主要用于亚共析成分的碳钢和合金钢的铸件、锻件、热轧型材或用于焊接结构件，目的是改善组织以利于改善切削加工性能。过共析钢完全退火，二次渗碳体会以网状析出，影响钢的性能。

2. 球化退火

球化退火是不完全退火，是将钢加热到 Ac_1 线以上 20 ~ 40℃，保温一定时间，然后缓慢冷却到 600℃以下，再出炉空冷。其目的是充分保温使珠光体中的层片状渗碳体和网状二次渗碳体都球化，变成球状（粒状）的渗碳体。球化退火的工艺特点是低温短时加热和缓慢冷却。球化退火的组织是在铁素体基体上弥散分布着细小、均匀的球状珠光体，其显微组织如图 5-25 所示。

球化退火适用于共析或过共析的碳钢和合金钢，如碳素工具钢、合金工具钢、轴承钢等。其目的是降低硬度，改善切削加工性能，为以后的淬火做好组织准备。此外，对原始组织中有较严重网状二次渗碳体存在的过共析钢，在球化退火前，应先进行正火处理，以消除网状渗碳体，然后再进行球化退火处理。

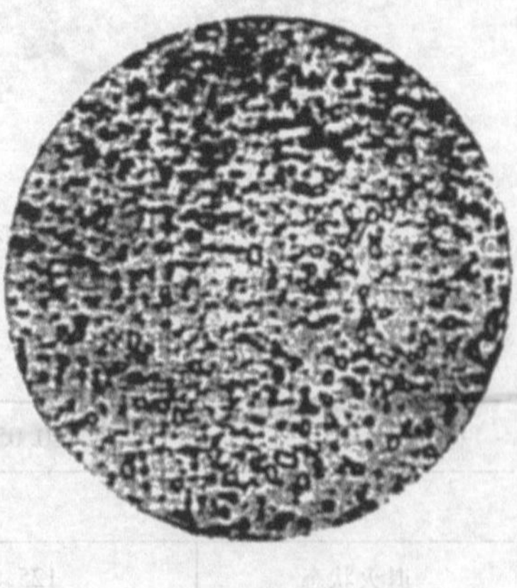

图 5-25　球状珠光体的显微组织

3. 去应力退火

去应力退火又称低温退火，其工艺过程是将工件加热到 500 ~ 650℃，经过适当的保温时间，一般每毫米厚度保温 3min，再以缓慢速度冷却到室温，由于去应力退火的加热温度低于 A_1，所以钢在去应力退火过程中不发生相变，残余应力主要是在保温时消除的。去应力退火主要用于消除铸件、锻件、焊接件、冷冲压件以及机加工件中的残余应力。此外，再结晶退火与去应力退火相似，其工艺过程是将工件加热到再结晶温度以上 150 ~ 200℃，保温后缓慢冷却，主要用于消除冷变形加工中产生的加工硬化现象。

第三节　钢的正火

正火是将钢加热到 Ac_3（亚共析钢）或 Ac_{cm}（过共析钢）线以上 30 ~ 50℃，经保温一定时间后，在空气中冷却的热处理工艺。

正火与退火的目的基本相同，两者不同之处是：正火的冷却速度比退火快，过冷度较大，转变温度较低，获得片间距较小的珠光体型组织，如图 5-26 所示，同时钢的强度、硬度比退火高。45 钢在不同状态下的力学性能见表 5-4。

表 5-4　45 钢在不同状态下的力学性能

状态	R_m/MPa	A（%）	a_K /(J/cm^2)	硬度 HBW	组织特征
铸造	500 ~ 600	2 ~ 5	12 ~ 20	≈200	晶粒粗大、成分不均
锻造	600 ~ 700	5 ~ 10	20 ~ 40	≈230	晶粒较粗、组织不均
退火	650 ~ 700	15 ~ 20	40 ~ 60	≈180	晶粒细小、组织均匀
正火	700 ~ 800	15 ~ 20	50 ~ 80	≈220	晶粒更细、组织均匀

退火与正火状态的硬度与碳质量分数间的关系见表 5-5。

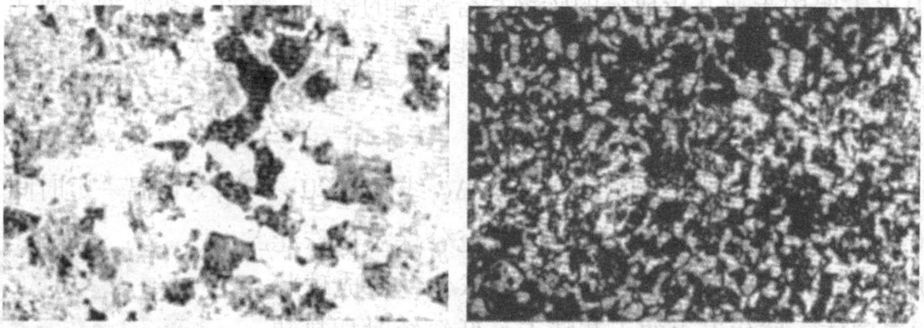

a) b)

图 5-26 碳钢退火、正火的组织比较

a）钢的退火组织 b）钢的正火组织

表 5-5 退火和正火状态的硬度与碳质量分数的关系

碳质量分数（%）	≤0.05	0.1~0.25	0.4~0.6	0.7~1.3
	HBW			
退火状态	125	160	185	220
正火状态	140	190	230	270

正火与退火相比较，正火操作简便、生产周期短、成本低、耗能少，故在生产中优先考虑正火工艺。正火的主要应用有如下几种。

1. 作为普通结构零件的最终热处理

正火组织的力学性能较高，能满足普通结构件的使用性能要求，对淬火时有开裂危险的一些大型或复杂零件，也可用正火来代替淬火、回火处理。

2. 作为重要零件的预备热处理

正火可以消除中碳结构钢在铸、锻、焊等热加工中产生的热缺陷，还能细化晶粒、均匀组织、消除残余内应力，减少工件在淬火时的变形与开裂倾向，故正火常用做主要零件的预备热处理。

3. 改善低碳钢的切削加工性能

一般硬度为 160~230HBW 的金属的切削加工性能较好，硬度过高，刀具易磨损；硬度过低，切削加工中易“粘刀”，且加工后表面粗糙度值较大。正火后低碳钢及低碳合金钢的切削性能得到明显改善。

4. 消除网状二次渗碳体

正火加热时可以使网状二次渗碳体充分溶入奥氏体中。由于正火工艺是在空气中冷却，故冷却速度快，过冷度大，导致二次渗碳体来不及沿奥氏体晶界呈网状析出，因而消除了网状二次渗碳体，为球化退火做好组织准备。

第四节 钢的淬火

淬火是将工件加热至 Ac_3 或 Ac_1 线以上 30~50℃，保温一定时间，然后在淬火冷却介质中以大于临界冷却速度（v_k）的速度冷却到 Ms 点以下，这种热处理工艺称为淬火。

一、淬火目的

1. 提高钢的硬度和耐磨性

模具、刀具、轴承等都要求硬而耐磨，一般高碳钢经淬火形成马氏体或下贝氏体，再经低温回火，硬度及耐磨性都得到明显提高。

2. 提高综合力学性能

各种弹簧都要求强度高、弹性好，而轴类、齿轮（心部）、连接件、结构件等重要机械零件都要求高强度、高韧性、高耐磨性、高的疲劳强度等，一般中、低碳钢经淬火、回火处理后就可达到提高综合力学性能的目的。

二、淬火工艺

不同的钢淬火加热温度是不同的，碳钢的淬火加热温度是由碳钢中碳的质量分数决定的，通过 $Fe\text{-}Fe_3C$ 相图可以确定。

1. 淬火加热温度的选择

钢的淬火加热温度可根据 $Fe\text{-}Fe_3C$ 相图来选择，如图 5-27 所示。

亚共析钢的淬火加热温度为 Ac_3 线以上 30～50℃，淬火后则为细小均匀的马氏体组织。如果加热温度在 Ac_1～Ac_3之间，则在淬火组织中将含有先析出的铁素体，降低了钢的硬度。若加热温度超过 Ac_3线太多，淬火后奥氏体晶粒长大，得到粗大的马氏体组织，其力学性能明显受到影响。

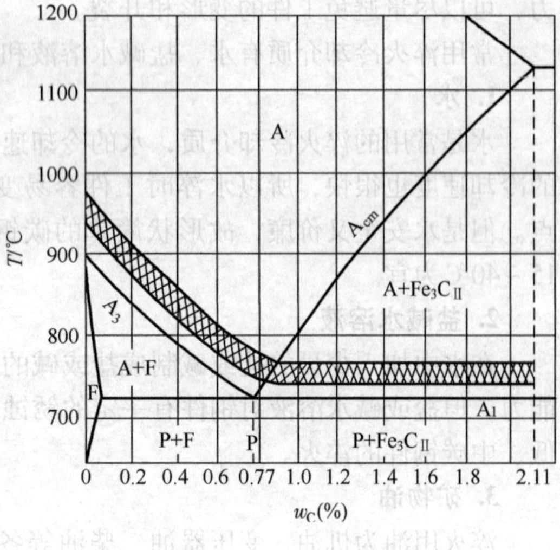

图 5-27 碳钢淬火加热温度范围

共析钢、过共析钢的淬火温度为 Ac_1 线以上 30～50℃，淬火后则为细小的马氏体基体上分布着颗粒状渗碳体的混合组织，如图 5-28 所示，残留奥氏体比较少，钢的硬度和耐磨性都比较高。如果加热温度在 Ac_{cm}线以上进行完全奥氏体化淬火，则淬火后的马氏体较粗大，显微裂纹增多，如图 5-29 所示，结果导致钢的脆性增加。此外，渗碳体过多的溶解使马氏体中碳的过饱和度过大，增加了淬火应力和变形与开裂的倾向。同时，由于钢中残留奥氏体量增多，导致钢的硬度和耐磨性下降。

2. 淬火加热时间的确定

加热时间包括升温和保温时间的总和。在实际生产中，加热保温时间的确定应考虑到工件的形状、尺寸、钢的成分、加热介质、加热炉型、装炉量等因素。对于合金钢，加热保温时间的确定还应考虑合金碳化物的溶解及合金均匀化等问题，所以，合金钢的淬火加热温度有时要在临界温度以上 70～100℃。生产中，具体保温时间可依据经验公式估算，也可用试验来确定。

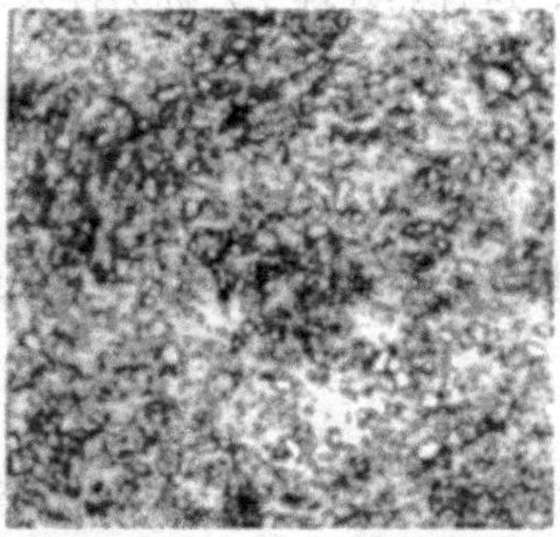

图 5-28　过共析钢正常淬火组织图

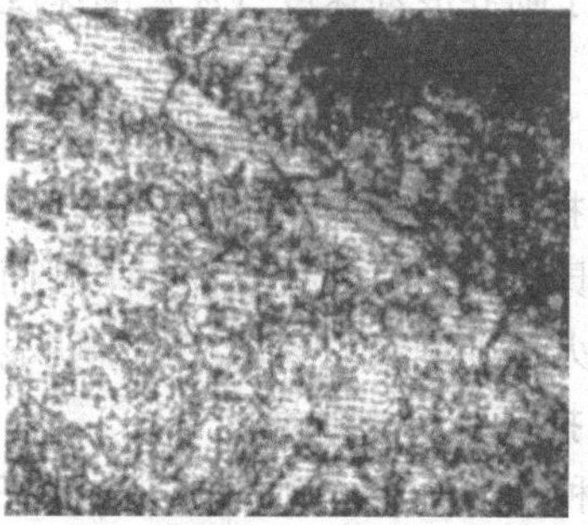

图 5-29　带有显微裂纹的粗片状马氏体

三、淬火冷却介质

工件进行淬火冷却时所需的介质称为淬火冷却介质，淬火时必须在冷却速度大于临界冷却速度时才能获得马氏体组织。由于快速冷却不可避免地会产生很大的内应力，导致工件的变形和开裂。根据过冷奥氏体等温转变曲线图可知，要获得马氏体组织并不需要整个冷却过程都进行快速冷却，即在过冷奥氏体最不稳定的等温转变图鼻尖附近，在 550 ~ 650℃ 温度范围内使冷却速度大于 v_k，而在 *Ms* 点附近，则应缓慢冷却以减少马氏体转变时的相变应力，可以尽量避免工件的变形和开裂。

常用淬火冷却介质有水、盐碱水溶液和油等。

1. 水

水是常用的淬火冷却介质，水的冷却速度在等温转变图鼻尖附近很快，而在 *Ms* 点以下的冷却速度也很快，所以水淬时工件容易变形和开裂，这是水作为淬火冷却介质的主要缺点。但是水安全又价廉，故形状简单的碳钢件常用水作淬火冷却介质，淬火时水温控制在 15 ~ 40℃ 为宜。

2. 盐碱水溶液

在水中加入少量的盐或碱制成盐或碱的水溶液，可提高其在等温转变图鼻尖附近的冷却能力，但盐或碱水溶液对钢件有一定的锈蚀性，淬火后必须清洗干净，主要用于形状简单的低、中碳钢件的淬火。

3. 矿物油

淬火用油为机油、变压器油、柴油等各种矿物油或植物油，在 550 ~ 650℃ 范围内冷却能力不够大，不利于碳钢快速冷却淬硬，但在 200 ~ 300℃ 范围内冷却速度较慢，可避免工件的变形和开裂倾向，适用于奥氏体稳定性较高的合金钢的淬火，使用时油温应控制在40 ~ 100℃。油长期使用会老化，故应定期更换。

四、淬火方法

淬火冷却时既要保证工件淬火后得到马氏体，又要最大限度地减少变形和避免开裂。所以，除了要正确地选择加热温度和时间，合理地选择淬火冷却介质，还需要根据工件的材质、形状、尺寸及技术要求，合理地选择正确的淬火方法。常用的淬火方法有以下几种：

1. 单介质淬火

把加热好的工件投入到单一淬火冷却介质中冷却至室温的热处理方式称为单介质淬火，

如图5-30所示。例如碳钢在水中淬火，合金钢在油中淬火，其优点是操作简单，易于实现机械化和自动化；缺点是水中淬火时易产生变形和裂纹，油中淬火易产生硬度不足或硬度不均匀现象，故单介质淬火仅适用于形状简单的工件。

2. 双介质淬火

把加热好的工件先在一种冷却能力较强的介质中冷却至300～400℃，避免珠光体转变，然后再把工件迅速转移到冷却能力较弱的淬火冷却介质中继续冷却至室温的淬火方法，称为双介质淬火，如图5-31所示，常用的有水淬-油淬、油淬-空冷、水淬-空冷。双介质淬火的优点是可以减少淬火内应力，有效地控制淬火变形和开裂；缺点是工件在水中停留的时间难以掌握。

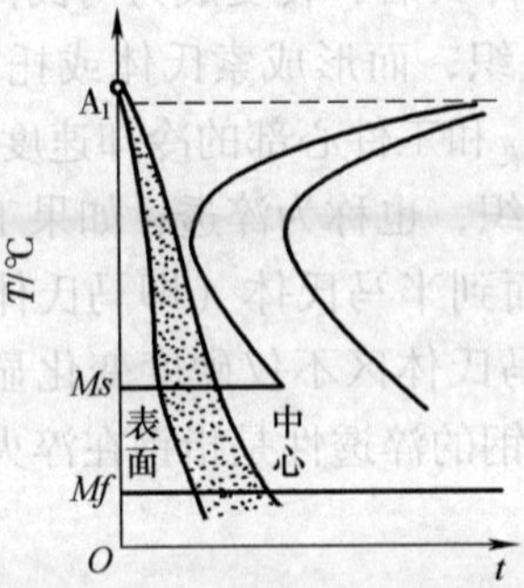

图5-30　单介质淬火示意图

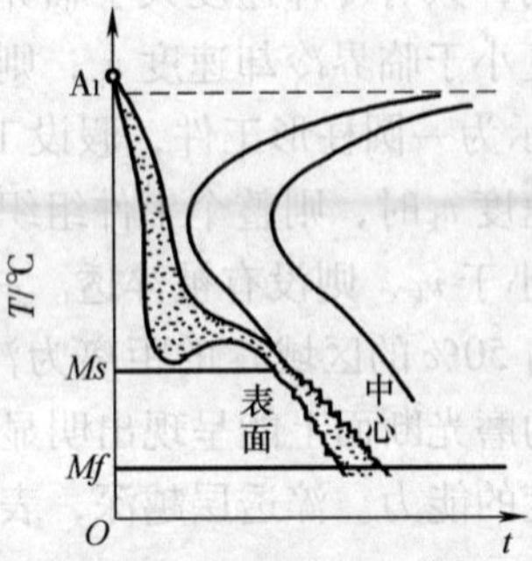

图5-31　双介质淬火示意图

3. 马氏体分级淬火

把加热好的工件放入温度在 *Ms* 点附近（即150～260℃）的盐浴或碱浴中，放置2～5min，待工件里外都达到介质温度后出炉空冷，如图5-32所示。由于组织转变几乎同时进行，故显著降低了变形和开裂。但对碳钢工件来说，分级淬火后会出现珠光体组织，同时由于盐浴或碱浴冷却能力不够大，故分级淬火只用于合金钢零件或尺寸较小、形状复杂或截面不均匀的碳钢零件。

4. 等温淬火

把加热好的工件放入温度稍高于 *Ms* 点的盐浴中，保温足够的时间，使过冷奥氏体转变为下贝氏体组织，然后再取出在空气中冷却的淬火方法称为等温淬火，如图5-33所示。等温淬火的目的是为了获得下贝氏体，故又称为贝氏体淬火。

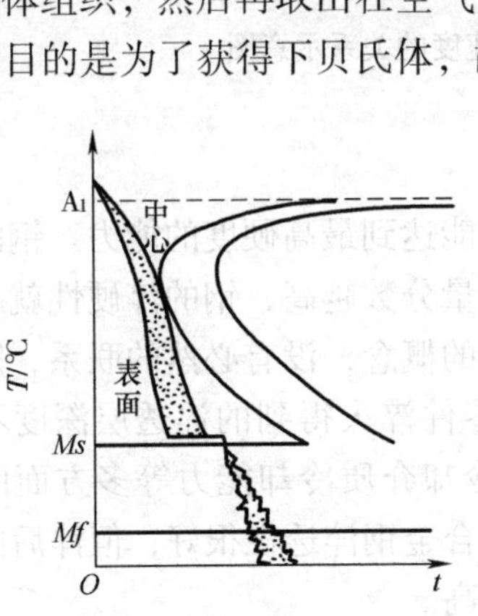

图5-32　分级淬火示意图

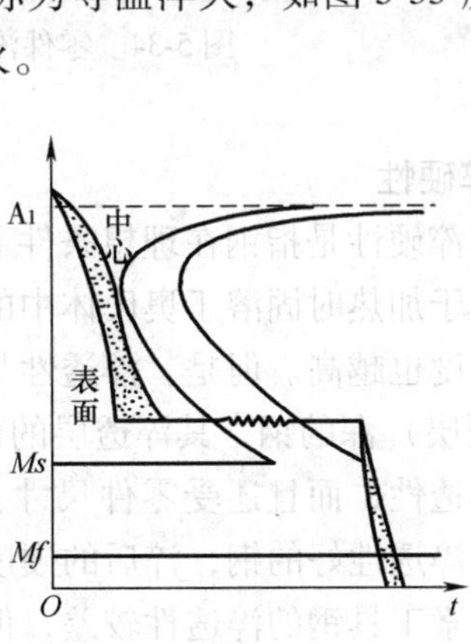

图5-33　等温淬火示意图

由于等温淬火产生的内应力小、变形小，基本上避免了工件出现淬火开裂倾向，同时具有较高的硬度和韧性，故多用于各种模具及形状复杂、性能要求高的零件，如小齿轮、弹簧等。

分级淬火与等温淬火的区别是：分级淬火时间很短，然后在空冷中发生马氏体转变；而等温淬火的等温时间长，一般在30min以上，以保证完成下贝氏体转变。

五、钢的淬透性与淬硬性

1. 淬透性

淬火的目的是为了获得马氏体组织或下贝氏体组织，但是由于工件截面上不同区域的冷却速度不同，只有冷却速度大于临界冷却速度v_k的部分经淬火后，转变成为马氏体组织，如果冷却速度小于临界冷却速度v_k，则不能转变成马氏体组织，而形成索氏体或托氏体组织。图5-34所示为一圆柱形工件，假设工件表面的冷却速度$v_{表}$和工件心部的冷却速度$v_{心}$都大于临界冷却速度v_k时，则整个工件组织全部转变为马氏体组织，也称为淬透；如果工件心部冷却速度$v_{心}$小于v_k，则没有被淬透。一般规定，以工件表面到半马氏体（即马氏体和珠光体型组织各占50%的区域）的距离为淬透层深度。因为半马氏体区不仅硬度变化显著，同时经酸腐蚀的磨光断面上能呈现出明显的分界而便于测定。钢的淬透性是指钢在淬火后所获得淬透层深度的能力。淬透层越深，表明其淬透性越好。

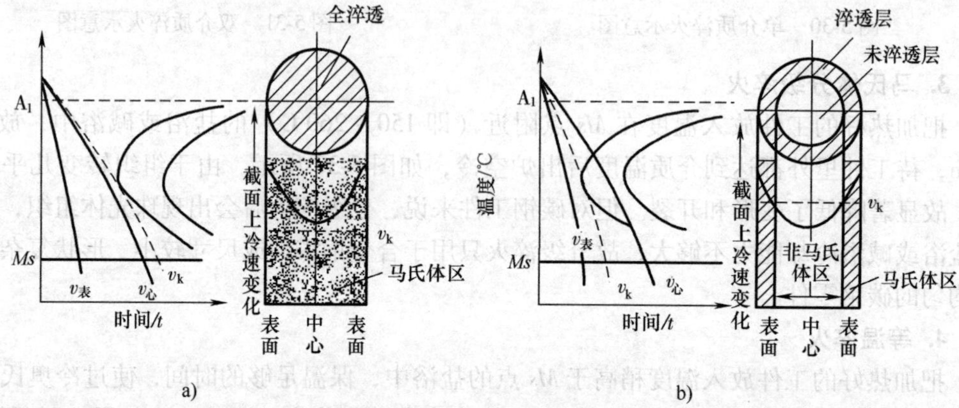

图5-34　零件淬透情况与截面上冷却速度的关系示意图

a）淬透　b）未淬透

2. 淬硬性

钢的淬硬性是指钢在理想条件下进行淬火硬化时所能达到最高硬度的能力。钢的淬硬性主要取决于加热时固溶于奥氏体中的碳质量分数，碳质量分数越高，钢的淬硬性就越好，淬火后的硬度也越高。但是，淬透性与淬硬性是两个不同的概念，没有必然的联系，因为淬透层（淬硬层）深的钢，其淬透层的硬度未必高。同时零件淬火得到的淬透层深度不仅取决于钢的淬透性，而且还受零件尺寸大小、形状及淬火冷却介质冷却能力等多方面因素的影响。所以淬透性好的钢，淬后的硬度不一定高，如低碳合金钢淬透性很好，但淬后的硬度却不高；碳素工具钢的淬透性较差，但其淬后的硬度却很高。

六、淬火缺陷

1. 氧化与脱碳

氧化是指工件在加热时，加热介质中的氧、二氧化碳和水等与工件表层的铁原子发生氧化反应，在工件表面形成一层松脆的氧化层，不仅造成了金属的损耗，还影响了工件的承载能力和表面质量。

脱碳是指工件在加热时，气体介质与工件表层的碳原子相互作用，使工件表面碳原子逸出，工件表面碳质量分数下降，造成工件表层的强度、硬度和疲劳强度下降。对于轴承、模具等工件，脱碳是严重的缺陷。为了防止氧化和脱碳，对于重要的精密零件，常在盐浴炉内加热，或在工件表面涂覆保护剂，或在保护气氛及真空炉中加热。

2. 过热与过烧

钢件在淬火加热时，由于加热温度过高或高温滞留时间过长而产生奥氏体晶粒粗化的现象称为过热。过热可引起工件的力学性能明显下降，工件因过热引起的粗大奥氏体晶粒可通过退火或正火来消除。

钢件在淬火加热时，如果加热温度过高，引起奥氏体晶界氧化和部分熔化的现象称为过烧。过烧的工件只能报废，所以，为防止出现过烧，必须严格控制加热温度和保温时间。

3. 变形与开裂

淬火时，工件内部产生的淬火内应力容易引起工件的变形与开裂。淬火内应力包括热应力和相变应力。热应力是指工件在加热或冷却时，由于不同部位存在温度差异而导致热胀或冷缩不均匀而产生的应力；相变应力是在热处理过程中，因工件不同部位组织转变不同步而产生的应力。当淬火内应力大于钢的屈服强度时，工件就会产生变形；淬火内应力超过钢的抗拉强度时，工件就会产生裂纹。

为了防止和避免产生变形或开裂，应采用适当的淬火方法，如分级淬火、等温淬火，或者在淬火后及时进行回火处理等都是有效的处理方法。

4. 硬度不足

工件在淬火后，因加热温度不够、保温时间过短、淬火冷却介质的冷却能力不够、工件表面氧化或脱碳等原因造成淬火后硬度未达到技术要求，一般情况下可采用在退火或正火后重新淬火予以消除。

第五节　钢的回火

除等温淬火件外，其他方式的淬火件都必须进行回火处理。回火是将钢件淬火后重新加热到 Ac_1 线以下某一温度，经保温一定时间，再冷却到室温的热处理工艺。回火一般在淬火后随即进行。回火的目的如下：

1）降低或消除淬火内应力，防止工件在使用过程中产生变形和开裂。

2）稳定组织和尺寸。回火可使钢的组织稳定，从而保证工件在使用过程中不再发生形状和尺寸的变化。

3）获得所需的组织和性能。通过回火可提高钢的塑性和韧性，适当调整钢的强度和硬度，使工件具有较好的综合力学性能。

一、回火时组织和性能的变化

淬火后钢的组织中马氏体与残留奥氏体都是不稳定的，有自发向稳定组织转变的趋势，但在室温下，原子的活动能力很弱，转变速度很慢，随着回火温度的升高组织转变分为四个阶段。

1. 马氏体的转变（<200℃）

在高于100℃时，马氏体就开始分解，此时马氏体中的过饱和碳以ε碳化物（$Fe_{2.4}C$）的形式析出，它以极细的片状分布在马氏体片层内并与母体保持共格关系。所谓共格关系是指两相界面上的原子恰好位于两相晶格的共同结点上，如图5-35所示。这种过饱和度有所降低的α固溶体和与其共格弥散分布的ε碳化物组成的组织称为回火马氏体，用$M_{回}$表示，其显微组织如图5-36所示。在显微镜下，回火马氏体呈黑色，残留奥氏体呈白色。在这个阶段，内应力有所减小，淬火钢的力学性能变化不大，韧性有所提高。

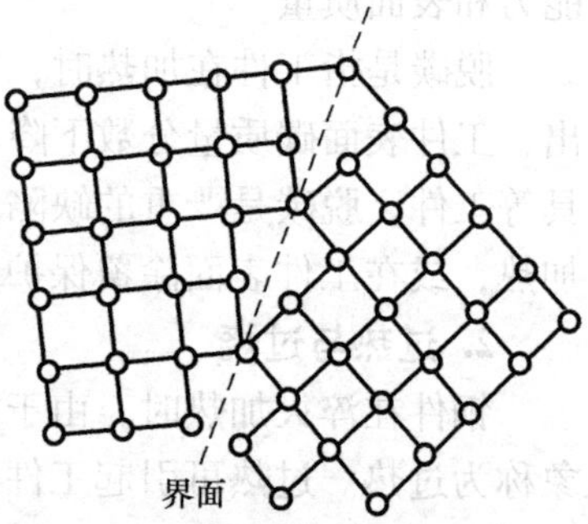

图5-35　共格关系示意图

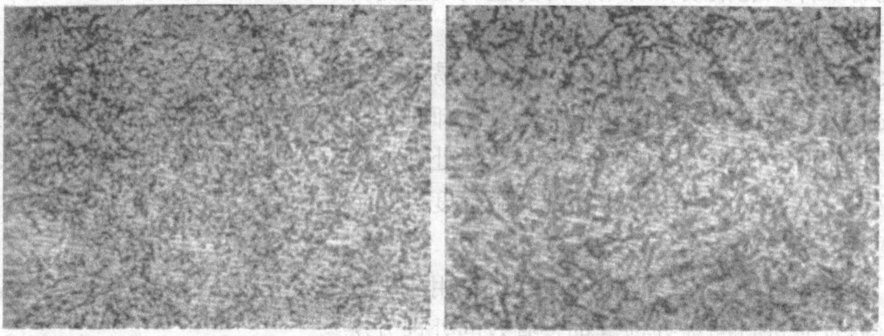

图5-36　钢的淬火马氏体与回火马氏体的显微组织
a）淬火马氏体（500倍）　b）回火马氏体（500倍）

2. 残留奥氏体的转变（200~300℃）

残留奥氏体于200℃开始分解，在300℃基本结束，由于马氏体的分解，$M_{回}$体积下降，减小了对残留奥氏体的压应力，因而残留奥氏体分解为ε碳化物和过饱和α相。在这个阶段，由于马氏体分解为$M_{回}$，降低了钢的硬度，但是残留奥氏体已转变为硬的下贝氏体，故钢的硬度下降并不显著，屈服强度反而略有上升，淬火应力进一步减小。

3. 回火托氏体的形成（250~400℃）

这一阶段马氏体中的过饱和碳以渗碳体的形式继续析出，到350℃左右，马氏体中的碳质量分数已基本下降到铁素体的平衡成分，过饱和的固溶体转变为铁素体，ε碳化物也逐渐转变为稳定的渗碳体，由最初的薄片状转变为细粒状。这种针状的铁素体和细粒状的渗碳体组成的机械混合物称为回火托氏体，用$T_{回}$表示。45钢的回火托氏体显微组织如图5-37所示。这个阶段淬火应力基本消除，硬度、强度下降，塑性、韧性提高。

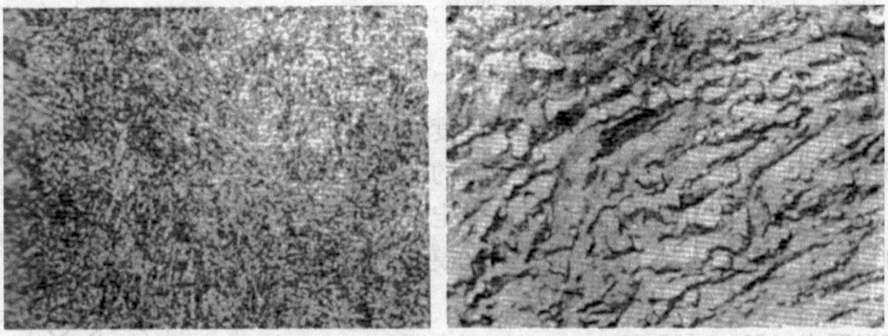

a)　　b)

图 5-37　45 钢的回火托氏体显微组织

a）光学显微组织（500 倍）　b）电子显微组织（7500 倍）

4. 碳化物的聚集长大及 α 相再结晶（>400℃）

当温度超过 400℃，随着温度的升高，针片状或板条状的铁素体开始进行再结晶，转变为等轴晶粒的多边形铁素体，同时，渗碳体颗粒也不断聚集长大，颗粒不断粗化，在 500℃以上是颗粒状或球状。这种由颗粒状渗碳体与多边形铁素体组成的组织称为回火索氏体，用 $S_{回}$表示。45 钢的回火索氏体显微组织如图 5-38 所示。

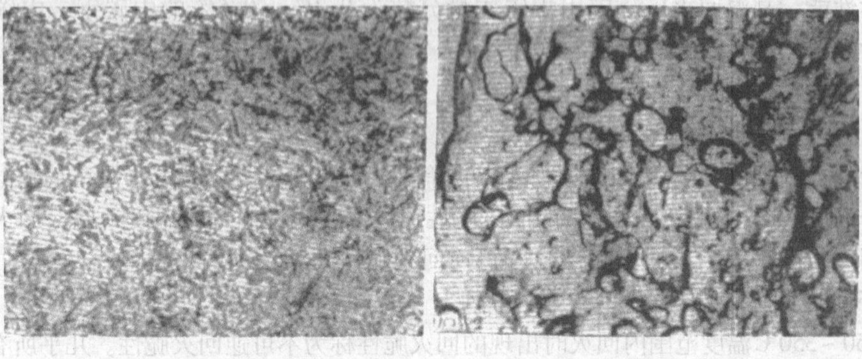

a)　　b)

图 5-38　45 钢的回火索氏体显微组织

a）光学显微组织（500 倍）　b）电子显微组织（500 倍）

回火对 40 钢的性能影响如图 5-39 所示，回火温度低于 200℃时，淬火钢的硬度和抗拉强度降低不明显，但随着温度的升高，硬度和抗拉强度明显下降，而钢的韧性则提高，特别是在 400℃以上时，韧性大为增加，600℃左右时，韧性达到最大。在 300℃以下回火时，钢的屈服强度随着回火温度的升高而提高。

二、回火的种类及应用

回火温度决定钢的组织和性能，按回火温度不同，将回火分为三类。

1. 低温回火（150～250℃）

低温回火得到的是回火马氏体组织，硬度可达到 58～64HRC。低温回火的目的是在保证工件硬度和耐磨性的基础上，降低淬火应力及脆性，提高工件韧性。低温回火广泛应用于处理各种刀具、冷作模具、量具、滚动轴承、渗碳件和表面淬火件等。

2. 中温回火（350～500℃）

中温回火得到的组织为回火托氏体，硬度为35～45HRC。中温回火的目的在于获得高的屈服极限、弹性极限及屈强比，同时具有一定的塑性和韧性，主要用于各种弹簧及热作模具等。

3. 高温回火（500～650℃）

高温回火得到的组织为回火索氏体，生产中将淬火后再进行高温回火的复合工艺称为调质处理，简称调质。调质处理后得到的回火索氏体组织中的渗碳体呈颗粒状，而正火得到的索氏体组织中的渗碳体则呈片状，颗粒状的渗碳体对阻止断裂过程中裂纹的发展比片状渗碳体更有利。高温回火后硬度为25～35HRC。高温回火的目的是为了获得适当的强度与足够的塑性和韧性。高温回火后钢具有强而韧的良好综合力学性能。高温回火广泛应用于碳质量分数为0.3%～0.5%的中碳钢、中碳合金钢制造的各种重要的齿轮、螺栓、轴、连杆等。

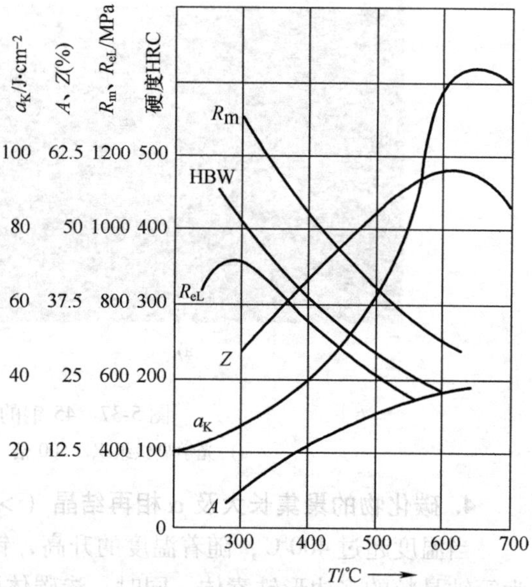

图5-39 40钢力学性能与回火温度的关系

三、回火脆性

随着回火温度的升高，钢的强度、硬度降低，而塑性、韧性提高，但在某些温度范围内出现冲击韧度下降的现象，称为钢的回火脆性。按回火脆性出现的温度不同，回火脆性分为不可逆回火脆性（第一类回火脆性）和可逆回火脆性（第二类回火脆性）两类。

1. 不可逆回火脆性

在250～350℃温度范围内回火时出现的回火脆性称为不可逆回火脆性。几乎所有的钢都存在不可逆回火脆性，已产生不可逆回火脆性的钢，若重新在较高温度下进行回火处理，其脆性即可消除，若再次在250～350℃温度范围内回火时，不再出现脆性，因此把这类回火脆性称为不可逆回火脆性，又称为第一类回火淬性。它与回火后的冷却速度无关，这类回火脆性的产生是由于在250℃以上ε碳化物变成薄片状渗碳体沿马氏体晶界析出引起的，所以在生产中应避免在这个温度范围内回火。

2. 可逆回火脆性

一些含有镍（Ni）、铬（Cr）、锰（Mn）等合金元素的合金钢，淬火后在500～650℃温度范围内回火时出现的回火脆性称为可逆回火脆性，又称第二类回火脆性。当淬火钢长期在500～650℃保温或以缓慢的冷却速度通过此温度范围时，会发生明显的脆化现象，若快冷则不会产生脆化现象，如图5-40所示。对于具有可

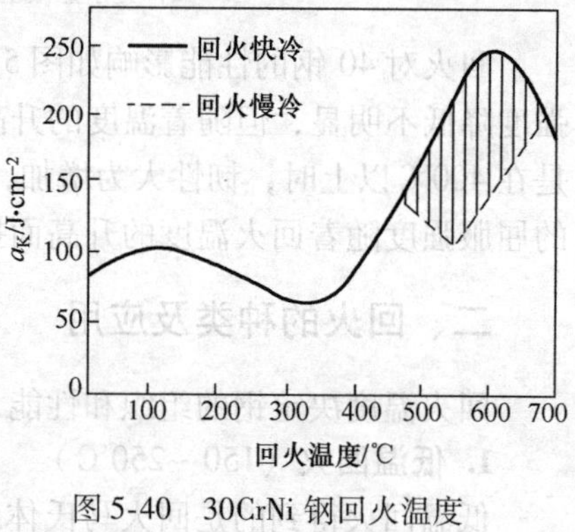

图5-40 30CrNi钢回火温度对冲击韧度的影响

逆回火脆性的钢，高温回火后宜快冷来抑制回火脆性，在钢中加入 W、Mo 等合金元素，也可以有效地抑制回火脆性的产生。对于已产生可逆回火脆性的钢，若重新加热到 500～650℃后，再快速冷却即可消除可逆回火脆性，若慢冷则会再次出现脆性，因此这种脆性称为可逆回火脆性。

第六节　钢的表面热处理技术

对于齿轮、轴等承受弯扭交变应力及冲击载荷的零件，其表面的应力高于内部的应力，并且还要承受磨损破坏，因此要求这类零件表面具有高强度、高硬度及高耐磨性和疲劳极限，而心部又要求具有足够的塑性和韧性。如何满足同一截面上的两种力学性能要求，单纯从选材方面是不能解决的，所以，在生产中应采用各种表面强化技术。

一、表面淬火

钢的表面淬火是对钢的表面快速加热至淬火温度并立即冷却使表层获得马氏体组织的热处理。表面淬火不改变钢表层的化学成分，仅改变表层的组织，同时心部组织不发生变化。最常用的表面淬火有感应淬火、火焰淬火，此外还有接触电阻加热淬火及激光热处理等，钢的表面淬火一般适用于中碳钢或中碳合金钢。

1. 感应淬火

（1）感应淬火的基本原理　感应淬火的装置主要由电源、加热感应器、淬火喷水套组成，如图 5-41 所示。其工作原理是当感应线圈通入一定频率的交流电时，感应线圈内部和周围产生同频率的交变磁场，由于工件放在感应线圈内，于是工件中产生了相应的自成回路的感应电流，由于趋肤效应，感应电流主要集中在工件表层，向心部逐渐衰减，中心部位几乎为零，使工件表面在几秒钟内表面温度即可升至淬火温度，立即喷水冷却，使工件表面层淬硬。

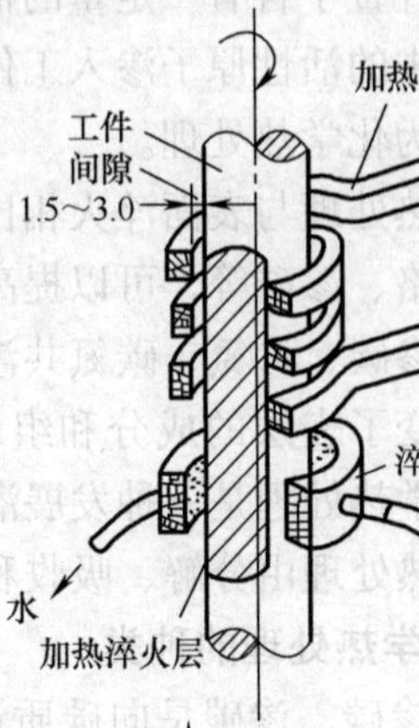

图 5-41　感应淬火示意图

（2）感应淬火的应用　感应淬火后获得的淬硬层深度取决于交流电的频率，频率越高，电流透入工件的深度越浅，淬硬层越薄。根据所用电流频率的不同，感应淬火分为高频感应淬火、中频感应淬火和工频感应淬火。高频（200～300kHz）感应淬火的表面淬硬层深度为 0.2～2mm，主要用于 45、40Cr、40MnVB 等钢制造的中、小模数齿轮及中小尺寸的轴类零件等；中频（2.5～10kHz）感应淬火的表面淬硬层深度为 2～8mm，主要用于 45、40Cr、9Mn2V、球墨铸铁等制造中等模数齿轮、大模数齿轮的单齿加热淬火以及凸轮轴、曲轴等；工频（50Hz）感应淬火的表面淬硬层为 10～15mm 以上，主要用于大直径零件，如火车车轮、9Cr2W 钢制的冷轧辊等制件的表面淬火。此外，还有超音频（20～40kHz）感应淬火，主要用于模数为 3～6mm 的齿轮等零件，可获得沿齿轮分布的淬硬层。

（3）感应淬火的特点　感应淬火的加热速度快（几秒或几十秒），过热度大，形成的奥氏体晶粒细小，表面硬度高，比一般淬火高 2～3HRC，而且脆性低。感应淬火后工件的表层残余压应力较高，能提高工件的疲劳强度，小工件可提高 2～3 倍，大工件也可提高 20%～30%。工件表面氧化和脱碳少，淬火变形小，便于实现机械化和自动化。感应淬火后要进行 180～200℃的低温回火，既可以降低淬火应力，又能保持高的硬度和耐磨性。

2. 火焰淬火

火焰淬火一般用于中碳钢表面的强化处理，淬硬层厚度一般为 2～6mm，如图 5-42 所示。火焰加热是由两种气体混合后高速燃烧形成的，一种是氧化气，另一种是燃料气。氧化气分工业纯氧或空气（21% O_2），燃料气有乙炔（C_2H_2）、丙烷（C_3H_8）、煤气、液化天然气等。火焰淬火的优点主要是设备简单、成本低、使用方便、不受工件体积大小以及淬火部位的限制，同时淬火表面清洁、变形小、无氧化脱碳现象。常用的火焰淬火有固定加热淬火法、移动加热淬火法、旋转加热淬火法及旋转移动加热淬火法。

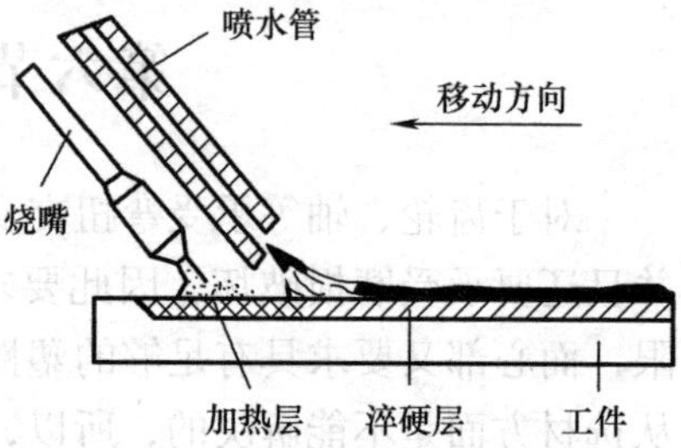

图 5-42 火焰淬火示意图

二、化学热处理

1. 化学热处理的概念及基本过程

将工件置于含有一定量的欲渗入元素的活性介质中，加热到预定的温度并保温一定的时间，介质中的活性原子渗入工件表面层，使工件表层的成分、组织和性能发生变化，这种工艺过程称为化学热处理。

化学热处理与表面淬火相比，它不仅改变了工件表层的组织，而且还改变其成分。通过渗氮、渗铬、渗硅等，可以提高工件表层的耐蚀性；通过渗铝等可以提高工件表面的抗氧化性；通过渗碳、渗氮、碳氮共渗等可以提高工件表层的硬度、耐磨性及疲劳强度。由于化学热处理改变了表层的成分和组织，同时能获得一些新的性能，所以，化学热处理是一种发展潜力很大的热处理工艺。

化学热处理由分解、吸收和扩散三个基本过程组成。

2. 化学热处理的种类

（1）渗碳　渗碳是向碳质量分数为 0.1%～0.25% 的低碳钢或低碳合金钢的表层渗入碳原子，如 20、20Cr、20CrMnTi 等。渗碳广泛用于在磨损条件下工作并承受冲击载荷、交变载荷的工件，如汽车的传动齿轮、内燃机的活塞销和套筒等。

根据渗碳介质的工作状态，常用的渗碳方法有气体渗碳和固体渗碳。

1）气体渗碳。如图 5-43 所示，将工件放置在密封的井式渗碳炉内或贯通式渗碳炉内，加热到 900～950℃。炉内的渗碳气氛有两种供给方式：一种是向炉内输入渗碳气体，如煤气、石油液化气、丙烷等；另一种是向炉内滴入易分解的有机液体，如煤油、甲苯、甲醇等，渗碳剂在高温下分解产生活性碳原子。活性碳原子渗入高温奥氏体中并通过扩散形式向内部扩

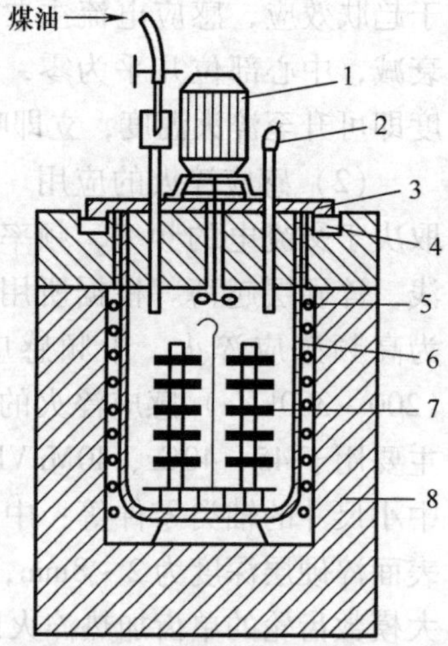

图 5-43 气体渗碳法示意图
1—风扇电动机 2—废气火焰
3—炉盖 4—砂封 5—电阻丝
6—耐热罐 7—工件 8—炉体

散，形成一定厚度的渗碳层，保温时间决定着渗碳层的深度，气体渗碳速度平均为0.2～0.5mm/h。井式气体渗碳炉在920℃时，渗碳层厚度与保温时间的关系见表5-6。

表5-6　920℃渗碳层厚度与保温时间的关系

渗碳时间/h	3	4	5	6	7	8
渗碳层厚度/mm	0.4～0.6	0.6～0.8	0.8～1.2	1.0～1.4	1.2～1.6	1.3～1.7

气体渗碳不仅能有效控制渗碳层的碳质量分数，而且渗碳层比较均匀，渗碳后还可以直接淬火，同时劳动条件好，生产效率高，易于实现机械化和自动化，是目前应用最广泛的渗碳方法。

2）固体渗碳。固体渗碳如图5-44所示，这是一种古老的方法，固体渗碳剂是由主渗剂（木炭粒）和催渗剂（$BaCO_3$或Na_2CO_3）组成的，催渗剂的质量分数占10%～15%左右。固体渗碳方法是将工件埋在固体渗碳剂中，用铁箱密封，放入加热炉中加热到渗碳温度保温。在高温下，渗碳箱中的木炭粒由于空气不足与氧形成CO，CO与工件接触时就分解出活性碳原子，渗碳剂中的碳酸盐可以使CO浓度增高，加速渗碳的进行。

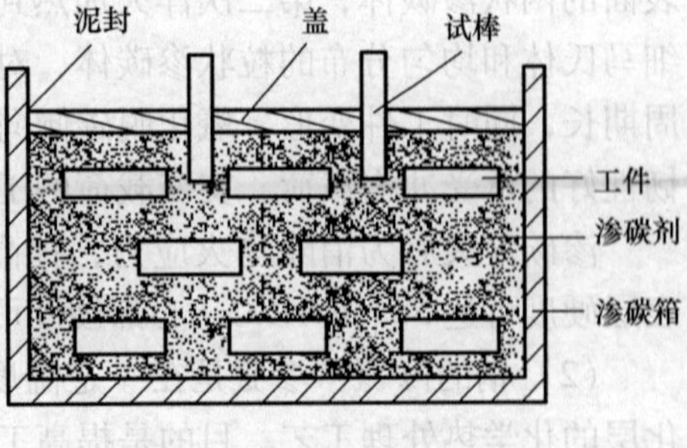

图5-44　固体渗碳示意图

固体渗碳速度约为0.1mm/h，渗碳后工件表面碳质量分数为1.0%～1.2%。固体渗碳的优点是成本低，设备简单，操作容易，但是渗碳效率低，渗碳后不宜直接淬火。目前仍有一些中、小型工厂在使用。

3）渗碳层的热处理。渗碳后的工件通常要进行淬火和低温回火处理，才能保证性能要求，常用的淬火方法有三种，如图5-45所示。

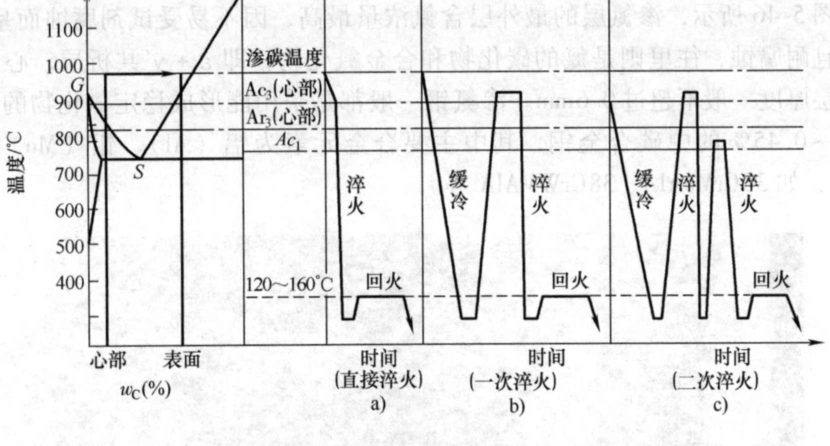

图5-45　渗碳后的热处理工艺

① 直接淬火法。直接淬火法如图5-45a所示，工件经渗碳后直接出炉自渗碳温度预冷到略高于Ar_3的温度后立即淬火。这种方法工艺简单，具有不需要重新加热淬火、经济、减少变形、脱碳倾向小、生产效率高等优点。但由于渗碳温度高，奥氏体晶粒粗大，淬火后马

氏体粗大，残留奥氏体较多，故工件表面力学性能差，一般只适用于合金渗碳钢或耐磨性要求比较低和承载能力较低的工件。

② 一次淬火法。一次淬火法如图5-45b所示，工件经渗碳后缓冷至室温再重新加热到临界点以上保温淬火，淬火温度的选择应兼顾表层与心部，即表层不过热而心部又能得到充分强化。当然有时对心部组织性能要求高的工件为强化心部，使心部晶粒细化，一次淬火加热温度应在Ac_3以上。对于要强化表层的工件，淬火加热温度在Ac_1以上30～50℃，使表层晶粒细化，而心部组织变化不大。

③ 二次淬火法。二次淬火法如图5-45c所示，即对工件进行两次淬火或一次正火加一次淬火的方法。第一次淬火加热到Ac_3以上30～50℃，主要是为了细化心部组织，同时消除表面的网状渗碳体，第二次淬火加热到Ac_1以上30～50℃，主要是为了细化表层组织，获得细马氏体和均匀分布的粒状渗碳体，对心部影响不大。二次淬火法工艺相对复杂，成本高、周期长，同时工件变形、氧化脱碳倾向增大。二次淬火法只适用于要求表面耐磨性高、心部韧性好的承受冲击载荷、交变载荷的工件或本质粗晶粒钢。

渗碳淬火后为消除淬火应力，提高韧性，要进行低温回火（150～200℃）处理，最终表层硬度可达58～64HRC，心部硬度可达30～45HRC。

（2）钢的渗氮 渗氮是在一定温度下和一定介质中，使工件表面渗入氮，形成含氮硬化层的化学热处理工艺。目的是提高工件表面的硬度、耐磨性、疲劳强度及耐蚀性。

根据工件用途及工艺过程的不同，渗氮可分为气体渗氮和离子渗氮等。

1）气体渗氮。气体渗氮是将工件放入密封的井式炉内，利用氨气加热时分解出的活性氮原子被工件表面吸收后，逐渐向内部扩散而形成氮化层。由于氨在200℃以上才开始分解，所以渗氮处理温度较低，一般气体渗氮温度在500～570℃之间进行。要进行渗氮的工件通常要进行预先调质处理，使工件渗氮前的组织为回火索氏体。渗氮后，一部分氮原子溶于铁素体及渗碳体，即形成含氮索氏体；还有一部分氮原子则形成各种合金氮化物，如AlN、CrN、MoN、Fe_4N等起到弥散强化作用，使渗氮层得到更高的硬度。碳钢渗氮层的显微组织如图5-46所示，渗氮层的最外层含氮浓量最高，因不易受试剂腐蚀而呈白亮薄层，硬而脆，且耐腐蚀，往里则是氮的碳化物和合金氮化物，即$\varepsilon+\gamma'$共析层，心部为原始组织。渗氮层厚度一般不超过0.6mm。渗氮钢一般都是采用能形成稳定氮化物的碳质量分数为0.15%～0.45%的中碳合金钢，其中主要合金元素为铝（Al）、钼（Mo）、铬（Cr）、钒（V）等，如38CrMoAlA、38CrWVAlA等。

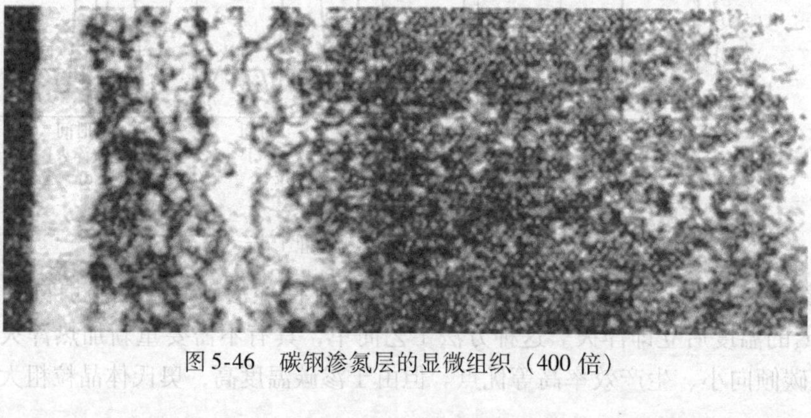

图5-46 碳钢渗氮层的显微组织（400倍）

2）离子渗氮。离子渗氮是在低于一个大气压的渗氮气氛中，在高压直流电场作用下，利用工件（阴极）与阳极之间产生辉光放电进行渗氮的工艺，又称为辉光离子渗氮，如图5-47所示。

离子渗氮的基本原理是将工件放入密封的真空炉内，抽至真空度1～10Pa，然后向炉内输入少量氨气，工件接直流电源的阴极，炉体接直流电源的阳极，在二极之间输入500～600V的高压电，在高压电场的作用下，氨气被电离成氮和氢的正离子及电子，在靠近工件表面（阴极）形成一层紫红色的辉光。

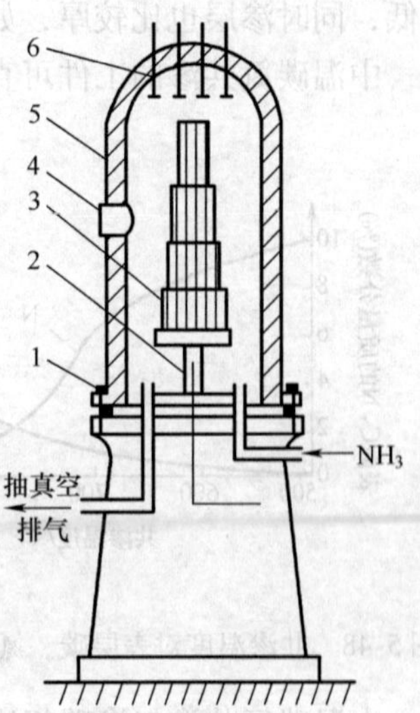

图5-47　离子渗氮示意图

1—密封橡胶棒　2—阴极　3—工件　4—观察孔　5—真空室外壳　6—阳极

由于高能量的氮原子以很大的速度轰击工件表面，使工件表面温度升至渗氮的温度，即500～650℃。渗氮的同时产生阴极溅射效应，溅射出铁离子，被溅射出的铁离子在等离子区与离子化合形成氮化物（FeN），在高温和离子轰击的共同作用下，FeN迅速分解为Fe_2N、Fe_3N，并释放出氮原子向工件内部扩散，于是经过扩散形成渗氮层。离子渗氮处理周期短，仅为气体渗氮的1/3～1/4，如38CrMoAl渗氮层达到0.6mm时，气体渗氮需50h，而离子渗氮只需15～20h。同时离子渗氮的阴极溅射能抑制脆性层的作用，明显提高渗氮层的韧性和抗疲劳强度，工件变形小，对一些含Cr的钢，不需作渗氮前的去钝处理，对材料的适应性强，碳钢、低合金钢、合金钢、铸铁等均可进行离子渗氮。此外，由于离子渗氮设备复杂，投资大，操作要求严格，装炉量小，尚需进一步改进。

与渗碳相比，气体渗氮温度低、工件变形小，渗氮后无需再进行其他热处理，同时具有良好的耐蚀性，渗氮层可获得较高的硬度和耐磨性，而且在600℃左右时，硬度无明显改变，热硬性好；不足的是生产周期长，如要获得0.5mm左右的渗氮层，需要渗40～60h；渗氮前需先进行调质处理，对形状复杂或精度要求高的零件，在渗氮前还要进行消除应力等退火处理，同时渗氮层较脆，抗冲击力较差。

由于生产率低，渗层薄，成本高，因此渗氮主要用于耐热、耐磨、耐腐蚀的零件，或既耐磨、精度要求又高的传动件等，如镗床、磨床主轴、高速精密齿轮、压铸模等。

（3）钢的碳氮共渗　碳氮共渗是向工件表面同时渗入碳原子和氮原子，并以渗碳为主的化学热处理工艺。目前，生产中常用的是气体碳氮共渗。中温气体碳氮共渗是以工件的硬度、耐磨性和疲劳强度为主，低温气体碳氮共渗的目的是提高工件的耐磨性和抗咬合性。

1）中温气体碳氮共渗。中温气体碳氮共渗工艺与气体渗碳一样，以渗碳为主。生产中，将工件放入密封的井式炉内，加热到共渗温度，同时向炉内滴入共渗剂、煤油，并输入氨气。煤油在井式炉内裂化为CO和CH_4，NH_3发生分解形成活性氮原子。由于活性碳原子和活性氮原子经一段时间的保温后被工件表面吸收，并通过扩散形成碳氮共渗层。气体碳氮共渗中采用的共渗剂除煤油＋氨气外，还有煤气＋氨气、甲醇＋氨气以及三乙醇胺＋尿素等。

中温气体碳氮共渗温度为820～860℃，保温时间为1～2h，共渗层厚度为0.2～0.5mm，共渗层中氮质量分数要求在0.2%～0.3%之间，碳质量分数要求在0.85%～1.0%之间。

应当指出，共渗层中碳、氮质量分数都随共渗温度的变化而变化，共渗温度越低，表层氮质量分数越高，而碳质量分数越低，同时共渗层也比较薄；共渗温度越高，则氮质量分数越低，同时渗层也比较厚，如图5-48所示。

中温碳氮共渗的工件可直接淬火并低温回火，工艺曲线如图5-49所示。

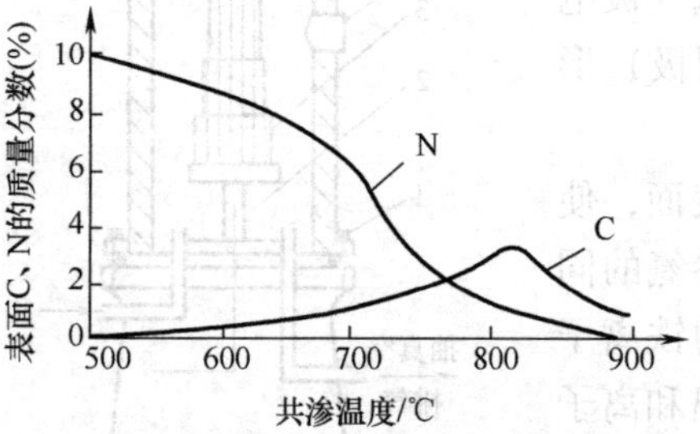

图5-48 共渗温度对表层碳、氮质量分数的影响

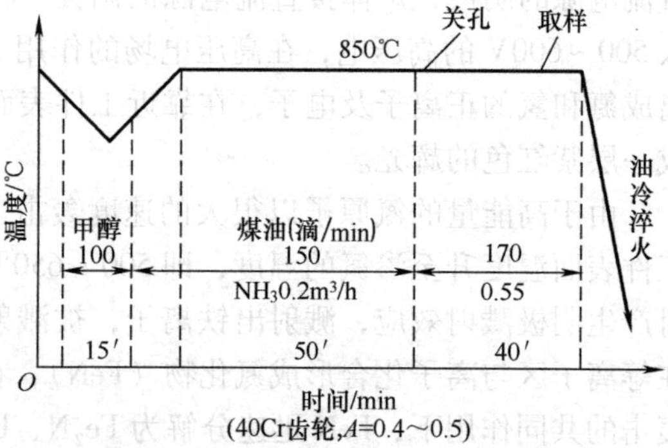

图5-49 气体碳氮共渗工艺曲线示意图

中温碳氮共渗与渗碳相比，共渗层的硬度与渗碳层接近或略高，耐磨性和疲劳强度则优于渗碳层，加热温度低，工件变形小，生产效率高，周期短。主要用于工件形状复杂，要求热处理变形小的小型耐磨件，如纺织机械零件或各种轻载齿轮等。

2）低温气体碳氮共渗。低温气体碳氮共渗是以渗氮为主，又称为气体软氮化，在普通气体渗氮设备中即可处理。低温气体碳氮共渗温度在520～570℃之间，它们使用的渗入介质是能在软氮化温度下分解出活性碳原子和活性氮原子的甲酰胺（NH_2COH）或尿素[$(NH_2)_2CO$]。

低温气体碳氮共渗的实质就是以渗氮为主的碳氮共渗过程，其共渗速度快，需用时间短，一般为1～6h，处理温度低，工件变形小，工件表面碳氮共渗层厚度为0.01～0.02mm。低温气体碳氮共渗层的硬度低于渗氮层的硬度，但韧性好，其特点是硬而不脆，不易剥落，从而提高了耐磨性、疲劳强度和耐蚀性。低温气体碳氮共渗适用于各种材料，如碳钢、合金钢、铸铁、粉末冶金材料等，主要用于模具、量具及耐磨件的最终热处理。

（4）渗硼　渗硼可以使模具表面获得很高的硬度（1500～2000HV），因而能显著提高模具的表面硬度、耐磨性和耐蚀能力，是一种提高模具使用寿命的有效方法。例如，Cr12MoV钢制冷镦六方螺母凹模，经一般热处理后，使用寿命为3000～5000件，经渗硼处理后，寿命可提高到5～10万件。

黑色金属渗硼后，渗硼区主要由两种不同的硼化合物（Fe_2B和FeB）组成。FeB中的硼含量高，具有较高的硬度（1800～2000HV），但其脆性大，易剥落；Fe_2B的硬度较低（1400～1600HV），但脆性较小。通常希望渗硼区中FeB的量少些，甚至希望得到单相的Fe_2B层。

按所用介质的物理状态，渗硼可分为固体渗硼法（粉末法）、盐浴渗硼法、膏剂渗硼法、气体渗硼法和电解渗硼法等。

1）固体渗硼法（粉末法）。把工件埋在含硼的粉末中，并在大气、真空或保护气氛条件下加热至850～1050℃，保温3～5h，可获得0.1～0.3mm厚的渗层。固体渗硼的设备较为简便，适于处理大型模具。固体渗硼的缺点是：渗硼速度较慢，碳化硼、硼铁粉等价格昂贵，热扩散时间较长，且温度高、渗层浅。

2）盐浴渗硼法。这种方法是把工件放在熔盐中扩散渗硼。盐浴法渗硼的优点是：可通过调整渗硼盐浴的配比，来控制渗硼层的组织结构、深度和硬度；渗层与基体结合较牢，模具表面粗糙度不受影响；工艺温度较低，渗硼速度较固体渗硼法快，设备和操作简便。此法的缺点是：盐浴流动性较差，模具表面残盐的清洗较困难。

（5）渗金属　将钢件加热到适当的温度，按工艺需要使某些金属元素扩散并渗入钢件表层的化学热处理工艺称为渗金属。

渗入的金属元素与工件表层中的碳结合形成金属碳化物的化合层，如$(Cr，Fe)_7C_3$、VC、NbC、TaC等，形成的化合层为过渡层。这类渗层的硬度和耐磨性极高（硬度可达1800～3200HV），工艺简便易行，不需要复杂的设备，已进入工业应用阶段。

渗金属工艺适用于高碳钢，渗入元素大多数为Cr、V、W、Mo、Ta等碳化物形成元素。为了获得碳化物层，基体材料中碳的质量分数必须超过0.45%。渗金属的方法可分为直接扩散法和覆层扩散法两大类。直接扩散法和其他化学热处理一样，即将模具直接放置于固体、液体或气体的渗金属介质中进行加热扩散，并形成渗层。覆层扩散法是将欲渗入的金属，用电镀或喷镀（喷涂）、热浸镀等方法覆盖在金属基体的表面，然后加热扩散形成渗层。模具表面的渗金属通常有渗铬、渗钒等。

1）渗铬。将铬渗入工件表面的化学热处理工艺称为渗铬，其目的是提高工件的耐磨性、耐蚀性和抗氧化性。例如，9CrWMn钢制轻载拉深模（板料为08F），在没有渗铬时只能拉深几百次或1000次就产生拉毛磨损现象，后经渗铬处理，其使用寿命延长到10万次；与电镀铬相比，渗铬层更致密、均匀，并且与基体的结合比较牢固，同时渗铬层的耐蚀性、抗氧化性也比镀铬层好。渗铬方法有固体渗铬法、盐浴渗铬法和气体渗铬法等。

2）渗钒。渗钒的目的是为了提高工件表面的耐磨性和耐蚀性。它是将工件置于能产生活性钒原子的介质中，加热到一定温度并保温，使钒渗入到工件表面，并与碳形成碳化物。渗钒的方法有固体粉末渗钒和硼砂盐浴渗钒，目前生产中应用较多的是用硼砂盐浴渗钒。

渗钒层在众多硬化层中具有最高的显微硬度，从而使渗钒层具有非常好的耐磨性。由于硼砂盐浴渗钒所获渗层不仅耐磨性好，而且具有较低的摩擦因数和优异的抗粘着性能，故多用于热挤压模。

3）TD法。TD法是用熔盐浸镀法、电解法及粉末法进行扩散表面硬化处理技术的总称。实际上应用最广泛的是用熔盐浸镀法在模具表面镀覆VC、NbC、Cr_7C_3等碳化物薄层，俗称TD法渗钒、渗铌、渗铬。

熔盐浸镀的金属碳化物层具有极高的硬度，如VC的硬度约为3000HV，NbC的硬度约为2500HV。在800℃温度下NbC也能保持硬度在800HV以上，并且它们的摩擦因数较小，因而其耐磨性明显高于渗氮、渗硼、镀铬及电火花硬化等表面处理，与硬质合金的耐磨性相当，甚至还好。碳化物层的热稳定性高，抗热粘结和抗咬合性能优良，还有良好的耐蚀性，能抵抗Al、Zn合金液的侵蚀。铬的碳化物还有优越的抗氧化性，经熔盐浸镀法处理即得到碳化物层，并不降低材料的韧性，且抗剥落性良好。

三、热处理新技术简介

1. 可控气氛热处理

向热处理炉内输入一种或几种规定成分的气体，通过控制炉内气体成分进行渗碳、碳氮共渗，以防止氧化脱碳，光亮淬火等为目的的一种热处理方法，称为可控气氛热处理。

一般可控气氛是由 CO、CO_2、CH_4、H_2、N_2等气体组成，通过控制氧、二氧化碳与水蒸气就可以防止高温下工件表面的氧化脱碳，通过控制 CO/CO_2或 CH_4/H_2的比例就可以控制炉内气氛的碳势（碳势是指炉内气氛与奥氏体之间达到平衡时，钢表面碳的质量分数）。如气氛的碳势为0.8%，表示共析钢在该气氛中加热其工件表层碳质量分数为0.8%。亚共析钢在该气氛中，工件表层会增碳，过共析钢工件表层则会脱碳，最后工件表层的碳质量分数全都趋于0.8%与气氛的碳势相平衡。

目前可控气氛热处理有以下四种：

（1）放热式气氛　用煤气或丙烷等与空气按一定比例混合后进行燃烧反应，由于燃烧释放热量，故称为放热式气氛，常用于防止加热时的氧化，如低、中碳钢的光亮退火或光亮淬火等。

（2）吸热式气氛　用煤气、天然气或丙烷等与空气按一定比例混合后通入发生器，在催化剂的作用和外部供热的条件下，经吸热反应而制成的气氛称为吸热式气氛。可用于防止工件的氧化、脱碳，适用于各种碳质量分数的工件表层光亮退火、淬火、渗碳或碳氮共渗。

（3）氨分解气氛　利用氨气加热分解为氮和氢来形成保护气氛，主要用于含铬较高的合金钢，如不锈钢、耐热钢的光亮退火、淬火或钎焊等。

（4）滴注式气氛　用甲醇、乙醇、丙酮和三乙醇氨等混合滴入热处理炉内所得到的气氛为滴注式气氛。如向井式渗碳炉内同时滴入甲醇和丙酮，甲醇分解为稀释气氛的载流体，丙酮分解为渗碳能力很强的渗碳气氛，调整两种液体的滴入比例就可以控制渗碳气氛的碳势。一般用于渗碳、碳氮共渗、软氮化、保护气氛、淬火、回火等。

2. 真空热处理

在真空中进行的热处理称为真空热处理。真空热处理时真空度一般选择在 1.33×10^{-2} ~ 1.33Pa 的范围内，由于真空度过高会导致金属明显蒸发，表层合金元素缺乏，组织、性能改变，故需充入高纯氮气或氩气使炉内压保持在13.3 ~133Pa之间进行加热。

真空淬火的冷却方式有真空油淬火、负压气淬火和高压气淬火三种。真空热处理可以减少工件变形，使工件表面不氧化、不脱碳，进行真空脱气、脱脂，使表面光洁，可显著提高耐磨性和疲劳极限，同时节约能源，减少污染，工艺操作条件好，自动化程度高。

3. 激光热处理

激光热处理是利用激光器发出的能量密度极高的激光，以扫描方式快速加热工件表面而实现淬火的工艺。由于激光加热速度快、时间短、相变温度高，因而形核率高，淬火得到隐晶马氏体组织，所以表面硬度高，耐磨性好。由于不用介质冷却，工件表面清洁、无污染、工件表面变形小，生产中常用于需增加表面耐磨性的工件热处理。

本章小结

1. 钢的热处理是将钢在固态下以适当的方式进行加热、保温和冷却来改变钢的内部组织，从而获得所需性能的一种工艺方法。

2. 热处理方法有退火、正火、淬火、回火及表面热处理等。

3. 热处理加热时珠光体转变成奥氏体，奥氏体分为四个阶段，即奥氏体晶核的形成；奥氏体晶核的长大；残留渗碳体的溶解；奥氏体成分均匀化。

4. 热处理冷却方式有两种，即等温冷却和连续冷却，由于冷却方式不同，得到的组织和性能也不同。

5. 退火和正火都是预备热处理工艺，退火是炉冷，正火是空冷；淬火和回火都是最终热处理工艺，其中，淬火是快冷，得到的马氏体组织硬且耐磨。

6. 表面热处理是局部热处理，工厂常用的方法就是渗碳和渗氮。

复习思考题

1. 何谓钢的热处理？其目的是什么？热处理有哪几种方法？

2. 热处理工艺由哪三个阶段组成？画出热处理工艺曲线。

3. 以共析钢为例说明钢在加热时奥氏体形成的几个阶段。

4. 以共析钢为例，将其奥氏体化后随炉冷却、在空气中冷却、在油中冷却和在水中冷却各得到什么组织？

5. 何谓马氏体？马氏体有哪两种基本类型？它们的性能有何特点？

6. 何谓退火？退火的目的是什么？常用的退火方法有哪几种？如何选用？

7. 何谓正火？在生产中如何应用？

8. 何谓淬火？淬火的目的是什么？常用的淬火方法有哪几种？各有什么特点？

9. 钢的淬火缺陷有哪些？如何防止？

10. 何谓回火？回火的目的是什么？回火有几种方法？如何应用？

11. 什么是表面淬火？表面淬火有哪几种方法？各有什么特点？

12. 什么是钢的渗碳？渗碳有什么作用？渗碳后要经过什么热处理？获得什么组织？

13. 渗氮处理有什么作用？与渗碳相比有何特点？

第六章　铸　　铁

【基本要求】

掌握铸铁的概念、分类方法、牌号、性能及用途。

【重点和难点】

1. 铸铁按石墨形状分类。
2. 灰铸铁的孕育处理。
3. 灰铸铁、可锻铸铁、球墨铸铁的基本组织、牌号特点、性能及用途。
4. 合金铸铁的种类、性能及用途。

碳质量分数大于2.11%的铁碳合金称为铸铁。工业上常用的铸铁碳的质量分数一般为2.5%～4.0%。铸铁主要由铁（Fe）、碳（C）、硅（Si）、锰（Mn）、硫（S）、磷（P）以及其他微量元素组成。与碳钢相比，铸铁含碳、硅及杂质元素较高。

铸铁与钢相比，虽然力学性能较钢差，但具有优良的铸造性能、切削加工性能、耐磨性、减振性和低的缺口敏感性，并且熔炼铸造工艺简单，价格低廉，所以铸铁是机械制造工业中最重要的材料之一。

第一节　铸铁的分类

铸铁中的碳主要以渗碳体和石墨两种形式存在。

一、铸铁按碳的存在形式分类

1. 白口铸铁

碳主要以渗碳体的形式存在，其断口呈银白色，所以称为白口铸铁。这类铸铁的性能是硬度高、脆性大，很难进行切削加工，很少直接用来制造机械零件。

2. 灰铸铁

碳主要以石墨的形式存在，其断口呈暗灰色，所以称为灰铸铁。这类铸铁是目前工业上应用最广泛的一种铸铁，具有良好的铸造性能、切削加工性、减振性及耐磨性，加上它熔化配料简单，成本低，广泛用于制造结构复杂的铸件和耐磨件。

3. 麻口铸铁

碳大部分以渗碳体形式存在，少部分以石墨的形式存在，断口呈灰白色，所以称为麻口铸铁。这类铸铁脆性较大，工业上很少使用。

二、铸铁按石墨的形状分类

由于石墨的形状不同，如图6-1所示，铸铁可分为以下几种：

1. 灰铸铁

灰铸铁中石墨以片状的形式存在。

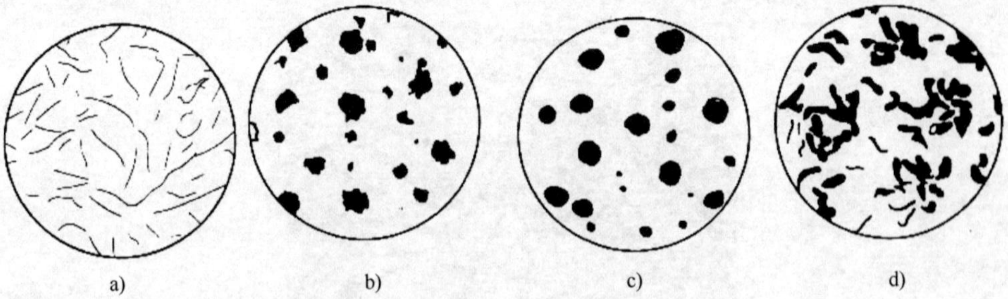

图 6-1　铸铁中石墨形状示意图

a）片状　b）团絮状　c）球状　d）蠕虫状

2. 可锻铸铁

铸铁中石墨以不规则的团絮状形式存在。

3. 球墨铸铁

铸铁中石墨以球状形式存在。

4. 蠕墨铸铁

铸铁中石墨以短小的蠕虫状形式存在。

第二节　灰铸铁的性能与用途

灰铸铁是应用最广泛的一种铸铁，在各种铸铁的总产量中占80%以上。

一、灰铸铁的成分、组织和性能

1. 灰铸铁的化学成分

灰铸铁的化学成分一般为：$w_C=2.8\%\sim3.6\%$，$w_{Si}=1.0\%\sim2.5\%$，$w_{Mn}=0.5\%\sim1.3\%$，$w_P\leqslant0.3\%$，$w_S\leqslant0.15\%$。

2. 灰铸铁的组织

灰铸铁的组织由金属基体和片状石墨两部分组成。灰铸铁按基体组织不同可分为三种：铁素体灰铸铁（铁素体＋片状石墨）、铁素体-珠光体灰铸铁（铁素体＋珠光体＋片状石墨）和珠光体灰铸铁（珠光体＋片状石墨）。

图 6-2 所示为三种灰铸铁的显微组织图。

3. 灰铸铁的性能

通过对灰铸铁的组织分析可以看出，铸铁是在钢的基体上分布着一些片状的石墨。由于石墨的强度和塑性几乎为零，因此，石墨的存在就像在钢的基体上分布着许多细小的裂缝和空洞，破坏了金属基体的连续性，减小了有效承载面积，并且在石墨尖角处容易产生应力集中，所以灰铸铁的强度、塑性和韧性远不如钢。铸铁中石墨的数量越多，尺寸越大，分布越不均匀，对基体的割裂作用和应力集中现象就越严重，铸件的强度、塑性和韧性就越差，但是石墨的存在对抗压强度和硬度的影响不大。

灰铸铁的生产成本低，铸造性能优良，具有减振、耐磨和缺口敏感性低等优点。

二、灰铸铁的孕育处理

为了改善灰铸铁的性能，一方面要改变石墨的数量大小和分布，另一方面要增加基体中

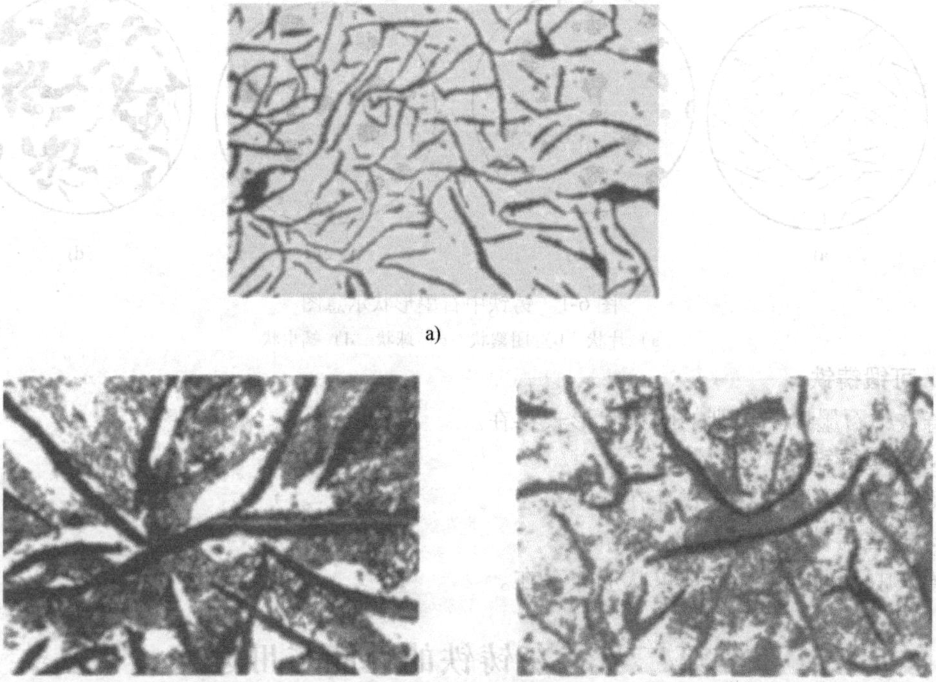

a)　　b)　　c)

图 6-2　灰铸铁的显微组织图

a）铁素体灰铸铁　b）铁素体-珠光体灰铸铁　c）珠光体灰铸铁

珠光体的数量。石墨片越细小，分布越均匀，铸铁的力学性能就越高。为了细化金属基体并增加珠光体的数量，改变石墨片的形态和数量，生产中常采用孕育处理工艺。

孕育处理就是在浇注前往铁液中加入少量的孕育剂（如硅铁、硅钙合金），在铁液内产生大量的均匀分布的晶核，促进石墨的形核和结晶，使石墨片及基体组织得到细化。孕育处理又称为变质处理。

经过孕育处理后的铸铁称为孕育铸铁，其强度、塑性和韧性有很大程度的改善。所以这种处理方法适用于力学性能要求较高、截面尺寸变化较大的大型铸件。

三、灰铸铁的牌号及用途

灰铸铁的牌号由“HT”（“灰铁”两个字的汉语拼音首字母）及后面一组数字组成。数字为三位数，表示最低抗拉强度，单位为 MPa。例如：HT200 表示抗拉强度为 200MPa 的灰铸铁。灰铸铁的牌号和应用见表 6-1。

表 6-1　灰铸铁的牌号和应用

牌　号	类　别	应用举例
HT100	铁素体灰铸铁	适用于负荷小，对摩擦、磨损无特殊要求的零件，如盖、油底壳、支架、手轮
HT150	铁素体-珠光体灰铸铁	适用于承受中等负荷的零件，如机床支柱、底座、刀架、齿轮箱、轴承座

（续）

牌　号	类　别	应用举例
HT200	珠光体灰铸铁	适用于承受较大负荷的零件，如机床床身、立柱、汽车缸体、缸盖、轮毂、联轴器、油缸、齿轮、飞轮
HT250		
HT300	孕育铸铁	适用于承受较高负荷的重要零件，如齿轮、凸轮、大型发动机曲轴、缸体、缸套、缸盖、高压油缸、阀体、泵体
HT350		

注：灰铸铁是根据强度分级的，一般采用 ϕ30mm 铸造试棒，切削加工后进行测定。

四、灰铸铁的热处理

热处理只能改变铸铁的基体组织，不能改变石墨的形状和分布，但是可以消除铸件的内应力，消除白口组织和提高铸件表面的耐磨性。

常用的热处理工艺有以下三种：

1. 去应力退火

铸件在冷却过程中，由于各部位的收缩和组织转变速度的不同，使铸件内部存在不同程度的内应力，容易使铸件发生变形甚至开裂。因此铸件在切削加工前要进行一次去应力退火，也称为人工时效处理。其典型的时效处理工艺曲线如图 6-3 所示。

2. 表面淬火

为提高铸件的表面硬度和耐磨性，在机加工后可以用快速加热的方法对铸铁表面进行淬火处理，如机床导轨、缸体内壁。淬火后表面的硬度可达 50 ~ 55HRC，得到的铸铁表面组织为马氏体 + 石墨。表面淬火的方法有感应淬火、火焰淬火和接触电阻加热淬火等。

3. 软化退火

铸件上的薄壁处或表层，由于冷却速度快，常出现白口组织，给切削加工带来困难。为了消除自由渗碳体，降低硬度，改善铸件的切削加工性能和力学性能，可以对铸件进行高温退火处理，使渗碳体在高温下分解成铁和石墨。图 6-4 所示为高温石墨化退火热处理的曲线。

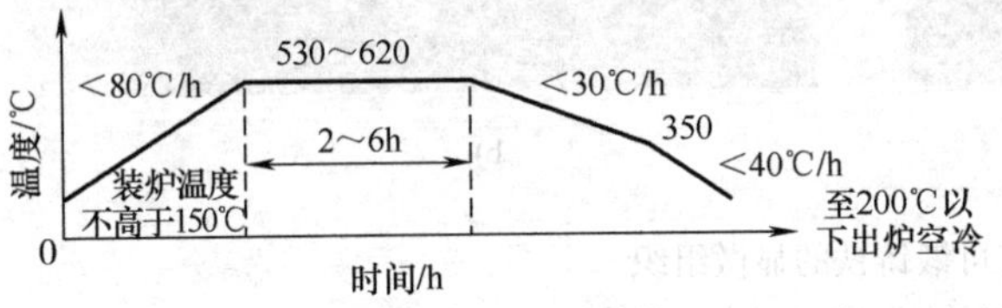

图 6-3　典型的时效处理工艺曲线

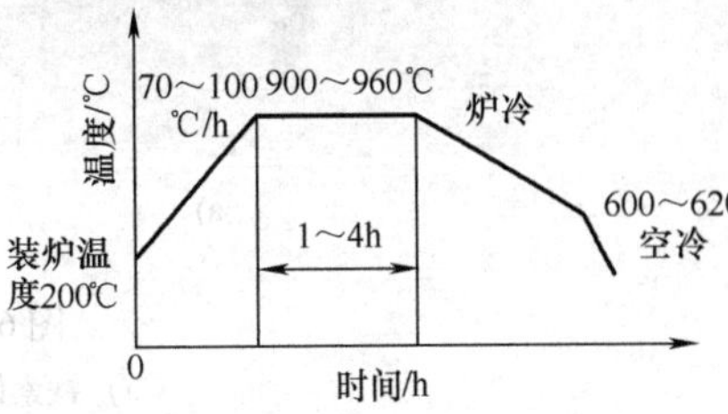

图 6-4　高温石墨化退火热处理曲线

第三节　可锻铸铁的性能与用途

可锻铸铁是白口铸铁通过高温长时间的可锻化退火，使渗碳体分解为团絮状石墨的铸铁。因为可锻铸铁具有一定的塑性变形能力，所以称为可锻铸铁，事实上并不可锻。

一、可锻铸铁的生产过程

可锻铸铁的生产过程是：①先浇注成白口铸铁的铸件毛坯；②对白口铸铁毛坯进行热处理，这里将白口铸件毛坯经高温长时间可锻化退火，使渗碳体分解出团絮状石墨。

二、可锻铸铁的成分、组织和性能

1. 可锻铸铁的化学成分

可锻铸铁的化学成分一般为 $w_C=2.2\%\sim2.8\%$，$w_{Si}=1.0\%\sim1.8\%$，$w_{Mn}=0.4\%\sim1.2\%$，$w_P<0.2\%$，$w_S<0.18\%$。

2. 可锻铸铁的组织

根据对白口铸铁的毛坯热处理时工艺的不同，可得到以下两种可锻铸铁：

（1）铁素体可锻铸铁　铁素体可锻铸铁是由白口铸铁经长时间可锻化退火而制成的。白口铸铁中的渗碳体在退火过程中完全石墨化，退火后的组织为铁素体上分布着团絮状石墨，称为铁素体可锻铸铁。因其断口呈暗灰色，故又称为黑心可锻铸铁。

（2）珠光体可锻铸铁　如果冷却速度较快共析渗碳体来不及分解，则退火组织为珠光体上分布着团絮状石墨，称为珠光体可锻铸铁。

图 6-5 所示为可锻铸铁的显微组织。

3. 可锻铸铁的性能

由于石墨呈团絮状，减轻了石墨对金属基体的割裂作用和应力集中，因而可锻铸铁相对于灰铸铁有较高的强度、塑性和韧性。可锻铸铁的基体组织不同，其性能也不同，黑心可锻铸铁具有一定的强度、塑性与韧性。

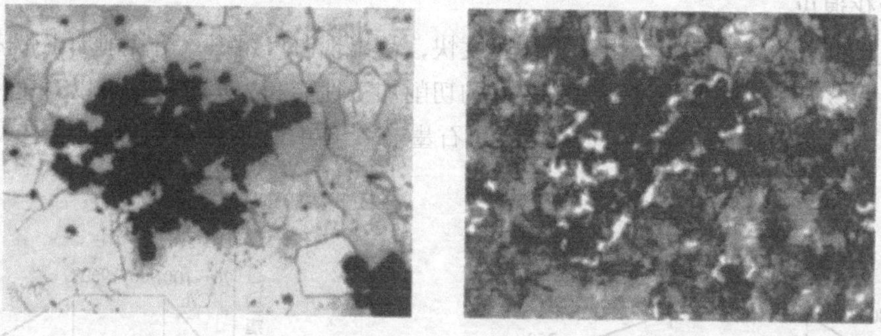

a)　　b)

图 6-5　可锻铸铁的显微组织

a）铁素体可锻铸铁　b）珠光体可锻铸铁

三、可锻铸铁的牌号及用途

可锻铸铁的牌号由三个字母及后面两组数字组成，前两个为“KT”，分别是“可”、“铁”两个字汉语拼音首字母；第三个字母代表可锻铸铁的类别；后面两组数字分别代表最低抗拉强度和断后伸长率的数值。如 KTH300-06 表示最低抗拉强度为 300MPa，断后伸长率为 6% 的黑心可锻铸铁；KTZ450-06 表示最低抗拉强度为 450MPa，断后伸长率为 6% 的珠光体可锻铸铁。表6-2列出了可锻铸铁的部分牌号、力学性能及应用。

表6-2　可锻铸铁的部分牌号、力学性能及应用

类型	牌号	R_m/MPa	A（%）	HBW	应用举例
黑心可锻铸铁	KTH330-08	≥330	≥8	≤150	汽车和拖拉机的后桥外壳、转向机构、弹簧钢板支座等，低压阀门、管接头、扳手、铁道扣板和农具等
	KTH370-12	≥370	≥12		
珠光体可锻铸铁	KTZ550-04	≥550	≥4	180～230	曲轴、连杆、齿轮、凸轮轴、摇臂、活塞环等

可锻铸铁具有铁液处理简单、质量稳定、容易组织流水线生产、低温韧性好等优点，广泛应用于汽车、拖拉机制造行业，常用来制造形状复杂、承受冲击载荷的薄壁、中小型零件。

第四节　球墨铸铁的性能与用途

球墨铸铁是指在浇注前向含有灰铸铁成分的铁液中加入少量的球化剂和孕育剂，使石墨呈球状析出的铸铁。

一、球墨铸铁的生产过程

在铁液浇注前加入少量的球化剂（如纯镁、镁合金、稀土硅铁镁合金）及孕育剂，使石墨以球状析出，这一过程也称为球化处理。

二、球墨铸铁的成分、组织和性能

1. 球墨铸铁的化学成分

球墨铸铁的化学成分一般为 $w_C=3.6\%\sim4.0\%$，$w_{Si}=2.0\%\sim3.2\%$，$w_{Mn}=0.6\%\sim0.9\%$，$w_P<0.1\%$，$w_S<0.07\%$，$w_{Mg}=0.03\%\sim0.05\%$，$w_{RE}<0.05\%$。为了提高球墨铸铁的力学性能，改善热处理效果，有时在球墨铸铁中还常加入钼（质量分数为0.3%～0.5%）、铜（质量分数为0.2%～0.6%）、钒（质量分数为0.1%左右）等合金元素。球墨铸铁中铁液的硫含量越高，铁液中剩余的球化剂就越少，球化率就越低，甚至不能球化。所以球墨铸铁原铁液中的硫含量越少越好，质量分数最好控制在0.05%以下。

2. 球墨铸铁的组织

根据基体组织不同，球墨铸铁可分为铁素体球墨铸铁、铁素体-珠光体球墨铸铁和珠光体球墨铸铁三种，其显微组织如图6-6所示。

3. 球墨铸铁的性能

球状石墨对基体的割裂作用最小，所造成的应力集中现象也明显下降，这就使球墨铸铁的抗拉强度、塑性、韧性、疲劳强度高于其他铸铁，而且可与相应组织的铸钢相比。

球墨铸铁还具有良好的铸造性能、减摩性能、减振性能、切削加工性能和热处理工艺性能。

三、球墨铸铁的牌号及用途

球墨铸铁的牌号由“球铁”两个字汉语拼音的首字母“QT”及两组数字组成，两组数

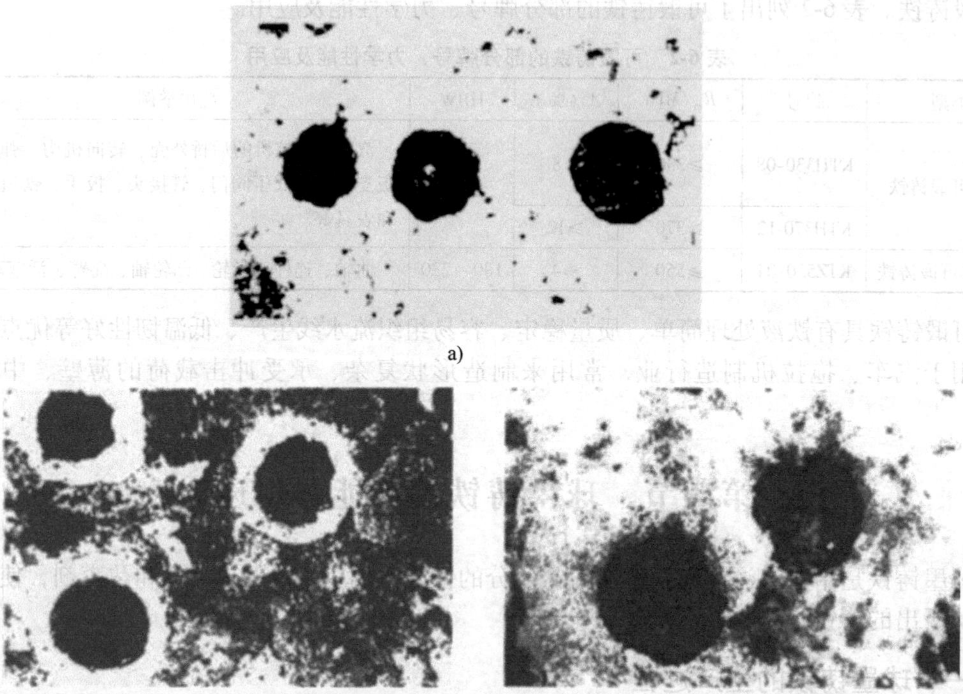

a)

b) c)

图 6-6 球墨铸铁的显微组织

a）铁素体球墨铸铁 b）铁素体-珠光体球墨铸铁 c）珠光体球墨铸铁

字分别代表其最低抗拉强度和断后伸长率。如 QT400-18 表示最低抗拉强度为 400MPa，断后伸长率为 18% 的球墨铸铁。表 6-3 列出了球墨铸铁的牌号、力学性能和应用。

表 6-3 球墨铸铁的牌号、力学性能和应用

牌号	R_m/MPa	$R_{p0.2}$/MPa	A（%）	HBW	用途
	不小于				
QT400-18	400	250	18	130～180	汽车轮毂、驱动桥壳体、差速器壳体、离合器壳、拨叉、阀体、阀盖
QT400-15	400	250	15	130～180	
QT450-10	450	310	10	160～210	
QT500-7	500	320	7	170～230	内燃机的机油泵齿轮、铁路车辆轴瓦、飞轮
QT600-3	600	370	3	190～270	柴油机曲轴，轻型柴油机凸轮轴，连杆，气缸套，进排气门座；磨床、铣床、车床主轴，矿车车轮
QT700-2	700	420	2	225～305	
QT800-2	800	480	2	245～335	
QT900-2	900	600	2	280～360	汽车锥齿轮、万向节、传动轴，内燃机曲轴、凸轮轴

球墨铸铁具有良好的力学性能和工艺性能，并能通过热处理使其力学性能在较大范围内变化，因此可以代替碳素铸钢、合金铸钢和可锻铸铁来制造一些形状复杂，强度、硬度、韧性和耐磨性要求较高的零件，如内燃机曲轴、凸轮轴、连杆、减速箱齿轮及轧钢机轧辊等。

四、球墨铸铁的热处理

球墨铸铁的力学性能与其金属基体组织的类型和球状石墨的大小及分布有关，球墨铸铁中的球状石墨直径越小越分散，力学性能越好。所以通过热处理改变球墨铸铁的基体组织，对提高其力学性能有重要作用。常用的热处理工艺有：

1. 退火

退火的目的是为了得到铁素体基体的球墨铸铁，提高球墨铸铁的塑性和韧性，改善切削加工性能，消除内应力。

2. 正火

正火的目的是为了得到珠光体基体的球墨铸铁，从而提高其强度和耐磨性。

3. 调质

调质的目的是为了获得回火索氏体基体的球墨铸铁，从而提高球墨铸铁的强度、硬度和耐磨性。

4. 等温淬火

等温淬火是为了得到下贝氏体基体的球墨铸铁，从而获得高硬度、高强度、高韧性的综合性能。一般用于要求综合力学性能较好而外形又较复杂，热处理容易变形和开裂的零件，如凸轮轴、齿轮及滚动轴承套等。

第五节 蠕墨铸铁的性能与用途

蠕墨铸铁是20世纪60年代发展起来的新型铸铁，是在铁液中加入一定量的蠕化剂（如稀土合金、稀土硅铁合金或稀土镁钙合金等），使得石墨形态呈蠕虫状（介于片状与球状之间）后形成的铸铁。图6-7所示为铁素体蠕墨铸铁的显微组织。

一、蠕墨铸铁的成分、组织和性能

1. 蠕墨铸铁的化学成分

蠕墨铸铁的成分一般为 $w_C = 3.5\% \sim 3.9\%$，$w_{Si} = 2.1\% \sim 2.8\%$，$w_{Mn} = 0.4\% \sim 0.8\%$，$w_P < 0.1\%$，$w_S < 0.1\%$。蠕墨铸铁在铸态时的铁素体质量分数为50%或更高，加入稳定元素（如Cu、Ni、Sn）后，珠光体质量分数可提高到70%左右，若再经过正火处理，珠光体质量分数可达90%～95%。

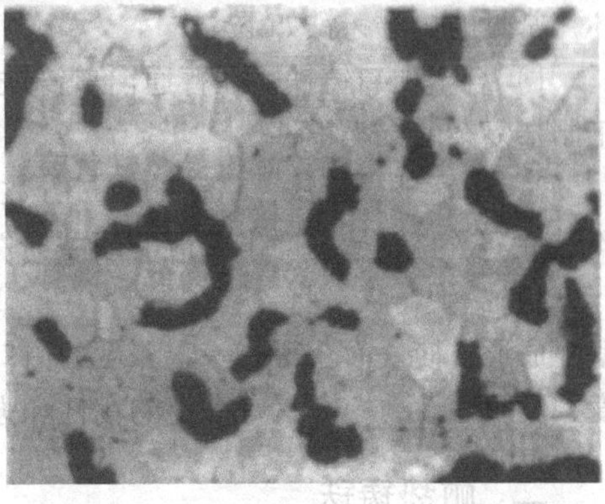

图6-7 铁素体蠕墨铸铁的显微组织

2. 蠕墨铸铁的组织

蠕墨铸铁的组织是蠕虫状石墨分布在各种基体上，石墨呈短小的蠕虫状，头部较圆，形状介于片状和球状之间，如图6-7所示。

蠕墨铸铁的显微组织有三种类型：铁素体蠕墨铸铁、铁素体+珠光体蠕墨铸铁和珠光体蠕墨铸铁。

3. 蠕墨铸铁的性能

蠕墨铸铁是一种综合性能良好的铸铁。其力学性能介于灰铸铁与球墨铸铁之间，抗拉强度、断后伸长率、疲劳极限比灰铸铁高，接近于铁素体球墨铸铁。蠕墨铸铁的导热性能、切削加工性能、铸造性能、减振性能和耐磨性能比球墨铸铁高。

二、蠕墨铸铁的牌号及用途

蠕墨铸铁的牌号用“蠕铁”二字的汉语拼音字首“RuT”加最小抗拉强度表示。如RuT340表示最小抗拉强度为340MPa的蠕墨铸铁。

蠕墨铸铁广泛应用于机械制造业，如制造大功率柴油机气缸盖、气缸套、电动机外壳、制动鼓、阀体、机床床身、起重机卷筒、钢锭模等零件。

第六节　合金铸铁的性能与用途

合金铸铁是在铸铁中加入铬、钼、铜、钒、铝等合金元素，从而改善铸铁的物理、化学和力学性能，如耐磨性、耐蚀性和耐热性等。

一、耐磨铸铁

不易磨损的铸铁称为耐磨铸铁。按其工作条件分为减摩铸铁和抗磨铸铁两种。

1. 减摩铸铁

减摩铸铁是在有润滑剂、受粘着磨损条件下工作的。

减摩铸铁在工作时不仅要求磨损少，而且还要有较小的摩擦因数、较高的导热性以及良好的加工性。常见的减摩铸铁如下：

1）磷铸铁：主要用作车床、铣床、镗床的床身及工作台。

2）铬钼铜铸铁：主要用于制造汽车、拖拉机的气缸套及活塞环等零件，以及精密机床零件。

2. 抗磨铸铁

抗磨铸铁是指在无润滑、干摩擦条件下工作的耐磨铸铁。它受到的磨损比较严重，承受的载荷也比较大，要求铸件的硬度高，组织均匀。

常见的抗磨铸铁如下：

1）合金白口铸铁：在普通白口铸铁的基础上加入少量的铬、钼、铜、钒、硼等。常用于制造复杂的泵类零件。

2）中锰球墨铸铁：将锰的质量分数提高到5%～9%，增加奥氏体的稳定性，也提高了淬透性。适宜制造受冲击载荷的耐磨损件，如农机上的犁铧、拖拉机上的履带板等。

3）冷硬铸铁：将含有少量B、Cr、Mo、Ni等元素的低合金铁液，注入放有冷铁的金属型中成形，使表面获得有一定深度的白口层，而内部为灰铸铁的冷硬铸铁。其表面具有高硬度、高耐磨性，心部具有一定的韧性和强度，主要用于制造冶金轧辊、发动机凸轮等。

二、耐热铸铁

能在高温下使用，抗氧化与抗生长性能符合使用要求的铸铁称为耐热铸铁。

提高铸铁耐热性的方法有两种，即加入合金元素和提高铸铁的相变点。

1）加入合金元素。在铸铁中加入硅、铝、铬等合金元素，使铸件表面形成一层致密的 SiO_2、Al_2O_3、Cr_2O_3 氧化膜，保护内层组织不被继续氧化。

2）提高铸铁的相变点。使基体组织为单相铁素体组织，不会发生石墨化过程，因而能提高铁素体的耐热性。

耐热铸铁主要用于制造工业加热炉附件，如炉底板、烟道挡板、传递链构件、渗碳坩埚等。

三、耐蚀铸铁

耐化学、电化学腐蚀的铸铁称为耐蚀铸铁。这类铸铁不仅具有一定的力学性能，而且在酸、碱条件下有耐腐蚀的能力。为了提高铸铁的耐腐蚀能力，一是在铸铁中加入硅、铝、铬等元素，使铸件表面形成连续、致密、牢固的保护膜；二是可以加入铬、镍、铜、钼等元素，提高铸铁基体的电极电位，降低原电池的电动势，从而提高铸铁的耐电化学腐蚀能力。

常用的耐蚀铸铁有高硅耐蚀铸铁、高铝耐蚀铸铁和高铬耐蚀铸铁。使用最广泛的是高硅耐蚀铸铁，这类铸铁在硝酸、硫酸中有良好的耐蚀性，广泛用于化工机械中，如制造阀门、管件、耐酸泵等。

本章小结

1. 铸铁是碳质量分数大于 2.11% 的铁碳合金。

2. 灰铸铁中石墨呈片状，可锻铸铁中石墨呈团絮状，球墨铸铁中石墨呈球状，蠕墨铸铁中石墨呈蠕虫状，球状石墨对基体割裂作用最小，性能最好，应用较广。

3. 合金铸铁是在铸铁中加入合金元素，使铸铁具有耐磨、耐热、耐腐蚀的性能特点。

复习思考题

1. 什么是铸铁？它与钢相比有什么优缺点？
2. 根据铸铁中石墨形态的不同，铸铁可以分为哪几种？
3. 什么是孕育处理？目的是什么？
4. 为什么灰铸铁的力学性能远不如钢？
5. 灰铸铁的热处理工艺有哪些？其目的分别是什么？
6. 可锻铸铁是怎样形成的？
7. 球墨铸铁常用的热处理工艺有哪些？其目的分别是什么？
8. 为什么球墨铸铁的强度和韧性比灰铸铁和可锻铸铁高？
9. 请说明下面牌号分别表示什么铸铁？其意义分别是什么？

HT200、HT350 、KTH300-6、KTZ550-04、QT450-10、QT800-2

第七章　有色金属及硬质合金

【基本要求】

掌握铝及铝合金、铜及铜合金、钛及钛合金、滑动轴承合金、硬质合金的种类、牌号、性能特点、强化方法及应用。

【重点和难点】

1. 铝合金的种类、性能特点及应用。
2. 铜合金的种类、性能特点及应用。
3. 轴承合金的种类、性能特点及应用。
4. 硬质合金的种类、性能特点及应用。

有色金属及其合金又称非铁金属，是指除铁、铬、锰之外的其他所有金属材料。有色金属根据密度的大小分为轻有色金属（密度小于 3.5g/cm^3 的铝、镁、铍等）和重有色金属（密度大于 3.5g/cm^3 的铜、镍、铅等）。同黑色金属比，有色金属具有某些特殊的物理、化学性能，广泛用于机械制造、航空、航海、化工、电器等部门，但有色金属的冶炼工艺较复杂、成本较高，所以使用量不如黑色金属。

生产上常用的有色金属有：铝及铝合金、铜及铜合金、钛及钛合金和轴承合金等。

第一节　铝及铝合金

铝及铝合金的使用量仅次于钢铁，居有色金属的首位，其最大特点是质量轻、比强度和比刚度高，导热导电性能好，耐蚀性好，广泛用于食品、电力和飞机制造业，是航空工业的主要材料。

一、工业纯铝

工业上使用的纯铝中，铝的质量分数一般为 99.97%～98%，纯铝呈银白色，密度小（2.7g/cm^3），熔点为 660℃。铝是面心立方晶格，无同素异构转变。纯铝具有如下优良性能：

1）密度为 2.7g/cm^3，是一种轻型金属。

2）导电、导热性好，仅次于铜、银、金。

3）具有较好的耐大气腐蚀性能（纯铝表面可形成一层致密的氧化膜）。

4）具有较好的工艺性能。铝的塑性很好，可以冷热变形加工，还可以通过热处理强化，提高铝的强度。

纯铝的强度很低，不能作受力大的结构件，可通过配制铝合金来提高强度。

工业纯铝的牌号用 1××× 四位数字＋字符来表示，牌号的最后两位数表示铝的质量分数的最低值，如 1070A、1060、1050A、1035 等（化学成分相当于旧牌号 L1、L2、L3、

L4），数字越大，表示杂质含量越高。

工业纯铝的牌号、化学成分和用途见表 7-1。

表 7-1　工业纯铝的牌号、化学成分和用途

牌　号	化学成分（质量分数）（%）		用　途
	Al	杂质总质量分数	
1070A	99.7	0.3	垫片、电容、电子管隔离罩、电缆、导电体和装饰件
1060	99.6	0.4	
1050A	99.5	0.5	
1035	99.0	1.00	
1200	99.0	1.00	不受力而具有某种特性的零件，如电线保护导管、通信系统的零件、垫片和装饰件

二、铝合金

纯铝强度很低（$R_m = 80 \sim 100\text{MPa}$），不宜制作承受载荷的结构件。为了提高纯铝的强度，加入适量的硅、铜、镁、锌、锰等合金元素，形成铝合金，再经过冷变形和热处理后，强度明显提高（$R_m = 500 \sim 600\text{MPa}$）。

1. 铝合金的分类

根据铝合金的成分和工艺特点不同，将铝合金分为变形铝合金和铸造铝合金。

（1）变形铝合金　如图 7-1 所示，成分位于铝合金相图的 D 点左边的合金加热到固溶线以上时，便可得到均匀的单相固溶体，其塑性变形能力很好，适于压力加工，因此这种铝合金称为变形铝合金。

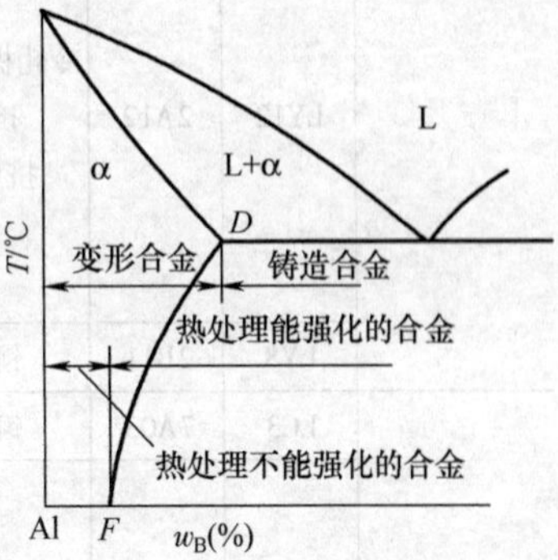

图 7-1　铝合金分类示意图

根据强化特点不同，变形铝合金可分为两类：可热处理强化的变形铝合金（F—D 之间的铝合金）和不可热处理强化的变形铝合金（F 点以左的铝合金）。可热处理强化的变形铝合金的 α 固溶体中，溶质 B 的含量将随温度的变化而变化，这类铝合金可以通过热处理强化其性能；不可热处理强化的变形铝合金，其金属基体组织在冷却时不随温度变化而变化，故不能用热处理强化。变形铝合金分为防锈铝合金（LF）、硬铝合金（LY）、超硬铝合金（LC）、锻造铝合金（LD）四类，不可热处理强化的变形铝合金有防锈铝合金，可热处理强化的变形铝合金有硬铝合金、超硬铝合金和锻造铝合金。GB/T 3190—2008《变形铝及铝合金化学成分》规定了新的牌号，新旧变形铝合金的牌号、力学性能及用途见表 7-2。

1）防锈铝合金。防锈铝合金属于铝-锰系或铝-镁系合金，铝-锰系合金牌号用 3××× 表示，铝-镁系合金牌号用 5××× 表示。常用的有 3A21、5A02 等，A 表示原始纯铝，后两位为序号。防锈铝合金不能热处理强化，常采用冷变形方法强化。主要合金元素有锰、镁，锰的作用是固溶强化和提高耐蚀性，镁的作用是固溶强化和降低合金密度。这类合金具有适中的强度、优良的塑性和良好的焊接性能，并具有很好的耐蚀性，常用于制造油罐、各式容器等。

表 7-2　常用变形铝合金的牌号、力学性能和用途

类别	原牌号	新牌号	半成品种类	状态①	力学性能		用途举例
					R_m/MPa	A（%）	
防锈铝合金	LF2	5A02	冷轧板材	O	167～226	16～18	在液体中工作的中等强度的焊接件、冷冲压件和容器、骨架零件等
			热轧板材	H112	117～157	7～6	
			挤压板材	O	≤226	10	
	LF21	3A21	冷轧板材	O	98～147	18～20	要求高的可塑性和良好的焊接性，在液体或气体介质中工作的低载荷零件，如油箱、油管、液体容器、饮料罐等
			热轧板材	H112	108～118	15～20	
			挤制厚壁管材	H112	≤167	—	
硬铝合金	LY11	2A11	冷轧板材（包铝）	O	226～235	12	用作各种要求中等强度的零件和构件、冲压的连接部位、空气螺旋桨叶片、局部镦粗的零件（如螺栓、铆钉）
			挤压棒材	T4	353～373	10～12	
			挤压制管材	O	≤245	10	
	LY12	2A12	冷轧板材（包铝）	T4	407～427	10～13	用量最大，用作各种要求高载荷的零件和构件（但不包括冲压件和锻件），如飞机上的骨架零件、蒙皮、翼梁、铆钉等在150℃以下工作的零件
			挤压棒材	T4	255～275	8～12	
			挤压制管材	O	≤245	10	
	LY8	2B11	铆钉线材	T4	225	—	主要用作铆钉材料
	LC3	7A03	铆钉线材	T6	284	—	受力结构的铆钉
超硬铝合金	LC4 LC9	7A04 7A09	挤压棒材	T6	490～510	5～7	用作受力构件和高载荷零件，如飞机上的大梁、桁条、加强框、蒙皮、翼肋、起落架零件等，通常多用于取代2A12
			冷轧板材	O	≤240	10	
			热轧板材	T6	490	3～6	
锻铝合金	LD5	2A50	挤压棒材	T6	353	12	用作形状复杂和中等强度的锻件和冲压件，内燃机活塞、压气机叶片、叶轮、圆盘以及其他在高温下工作的复杂锻件。2A70耐热性好
	LD7	2A70	挤压棒材	T6	353	8	
	LD8	2A80	挤压棒材	T6	441～432	8～10	
	LD10	2A14	热轧板材	T6	432	5	高负荷和形状简单的锻件和模锻件

① 状态符号采用 GB/T 16475—2008 规定代号：O—退火，T4—固溶热处理 + 自然时效，T6—固溶热处理 + 人工时效，H112—热加工。

2）硬铝合金。硬铝合金属于铝-铜-镁系合金，牌号用2×××表示，如2A11、2A12（原牌号是LY11、LY12）。

3）超硬铝合金。超硬铝合金属于铝-铜-镁-锌系合金，牌号用7×××表示，如7A04、7A09（原牌号是LC4、LC9）。

4）锻造铝合金。锻造铝合金属于铝-铜-镁-硅系合金，牌号用2×××表示，如2A50、2A70（原牌号是LD5、LD7）。

硬铝合金、超硬铝合金、锻造铝合金属于能热处理强化的铝合金。铝中加入铜、镁、锌是为了得到热处理强化所必需的溶质组元和第二相。经固溶、时效后，这些合金的强度较高，其中超硬铝合金的强化效果最突出。此类铝合金具有良好的热塑性，适用于热压力加工制造零件，一般在锻造后再热处理，有较好的力学性能，但有晶间腐蚀倾向。

（2）铸造铝合金　成分在*D*点右边的铝合金为铸造铝合金。由于有共晶组织存在，它具有良好的铸造性、耐蚀性和可加工性，可铸成形状复杂的铸件，并可通过热处理改善铸件的力学性能，但其压力加工性能很差，故不适于压力加工。

根据主加合金元素的不同，铸造铝合金分为四大类，即Al-Si系、Al-Cu系、Al-Mg系和Al-Zn系，其牌号用“铸”“铝”二字的汉语拼音首字母“ZL”加三位数字表示，第一位数字代表合金系列，例如，1表示Al-Si系，2表示Al-Cu系，3表示Al-Mg系，4表示Al-Zn系，后两位数字为顺序号。表7-3列出了常用铸造铝合金的牌号、化学成分、力学性能和用途。

表7-3　常用铸造铝合金的牌号、化学成分、力学性能和用途

合金代号	化学成分（质量分数）（%）				铸造方法与合金状态	力学性能（不低于）			用　途
	Si	Cu	Mg	其他		R_m/MPa	*A*（%）	HBW	
ZL101	6.5～7.5		0.25～0.45		J，T5 S，T5	205 195	2 2	60 60	飞机、仪器上零件，工作温度<185℃的汽化器
ZL102	10.0～13.0				J，F SB，F SB，T2	155 145 135	2 4 4	50 50 50	仪表、抽水机壳体，承受低载荷、工作温度<200℃的气密性零件
ZL105	4.5～5.5	1.0～1.5	0.4～0.6		J，T5 S，T5 S，T6	235 195 225	0.5 1.0 0.5	70 70 70	形状复杂、在<225℃下工作的零件，如冷风发动机的气缸头、油泵体、机匣
ZL108	11.0～13.0	1.0～2.0	0.4～1.0	Mn0.3～0.9	J，T1 J，T6	195 255	— —	85 90	要求高温强度及低膨胀系数的零件，如高速内燃机活塞、耐热零件
ZL201		4.5～5.3		Mn0.6～1.0 Ti0.15～0.3	S，T4 S，T5	295 335	8 4	70 90	在175～300℃以下工作的零件，如内燃机气缸、活塞、支臂

（续）

合金代号	化学成分（质量分数）（%）				铸造方法与合金状态	力学性能（不低于）			用　途
	Si	Cu	Mg	其他		R_m/MPa	A（%）	HBW	
ZL301			9.0～11.5		J，S，T4	280	10	60	工作温度＜150℃的在大气或海水中工作，承受大振动载荷的零件
ZL401	6.0～8.0		0.1～0.3	Zn9.0～13.0	J，T1 S，T1	245 195	1.5 2	90 80	工作温度＜200℃，形状复杂的汽车、飞机零件

注：铸造方法与合金状态的符号：J—金属型铸造；S—砂型铸造；B—变质处理；T1—人工时效（不进行淬火）；T2—290℃退火；T4—固溶＋自然时效；T5—固溶＋不完全时效（时效温度低或时间短）；T6—固溶＋人工时效（180℃下，时间较长）。

2. 铝合金的热处理特点

因为纯铝无同素异构转变，所以，铝合金的热处理与钢不同，铝合金是通过固溶时效处理来提高强度、硬度和其他性能的。

（1）固溶处理　图7-1所示的铝合金相图中，将B溶质含量在D—F之间的铝合金加热到α相区，保温适当时间后迅速水冷，使第二相来不及析出，在室温下获得过饱和的α固溶体组织。

（2）时效　淬火得到的过饱和α固溶体，其组织是不稳定的，若在室温下放置或低温加热，有分解出强化相并过渡到稳定状态的倾向，使铝合金的强度和硬度明显提高，这种现象称为时效。在室温下进行的时效称为自然时效，在加热条件下进行的时效称为人工时效。例如，铜质量分数为4%并有少量的镁、锰元素的铝合金，经固溶处理后获得过饱和的α固溶体，经时效处理后，其强度从处理前的180～200MPa提高到400MPa。图7-2为其自然时效曲线。

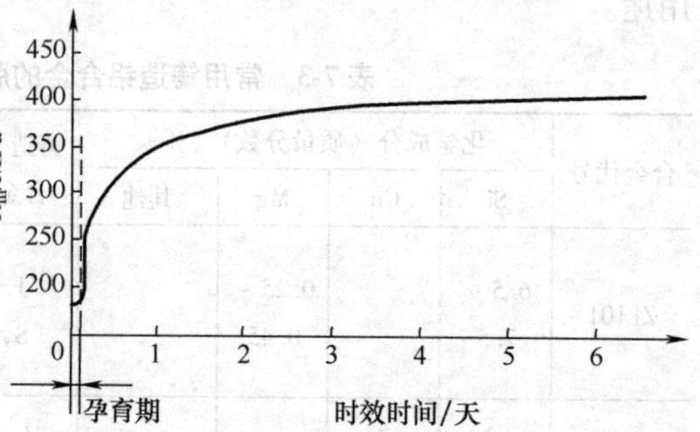

图7-2　含铜4%的铝合金自然时效曲线

由图7-2可知，自然时效在最初一段时间（2h）内，铝合金的强度变化不大，这段时间为孕育期。在这段时间内，铝合金的塑性较好，可进行冷加工（如铆接、弯形等），随着时间的延长，铝合金才逐渐强化。

第二节　铜及铜合金

一、纯铜

纯铜呈玫瑰红色，表面氧化后呈紫色，故俗称紫铜。纯铜的密度为8.96×10^3kg/m^3，熔点为1083℃，具有面心立方晶格，无同素异构转变。具有良好的导电、导热性能，塑性极好，适于冷、热压力加工，但强度及硬度较低，不能作受力大的结构件。

纯铜的化学稳定性好，在大气及淡水中有良好的耐蚀性能。

工业纯铜中的杂质主要是铅、铋、氧、硫、磷等，它们对铜的力学性能有很大的影响，尤其是铅和铋的危害最大，容易造成热脆；硫和氧容易造成冷脆。铜经轧制和退火后的力学性能为：$R_m = 200 \sim 250\text{MPa}$，$A = 45\% \sim 50\%$，硬度为 100～120HBW。常用冷加工的方法制造电线、电缆、电子元件、导热器件、铜管及配制铜合金等。

按杂质含量的多少，工业纯铜可分为 T1、T2、T3、T4 四个牌号，后面的数字越大，纯铜的纯度越低，如 T1（$w_{Cu} = 99.95\%$）、T2（$w_{Cu} = 99.90\%$）、T3（$w_{Cu} = 99.70\%$）。

按照化学成分的不同，铜加工产品可分为纯铜和无氧铜两类，铜加工产品的部分牌号、化学成分和用途见表 7-4。

表 7-4 铜加工产品的部分牌号、化学成分和用途

组别	牌号	化学成分（质量分数）（%）				用途
		Cu(不小于)	杂质		杂质总量	
			Bi	Pb		
纯铜	T1	99.95	0.001	0.003	0.05	导电、导热、耐蚀器具材料，如电线、蒸发器、雷管、储藏器
	T2	99.90	0.001	0.005	0.1	
	T3	99.70	0.002	0.01	0.3	一般用铜材，如电气开关、管道、铆钉
无氧铜	TU1	99.97	0.001	0.003	0.03	电真空器件、高导电性导线
	TU2	99.95	0.001	0.004	0.05	

二、铜合金

纯铜强度较低，不宜直接用作结构材料，常加入合金元素配制成铜合金来改善其性能，根据铜合金表面的颜色不同，铜合金分为黄铜、青铜和白铜三种。

1. 黄铜

黄铜是以锌为主加元素的铜合金，加锌后呈金黄色，故称为黄铜。按照化学成分不同，分为普通黄铜和特殊黄铜；按加工方法不同，分为加工黄铜和铸造黄铜。

（1）普通黄铜　普通黄铜是铜和锌组成的二元合金。普通黄铜分为单相黄铜和双相黄铜。当锌的质量分数小于 39% 时，锌全部溶于铜中，形成 α 固溶体，即单相黄铜，其塑性很好，适于冷热变形加工，普通黄铜对海水和大气有优良的耐蚀性；锌的质量分数在 39%～46% 范围内的黄铜，室温下的显微组织由（α＋β）两相组成，称为（α＋β）黄铜（双相黄铜）；锌的质量分数超过 46% 的黄铜，室温下的显微组织仅由 β 相组成，称为 β 黄铜，其强度高，热状态下塑性良好，适于热变形加工。锌含量对黄铜力学性能的影响如图 7-3所示。

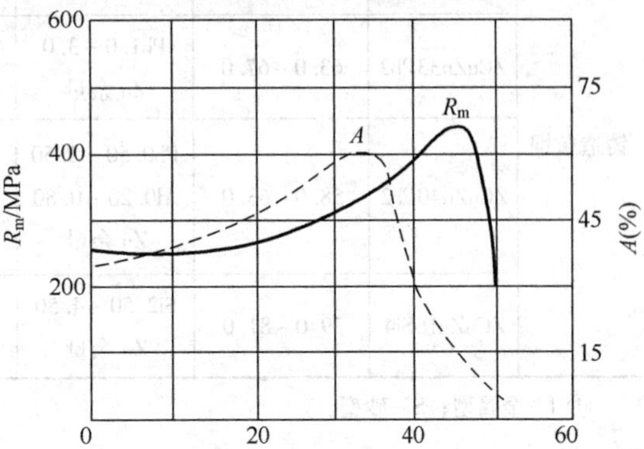

图 7-3 锌含量对黄铜力学性能的影响

当锌质量分数在32%以下时，随着锌质量分数的增加，黄铜的强度和塑性不断提高，锌质量分数达到30%～32%时，黄铜的塑性最好。锌质量分数超过39%以后，就出现了β相，强度继续升高，但是塑性继续下降。当锌质量分数大于45%以后，强度也开始迅速下降，已经没有实用价值。

普通黄铜的牌号用“H”＋数字来表示。其中“H”表示普通黄铜的“黄”字汉语拼音首字母，数字表示铜的平均质量分数。表7-5列出了常用黄铜的牌号、化学成分、力学性能及用途。

表7-5 常用黄铜的牌号、化学成分、力学性能及用途

类别	代号	化学成分（质量分数）（%）		力学性能				用途
		Cu	其他	铸造方法①	R_m/MPa	A（%）	HBW	
普通黄铜	H70	69.0～72.0	Zn余量		660	3	150	弹壳、机械及电器零件
	H62	60.5～63.5	Zn余量		500	3	164	螺母、垫圈、散热器
	H59	57.0～60.0	Zn余量		500	10	103	热轧及热压零件同上
特殊黄铜	HPb59-1	57.0～60.0	Pb0.8～1.90 Zn余量		650	16	140	销子、螺钉等冲压或加工件
	HAl59-3-2	57.0～60.0	Al2.5～3.5 Ni2.0～3.0 Zn余量		650	15	150	船舶、化工机械等常温下工作的高强度耐蚀零件
	HMn58-2	57.0～60.0	Mn1.0～1.20 Zn余量		700	10	175	船舶零件及轴承等耐磨零件
铸造黄铜	ZCuZn38	60.0～63.0	Zn余量	S J	295 295	30 30	590 685	机械、热轧制零件
	ZCuZn33Pb2	63.0～67.0	Pb1.0～3.0 Zn余量	S	180	70	490	
	ZCuZn40Pb2	58.0～63.0	Pb0.50～2.50 Al0.20～0.80 Zn余量	S J	220 280	150 20	785 885	制作化学稳定的零件
	ZCuZn16Si4	79.0～81.0	Si2.50～4.50 Zn余量	S J	345 390	15 20	885 980	轴承、轴套

① J—金属型；S—砂型。

铸造黄铜的代号由“ZCu”＋主加元素的元素符号＋主加元素的含量＋其他加入元素的元素符号及含量组成。如ZCuZn38表示锌质量分数为38%的铸造黄铜。

（2）特殊黄铜　特殊黄铜是在普通黄铜中加入其他合金元素组成的铜合金。特殊黄铜中常加入的合金元素有锡、硅、锰、铅和铝等，分别称为锡黄铜、硅黄铜、锰黄铜、铅黄铜和铝黄铜等。

1）锡黄铜。锡能提高黄铜的强度和在海水中的耐蚀性，又称为海军黄铜。

2）硅黄铜。硅能提高黄铜的力学性能、耐磨性和耐蚀性，硅黄铜还具有良好的铸造性能、焊接性能和切削加工性能，主要用于制造船舶及化工零件。

3）锰黄铜。锰能提高黄铜的强度但不降低黄铜的塑性，还能提高对海水及过热蒸气的耐蚀性，用于制造船舶零件及耐磨件。

4）铅黄铜。铅能提高黄铜的耐磨性及改善切削加工性，压力加工铅黄铜用于制造要求具有良好的切削加工性能和耐磨性的零件。

5）铝黄铜。铝能提高黄铜的强度、硬度及在大气中的耐蚀性。铝黄铜可制作海船零件及机器的耐蚀零件。

特殊黄铜的牌号由“H”＋主加元素的元素符号（锌除外）＋铜的质量分数＋主加元素的质量分数组成。例如，HPb59-1 表示铜质量分数为 59%，铅质量分数为 1% 的铅黄铜；HMn58-2 表示铜质量分数为 58%，锰质量分数为 2% 的锰黄铜。

2. 青铜

青铜是人类历史上使用最早的合金材料，因铜与锡的合金呈青黑色而得名。除了黄铜和白铜（铜和镍的合金）以外，所有的铜合金都称为青铜。按照主加元素的种类不同，青铜可分为锡青铜（普通青铜）和特殊青铜两种；按加工方法分为压力加工青铜和铸造青铜两类。

青铜的牌号由“Q”＋主加元素的元素符号及质量分数＋其他加入元素的质量分数组成。例如，QSn4-3 表示锡质量分数为 4%，锌质量分数为 3%，其余为铜的锡青铜；QAl7 表示铝质量分数为 7%，其余为铜的铝青铜。铸造青铜的牌号表示方法与铸造黄铜的牌号表示方法相同，如 ZCuSn10P1。

（1）锡青铜　锡青铜是以锡为主加元素的铜合金，具有较高的强度、硬度和良好的耐蚀性。锡能溶于铜形成 α 固溶体，具有面心立方晶格，有良好的塑性，适于冷热变形加工。

不同含量的锡对青铜力学性能的影响如图 7-4 所示。由图 7-4 可知，当锡的质量分数小于 6% ~7% 时，随着锡质量分数的增加，强度和塑性也增加。当锡质量分数超过 6% ~7% 时，由于组织中出现了硬脆相 δ，δ 相是以电子化合物 Cu_5Sn 为基的固溶体，具有体心立方晶格结构，在常温下是硬脆相。δ 相的出现使锡青铜的塑性急剧下降，但是由于少量的 δ 相的弥散强化作用，强度仍然上升。当锡质量分数大于 20% 时，过多的 δ 相使强度显著下降，塑性极低，合金变得硬而脆，无使用价值。因此，工业上使用锡青铜的锡质量分数一般在 3% ~14% 范围内，锡质量分数小于 7% 的锡青铜适于压力加工，锡质量分数大于 10% 的锡青铜适于铸造。

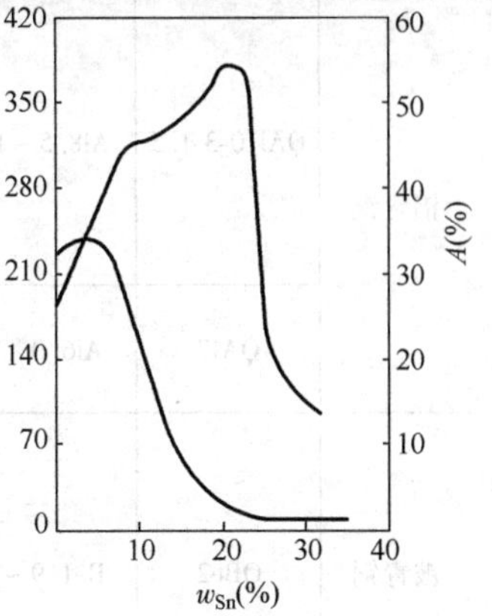

图 7-4　不同含量的锡对青铜力学性能的影响

锡青铜在铸造时，因体积收缩率很小，可铸造形状复杂的铸件，但铸件易形成分散细小的缩孔，使铸件的致密性下降，在高压下容易渗漏，故不适合制造密封性要求高的铸件。

锡青铜在大气及海水中的耐蚀性好，广泛用于制造耐蚀零件。在锡青铜中加入磷、锌、铅等元素，可以改善锡青铜的耐磨性、铸造性及切削加工性，使其性能更好。

（2）铝青铜　铝青铜是以铝为主加元素的铜合金。其特点是价格便宜、色泽美观，具有比黄铜和锡青铜更高的强度、耐蚀性、耐磨性和耐热性，并具有良好的力学性能，还可以通过淬火和回火进一步强化其性能，主要用于铸造承受重载、耐蚀和耐磨的零件，如齿轮、蜗轮和轴套等。

（3）铍青铜　铍青铜是以铍为主加元素的铜合金，铍质量分数为1.7%～2.5%。铍在铜中的溶解度随温度的升高而增大，因此，经淬火加人工时效后可获得较高的强度、硬度、耐蚀性和抗疲劳性，而且还具有良好的导电性和导热性，是一种综合力学性能较好的结构材料，主要用于制造精密仪器、仪表中各种重要的弹性零件、航海罗盘零件和有耐磨性要求的零件，如高级弹簧、膜片等。

（4）硅青铜　硅青铜是以硅为主加元素的铜合金。硅青铜的力学性能比锡青铜好，且价格稍低，并具有良好的铸造性能和冷、热压力加工性能，主要用于制造耐腐蚀、耐磨零件，如弹簧、齿轮、蜗轮、蜗杆，还可用于制造电线、电话线等。常用青铜的牌号、化学成分、力学性能及用途见表7-6。

表7-6　常用青铜的牌号、化学成分、力学性能及用途

类别	代号	化学成分（质量分数）（%）		力学性能				用　途
		第一主加元素	其他	加工状态	R_m/MPa	A（%）	HBW	
锡青铜	QSn6.5-0.4	Sn6.0～7.0	P0.1～0.5 Cu余量	软	400	65	80	精密仪器中的耐磨零件和抗磁元件、弹簧、艺术品
				硬	750	10	180	
	QSn4-3	Sn3.5～4.5	Zn2.7～3.3 Cu余量	软	350	40	60	弹簧、化工机械耐磨零件和抗磁零件
				硬	550	4	160	
铝青铜	QAl10-3-1.5	Al8.5～10.0	Fe2.0～4.0 Mn1.0～2.0 Cu余量	退火	600～700	20～30	125～140	飞机、船舶用高强度、高耐磨性、耐蚀零件，齿轮、轴承
				冷加工	700～900	9～12	60～200	
	QAl7	Al6.0～8.0	Cu余量	退火	470	70	70	重要的弹簧及弹性元件
				冷加工	980	3	154	
铍青铜	QBe2	Be1.9～2.2	Ni0.2～0.5 Cu余量	淬火	500	35	100	重要的弹簧及弹性元件、耐磨零件、高压高速高温轴承、钟表齿轮、罗盘零件
				时效	1250	2～4	330	

（续）

类别	代号	化学成分（质量分数）（%）		力学性能				用　途
		第一主加元素	其他	加工状态	R_m/MPa	A（%）	HBW	
硅青铜	ZQSn10-2	Sn9.0～11.0	Zn1.5～3.5 Cu 余量	S①	200	10	70	阀门、泵体等载荷零件
				J①	250	6	80	
	ZQAl10-3-1.5	Al9.0～11.0	Fe2.0～4.0 Mn1.0～2.0 Cu 余量	S	450	10	110	较高载荷的轴承、轴套和齿轮
				J	500	20	120	
	ZQPb10-10	Pb8.0～11.0	Sn8.0～11.0 Cu 余量	S	150	3	65	冷轧机轴承、中等载荷轴承、双金属耐磨零件、耐酸铸件
				J	200	5	70	

① 铸造：S—砂型；J—金属型。

第三节　钛及钛合金

钛及钛合金是20世纪50年代出现的一种新型结构材料，钛的密度小、比强度高、耐高温、耐腐蚀、低温韧性好，且资源丰富，现已成为航空、航天、化工、造船和国防工业生产中的重要结构材料。

一、钛

纯钛是银白色的金属，密度小（$4.58g/cm^3$），熔点高（1667℃），热膨胀系数小，导热性差。钛有同素异构转变，在882℃以下为α-钛（α-Ti），为密排六方晶格；在882℃以上为β-钛（β-Ti），体心立方晶格。钛的塑性好，强度低，容易加工成形，可制成细丝、薄片；在550℃以下有很好的耐蚀性，不易氧化，在海水和水蒸气中的耐蚀能力比铝合金、不锈钢和镍合金还高。

工业纯钛的力学性能为：抗拉强度 $R_m = 539MPa$，断后伸长率 $A = 25\%$，断面收缩率 $Z = 25\%$，弹性模量 $E = 1.078 \times 10^5 MPa$，硬度195HBW。工业纯钛的牌号、力学性能和用途见表7-7。

表7-7　工业纯钛的牌号、力学性能和用途

牌号	材料状态	力学性能（退火状态）			用　途
		R_m/MPa	A（%）	a_K/（J/cm^2）	
TA1	板材	350～500	30～40	—	航空：飞机骨架、发动机部件 化工：热交换器、泵体、搅拌器 造船：耐海水腐蚀的管道、阀门、泵、柴油发动机活塞、连杆 机械：低于350℃条件下工作且受力较小的零件
	棒材	343	25	80	
TA2	板材	450～600	25～30	—	
	棒材	441	20	75	
TA3	板材	550～700	20～25	—	
	棒材	539	15	50	

工业纯钛的牌号用“T+顺序号”表示，工业纯钛按纯度分为3个等级：TA1、TA2及TA3，序号越大纯度越低。工业纯钛常用于制造在350℃以下工作的低载荷零件，如飞机骨架、发动机部件、耐海水管道及柴油机活塞、连杆等。

二、钛合金

为了提高钛的强度和耐热性能，在钛中加入铝、锡、铜、铬、钼、钒等合金元素形成钛合金。根据合金元素对钛产生强化作用程度的不同，可分为α相稳定元素和β相稳定元素。其中铝、锡等是α相稳定元素，钼、钒等是β相稳定元素。钛合金有以下三种：

1. α型钛合金

由α相固溶体组成的单相合金（牌号为TA加顺序号，如TA5表示5号α型钛合金），不论是在一般温度下还是在较高的实际应用温度下，均是α相，组织稳定，耐磨性高于纯钛，抗氧化能力强。在500～600℃的温度下，仍能保持其强度和抗蠕变性能，但不能进行热处理强化，室温强度不高。典型的α型钛合金是TA7，它在500℃以下使用，多用于制造导弹的燃料罐、超音速飞机涡轮机壳。

2. β型钛合金

由β相固溶体组成的单相合金（牌号为TB加顺序号，如TB2表示2号β型钛合金），未热处理即具有较高的强度，韧性好，有良好的冲压性能。淬火和时效处理后合金得到进一步强化，室温强度可达1372～1666MPa；但热稳定性较差，不宜在高温下使用。典型的β型钛合金是TB1，它在350℃以下使用，多用于制造压气机叶片、轴、轮盘等重载回转件及飞机构件。

3. α+β型钛合金

由α+β双相组成的合金（牌号为TC加顺序号，如TC10表示10号α+β型钛合金），具有良好的综合性能，组织稳定性好，有良好的韧性、塑性和高温变形性，能较好地进行热压力加工，能进行淬火、时效处理使合金得到强化。热处理后的强度比退火状态能提高50%～100%；高温强度高，可在400～500℃的温度下长期工作，其热稳定性次于α型钛合金。α+β型钛合金多用于制造飞机压气机盘和叶片、舰艇耐压壳体及大尺寸锻件等。

常用α型及α+β型钛合金的牌号、力学性能和用途见表7-8及表7-9。

表7-8 常用α型钛合金的牌号、力学性能和用途

牌号	力学性能（退火状态）		用途
	R_m/MPa	A（%）	
TA5	686	15	与TA1和TA2等用途相似
TA6	686	20	飞机骨架、气压泵壳体、叶片，温度小于400℃环境下工作的焊接零件
TA7	785	20	温度小于500℃环境下长期工作的零件和各种模锻件

注：断后伸长率是板材厚度在0.8～1.5mm的状态下得到的。

表 7-9　常用 α + β 型钛合金的牌号、力学性能和用途

牌　　号	力学性能（退火状态）		用　　途
	R_m/MPa	A（%）	
TC1	588	25	低于 400℃ 环境下工作的冲压件和焊接零件
TC2	686	15	低于 500℃ 环境下工作的焊接件和模锻件
TC4	902	12	低于 400℃ 环境下长期工作的零件，各种锻件、容器、泵、坦克履带、舰船耐压壳体
TC6	981	10	低于 350℃ 环境下工作的零件
TC10	1059	10	低于 400℃ 环境下长期工作的零件，如飞机结构件、导弹发动机外壳、武器结构件

注：断后伸长率是板厚 1.0 ~ 2.0mm 的状态下得到的。

第四节　滑动轴承合金

用于制造滑动轴承中轴瓦及内衬的合金称为滑动轴承合金。滑动轴承与滚动轴承相比，滑动轴承承压面积大，工作平稳，噪声小，制造、维修、拆装方便。滑动轴承由轴承体和轴瓦组成，轴瓦的钢质基体内侧浇注或轧制着一层高强度耐磨的滑动合金，是机床、汽车和拖拉机的重要零件。

一、对轴承合金的性能要求

1）足够的强度和硬度，特别是抗压强度，以承受轴颈较大的压力。

2）高的耐磨性和小的摩擦因数，以减小轴颈的磨损。

3）足够的塑性和韧性，较高的抗疲劳强度，以承受轴颈的交变载荷，并抵抗冲击和振动。

4）良好的导热性、耐蚀性，以利于热量的散失和抵抗润滑油的腐蚀。

5）良好的磨合性，使其与轴颈能较快地紧密配合。

6）良好的铸造性能。

为了满足以上要求，轴瓦材料不能使用高硬度的金属，以免轴颈受到磨损，也不能使用软金属，防止轴承的承载能力太低。

二、轴承合金的组织

1. 软基体上分布着硬质点

轴承合金的理想组织如图 7-5 所示，软基体组织的塑性高，能与轴颈较好地磨合，并承受轴的冲击。软基体被磨损形成凹面，硬质点相对凸起支承着轴颈。软基体的凹陷面可储存润滑油，使轴颈和轴瓦之间形成油膜，以减小摩擦，从

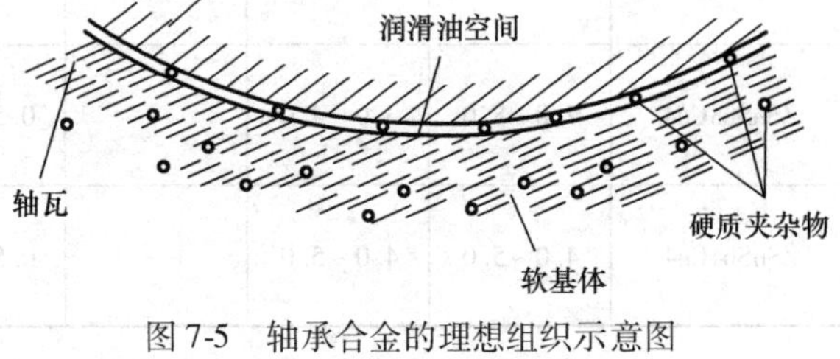

图 7-5　轴承合金的理想组织示意图

而减小轴颈与轴瓦的磨损。

2. 硬基体上分布着软质点

轴承合金还有一种理想的组织，即硬基体上均匀分布着软质点。此种轴承合金基体的硬度低于轴颈的硬度，但是比软基体硬，能承受较大的载荷。基体上分布的软质点具有低的摩擦因数，但这类合金的磨合性较差，属于这类组织的轴承合金有铜基、铝基轴承合金。

三、常用的轴承合金

滑动轴承合金的牌号为：Z＋基体元素符号＋主加元素符号＋主加元素的质量分数＋辅加元素符号＋辅加元素的质量分数，“Z”是“铸”的汉语拼音首字母。如 ZSnSb11Cu6 表示主加元素锑的质量分数为11%、辅加元素铜的质量分数为6%、其余为锡的锡基轴承合金。

常用的轴承合金有锡基轴承合金、铅基轴承合金和铝基轴承合金三类。

1. 锡基轴承合金（锡基巴氏合金）

锡基轴承合金是以锡为基体，加入锑、铜等元素组成的合金。图7-6所示为锡基轴承合金的显微组织，图中暗色部分为α固溶体，作为软基体；白色方块为化合物SnSb，白色针状或星状的为化合物Cu_6Sn_5，作为硬质点。

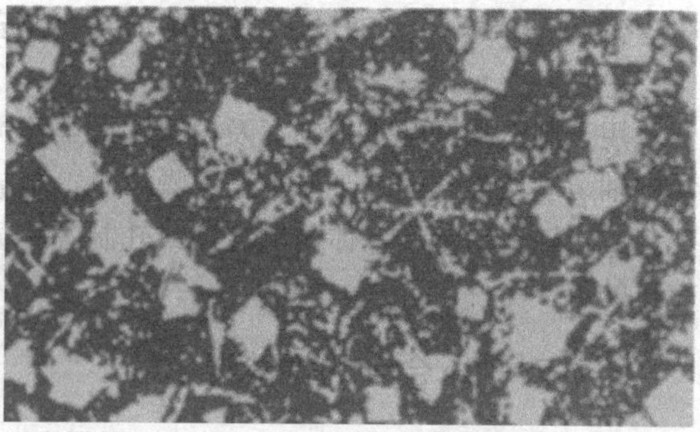

图7-6 锡基轴承合金的显微组织

锡基轴承合金具有适中的硬度、小的摩擦因数、较好的塑性及韧性、优良的导热性和耐蚀性等优点，常用于制作重要的轴承。由于锡是较贵的金属，因此并不能得到广泛的应用。

锡基轴承合金的牌号、化学成分、力学性能和用途见表7-10。

表7-10 锡基轴承合金的牌号、化学成分、力学性能和用途

牌号	化学成分（质量分数）（%）					HBW（不低于）	用途
	Sb	Cu	Pb	杂质	Sn		
ZSnSb12Pb10Cu4	11.0～13.0	2.5～5.0	9.0～11.0	0.55	余量	29	一般发动机的主轴承，但不适于高温条件
ZSnSb11Cu6	10.0～12.0	5.5～6.5	—	0.55	余量	27	1500kW 以上的蒸汽机、3700kW 的涡轮压缩机、涡轮泵及高速内燃机的轴承
ZSnSb8Cu4	7.0～8.0	3.0～4.0	—	0.55	余量	24	大型机器轴承及重载汽车发动机轴承
ZSnSb4Cu4	4.0～5.0	4.0～5.0	—	0.50	余量	20	涡轮内燃机的高速轴承及轴承衬套

2. 铅基轴承合金（铅基巴氏合金）

铅基轴承合金是以铅、锑为基体，加入锡、铜等元素组成的轴承合金。这种合金也是软基体硬质点类型的轴承合金，它的组织中软基体为共晶组织（$\alpha+\beta$），硬质点是化合物 SnSb 及 Cu_2Sn。

铅基轴承合金的强度、硬度、韧性均低于锡基轴承合金，且摩擦因数较大，但价格便宜，铸造性能和耐磨性较好，故常用于制造承受中、低载荷的中速轴承，如汽车、拖拉机曲轴轴承、连杆轴承及电动机轴承。在可能的情况下，应尽量用其代替锡基轴承合金。

铅基轴承合金的牌号、化学成分、力学性能和用途见表 7-11。

表 7-11　铅基轴承合金的牌号、化学成分、力学性能和用途

牌　号	化学成分（质量分数）（%）					HBW（不低于）	用　途
	Sb	Cu	Sn	杂质	Pb		
ZPbSb16Sn16Cu2	15.0～17.0	1.5～2.0	15.0～17.0	0.60	余量	30	110～880kW 蒸汽涡轮机、150～750kW 电动机和小于 1500kW 起重机中重载推力轴承
ZPbSb15Sn5Cu3Cd2	14.0～16.0	2.5～3.0	5.0～6.0	0.40	Cd1.75～2.25 As0.6～1.0 Pb 余量	32	船舶机械、小于 250kW 电动机、水泵轴承
ZPbSb15Sn10	14.0～16.0	—	9.0～11.0	0.50	余量	24	高温、中等压力下的机械轴承
ZPbSb15Sn5	14.0～15.5	0.5～1.0	4.0～5.5	0.75	余量	20	低速、轻压力下的机械轴承
ZPbSb10Sn6	9.0～11.0	—	5.0～7.0	0.75	余量	18	重载、耐蚀、耐磨轴承

3. 铝基轴承合金

铝基轴承合金是以铝为基体，加入锡、锑、铜等元素组成的合金，是一种新型减摩材料，其原料丰富、价格便宜、相对密度小、导热性好，高温硬度和疲劳强度高，适于制造高速、重载的内燃机轴承。铝基轴承合金膨胀系数较大，运转时容易与轴咬合。常用的铝基轴承合金有铝锑镁轴承合金和高锡铝基轴承合金两种。其中高锡铝基轴承合金应用最广，这类合金并不直接浇注成形，而是采用铝基轴承合金带与低碳钢带（08 钢）一起轧成双金属带料，然后制成轴承。

高锡铝基轴承合金以铝为基体，加入锡的质量分数约为 20% 和铜的质量分数为 1%。它的组织实际上是在硬的铝基体上分布着软的锡质点。在合金中加入铜，其溶入铝中能进一步强化基体，使轴承合金具有高的抗疲劳强度，良好的耐热、耐磨和耐蚀性。这种合金已在汽车、拖拉机、内燃机车上推广使用。各种轴承合金性能比较见表 7-12。

表 7-12 各种轴承合金性能比较

种　类	抗咬合性	磨合性	耐蚀性	耐疲劳性	合金硬度（HBW）	轴颈处硬度（HBW）	最大允许压力/MPa	最高允许温度/℃
锡基轴承合金	优	优	优	劣	20～30	150	600～1000	150
铅基轴承合金	优	优	中	劣	15～30	150	600～800	150
锡青铜	中	劣	优	优	50～100	300～400	700～2000	200
铅青铜	中	差	差	良	40～80	300	2000～3200	220～250
铝基轴承合金	劣	中	优	良	45～50	300	2000～2800	100～150
铸铁	差	劣	优	优	160～180	200～250	300～600	150

第五节　硬质合金

由于机械加工切削速度不断提高，刀具的刃部工作温度已超过700℃，一般高速钢已不能满足要求，就需要采用硬质合金。

硬质合金是将一种或多种难熔金属的碳化物和粘结剂金属用粉末冶金的方法制成的金属材料，即将难熔的高硬度的WC、TiC、TaC（碳化钽）和钴、镍等金属（粘结剂）粉末经混合、压制成形，再在高温下烧结而成。

一、硬质合金的性能特点

1. 硬度高、热硬性高、耐磨性好

硬质合金具有高硬度（86～93HRA）、高热硬性（900～1000℃）及高耐磨性的特点。硬质合金刀具的切削速度比高速工具钢高4～10倍，寿命均比高速钢高5～8倍。

2. 高的抗压强度

硬质合金的抗压强度比高速钢高，但是抗弯强度只有高速钢的1/3～1/2，韧性差（为淬火钢的30%～50%）。硬质合金的耐蚀性、抗氧化性良好，导热性差，切削加工困难，硬质合金常用于制造刀具、冷作模具、量具及耐磨零件等。

二、常用的硬质合金

按化学成分与性能特点不同，硬质合金分为以下三类：

1. 钨钴类硬质合金

它的主要成分为碳化钨及钴。其代号用“YG＋数字”表示，其中数字表示钴的质量分数。例如，YG8表示钴的质量分数为8%，其余为碳化钨的钨钴类硬质合金。YG类硬质合金刀具适合加工脆性材料（如铸铁）。

2. 钨钴钛类硬质合金

钨钴钛类硬质合金的主要成分为碳化钨、碳化钛及钴。其代号用“YT＋数字”表示，数字表示碳化钛的质量分数。例如，YT5表示碳化钛的质量分数为5%，其余为碳化钨和钴的钨钴钛类硬质合金。

硬质合金中，碳化物的质量分数越多，钴的含量越少，则合金的硬度、热硬性及耐磨性

越高，合金的强度和韧性越低。含钴量相同时，YT 类硬质合金由于碳化钛的加入，合金具有较高的硬度及耐磨性，同时，合金的表面会形成一层氧化薄膜，切削不易粘刀，具有较高的热硬性，但其强度和韧性比 YG 类硬质合金低。因此，YT 类硬质合金刀具适合加工塑性材料（如钢等）。

3. 通用硬质合金

通用硬质合金是以碳化钽或碳化铌取代钨钴钛类硬质合金中的一部分碳化钛制成的。碳化钽（碳化铌）的加入显著提高了合金的热硬性。通用硬质合金的抗弯强度高，常用来加工不锈钢、耐热钢、高锰钢等难加工的材料，所以也被称为“万能硬质合金”。通用硬质合金的代号用“YW”加顺序号表示，如 YW1 表示 1 号通用硬质合金。

硬质合金硬度高、脆性大，除磨削外，不能进行切削加工，一般不能制成形状复杂的整体刀具，故一般将硬质合金制成一定规格的刀片，使用前将其紧固（用焊接、粘接或机械紧固的方法）在刀体或模具上。

硬质合金除了制作刀具外，还可以制造冷作模具、量具及耐磨零件。

本章小结

1. 有色金属是指除铁、铬、锰之外的其他所有金属材料。有色金属具有某些特殊的物理、化学性能，广泛用于机械制造、航空、航海、化工等领域。

生产上常用的有色金属有：铝及铝合金、铜及铜合金、钛及钛合金和轴承合金等。

2. 铝合金分为变形铝合金和铸造铝合金，变形铝合金分为防锈铝、硬铝、超硬铝和锻铝；铸造铝合金分为 Al-Si 系铸造铝合金、Al-Cu 系铸造铝合金、Al-Mg 系铸造铝合金及 Al-Zn 系铸造铝合金四种。

3. 工业纯铜按杂质含量分为 T1、T2、T3、T4 四个牌号。

4. 铜合金分为黄铜、青铜和白铜。

5. 掌握钛合金的种类、牌号、性能特点及应用。

6. 滑动轴承合金应具备的性能有：足够的强度和硬度、高的耐磨性、足够的塑性和韧性、良好的导热性和耐蚀性和良好的磨合性。

7. 硬质合金分以下三种：

1）钨钴类硬质合金，此类硬质合金刀具适合加工脆性材料（如铸铁）。

2）钨钴钛类硬质合金，此类硬质合金刀具适合加工塑性材料（如钢等）。

3）通用硬质合金，此类硬质合金刀具常用来加工不锈钢、耐热钢和高锰钢等难加工的材料。

复习思考题

1. 试述工业纯铝的性能特点。
2. 试述 T2 的用途。
3. 什么是黄铜？什么是青铜？什么是白铜？
4. 在特殊黄铜中加入其他合金元素对其性能有哪些影响？
5. 钛及其合金的性能特点是什么？

6. 钛合金如何分类？请举例说出常用钛合金的牌号和用途。

7. 常用的轴承合金有哪几类？

8. 什么是硬质合金？硬质合金的性能特点有哪些？

9. 请说明下列牌号各表示哪种合金，其意义是什么？

ZL401、TA3、ZL102、YW2、YG8、ZL202、2A11。

第二篇

非金属材料

第八章　高分子材料

【基本要求】

掌握高分子材料的分类、组成、基本性能及应用。

【重点和难点】

1. 塑料的性能特点、分类及应用。
2. 橡胶的组成、性能、分类及应用。
3. 胶粘剂的性能、组成、分类及应用。
4. 合成纤维的组成、分类及应用。

高分子材料是由相对分子质量在10000以上的化合物构成的材料，它是以聚合物为基本组分的材料，所以又称聚合物材料或高聚物材料。高分子材料的相对分子质量虽然很大，但化学组成并不复杂，一般都是由一种或几种简单的低分子重复而成。

高分子材料按来源分为天然高分子材料和合成高分子材料；按材料特性分为橡胶、纤维、塑料、高分子粘结剂、高分子涂料和高分子基复合材料等；按材料用途分为普通高分子材料和功能高分子材料。

高分子材料的性能由其结构决定，通过对结构的控制和改性可获得不同特性的高分子材料，其独特的结构和易改性、易加工等特点，使其具有其他材料无法比拟、不可取代的优异性能。从而广泛用于科学技术、国防建设和国民经济各个领域，并成为现代生活各个方面不可缺少的材料。

第一节　塑　料

塑料的品种很多，产量较大的是聚氯乙烯、聚乙烯、聚苯乙烯、酚醛塑料和氨基塑料等通用塑料，主要应用于日常生活用品和包装材料。

一、塑料的组成

塑料是以高分子量的合成树脂为主要成分的人工合成材料，如果按照其力学状态来定义，凡在室温下处于玻璃状态的高聚物均可称为塑料。塑料制品在汽车上的应用已经非常普遍，而且还不断有更环保、更高性能的塑料被研制出来取代原来的材料。

除个别塑料由纯树脂组成外，大多数塑料是由合成树脂和添加剂组成的。

1. 树脂

树脂的相对分子质量是不固定的，它是在常温下呈固态、半固态或半流动态的有机物质。在受热时，树脂能软化或熔融，在外力作用下可呈塑性流动状态。树脂可分为天然树脂和合成树脂两大类。合成树脂是由人工合成的一类高分子量的聚合物的总称，又称聚合物或高聚物，简称树脂，它是塑料的主要成分，约占塑料全部组分的40%～100%。

塑料与树脂的区别是：树脂是指加工前的原始聚合物，塑料则指加工后的一种合成材料及制品。合成树脂在制造塑料时，为了便于加工或改善性能，常添加各种助剂，有时也直接加工成形，因此合成树脂通常是塑料的同义词，在实际应用中常和塑料这个术语通用。

2. 添加剂

添加剂的主要作用是改善塑料的使用性能、成型加工性能和降低生产成本等。常见的添加剂如下：

（1）填充剂　加入填充剂的目的主要是调整塑料的性能、提高机械强度、节约树脂用量、降低塑料制品的成本，如加入铝粉可提高塑料对光的反射能力及防止老化，加入石墨可以改善塑料的力学性能等。通常填充剂的用量可达20%～50%。

（2）增塑剂　加入增塑剂的目的是提高树脂的可塑性和柔韧性，并使热变形降低。例如，聚氯乙烯塑料中加入邻苯二甲酸二丁酯，可使塑料变得柔软而有弹性。

（3）稳定剂　稳定剂的作用主要是提高树脂在受热或光作用时的稳定性，减慢老化速度，延长塑料使用期。

（4）着色剂　加入着色剂可使塑料具有各种鲜艳、美观的颜色。常用有机染料和无机颜料作为着色剂。

（5）润滑剂　能改善塑料在加工成型时的流动性和脱模性的物质称为润滑剂，其作用是在塑料成型过程中附在表面以防止粘着设备和模具，增加流动性，同时使塑料制品表面光亮美观。

（6）抗氧化剂　抗氧化剂的作用是防止塑料在加热成型或在高温使用过程中受热氧化，而使塑料变黄、发裂等。

（7）固化剂　与树脂中的不饱和键或反应基团起作用而使树脂固化的物质称为固化剂，又称硬化剂。固化剂种类很多，主要包括用于环氧树脂的胺类、酸酐类、聚酯类等。

（8）阻燃剂　大多数塑料是可以燃烧的，在塑料中加入含磷、氯、溴的原子基团或SbO_2等物质，可提高塑料的抗燃烧能力，这样的物质称为阻燃剂。

（9）发泡剂　能够使塑料形成微孔结构或蜂窝状结构的物质称为发泡剂。

稳定剂和润滑剂是塑料中必须加入的添加剂，其他组分则根据塑料种类和用途的不同而有所增减。例如，聚乙烯塑料不需要加增塑剂，而软聚氯乙烯塑料则加有大量的增塑剂。在潮湿环境中使用的塑料制品中还应加防霉剂。

二、塑料的分类

按合成树脂的受热行为，塑料可分为热塑性塑料和热固性塑料。

1. 热塑性塑料

这类塑料是以加聚或缩聚树脂为基体，加入少量稳定剂、润滑剂和填料而制成的，其分子结构是链状的线型结构。它的工艺性能特点是受热时软化或熔化，具有可塑性，可制成一定形状的制品；冷却后则凝固成形，再加热又可软化，塑制成另一形状的制品。热塑性塑料可反复再塑，其基本性能不变。

这类塑料的优点是成型工艺简便，形式多种多样，生产效率高，可以直接注射、挤压或吹塑成所需形状的制品，而且具有一定的物理-力学性能；缺点是耐热性和刚性较差，最高使用温度一般只有120℃左右，而且使用时不能超过其使用的极限温度，否则就会变形。

这类塑料无论是品种、质量还是产量，现都已超过热固性塑料，是工程塑料中的主要材料。属于这类塑料的有聚乙烯、聚丙烯、聚氯乙烯、聚苯乙烯、ABS、有机玻璃、聚甲醛、聚酰胺、聚碳酸酯、聚苯醚、聚砜、聚芳砜、聚酰亚胺、聚苯硫醚及聚苯并咪唑等。

2. 热固性塑料

这类塑料大多是以缩聚树脂为基料，加入填料、固化剂以及其他各种添加剂制成的，具有体型分子结构。这类塑料的基体树脂在固化前一般为相对分子质量不高的固体或粘稠液体，具有可塑性，可制成一定的形状的制品，在加热、加压或固化剂、紫外光作用下则交联固化成不溶不熔的坚硬固体。因此其工艺性能特点是：在一定的温度下，经过一定时间的加热或加入固化剂后即可固化成形。固化后塑料质地坚硬、性能稳定，不再溶于溶剂中，再加热加压也不可能再度软化或熔化，受强热则分解或炭化。

这类塑料的优点是无冷流性，刚性大、硬度高、耐热性较好，不易燃烧，制品尺寸稳定；缺点是性脆，机械强度不高，必须加入填料或增强材料以改善其性能，提高强度；同时成型工艺复杂，大多数只能采取模压法、层压法，生产效率低。近年来，其虽然解决了热固性塑料注射成型工艺中的问题，但需专用设备，尚不普及。

属于热固性塑料的有酚醛、氨基（包括脲醛及三聚氰胺甲醛）、环氧树脂、有机硅、不饱和聚酯及聚酰胺等。按自身的应用功能，塑料还可按表 8-1 分类。

表 8-1 塑料按应用功能分类

通用塑料	原料来源丰富，产量大、应用面广、价格便宜、成形加工容易	包括聚乙烯、聚丙烯、聚氯乙烯、聚苯乙烯、酚醛及氨基六大常用塑料
工程塑料	综合性能优良，但价格较贵，产量较少	如聚酰胺、聚甲醛、聚碳酸酯、ABS、聚砜、氯化聚醚、聚苯醚及聚酯等
功能塑料	具有某种突出的物理功能，如耐高温、耐烧蚀、耐辐射、导电、导磁等	如有机硅、氟塑料、聚酰亚胺、聚苯硫醚及聚芳砜等

三、塑料的性能特点

塑料具有许多优良的物理性能、化学性能和力学性能。

1. 质量轻

一般塑料的密度为 $1.0 \sim 2.0 g/cm^3$，仅是钢铁的 1/8 ~ 1/4。因此，用塑料制作汽车零部件，可大幅度减轻汽车的自重，减小油耗。

2. 化学稳定性好

一般的塑料对酸、碱、盐和有机溶剂都有良好的耐蚀性能。特别是聚四氟乙烯，除了能与熔融的碱金属作用外，其他的化学药品（包括“王水”）也难以腐蚀。因此，在腐蚀介质中工作的零件可采用塑料制作，或采用在表面喷塑的方法提高其耐蚀能力。

3. 比强度高

所谓比强度，是指单位质量的强度。尽管塑料的强度要比金属低些，但由于塑料密度小、质量轻，因此，以等质量相比，其比强度要高。如用碳素纤维强化的塑料，它的比强度要比钢材高出两倍左右。

4. 良好的电绝缘性能

塑料几乎都有良好的电绝缘性，可与陶瓷、橡胶和其他绝缘材料相媲美。因此，汽车电器零件广泛采用塑料作为绝缘体。

5. 优良的耐磨、减摩性

大多数塑料的摩擦因数较小，耐磨性好，能在半干摩擦甚至完全无润滑条件下工作，所以可作为耐磨材料，制造齿轮、密封圈、轴承及衬套等。

6. 良好的减振性和消声性

塑料轴承和塑料齿轮可平稳无声地高速转动，能大大减少噪声，降低振动。

塑料的缺点主要有：与钢相比其力学性能较低；耐热性较差，一般只能在100℃以下长期工作；导热性差，其热导率只有钢的1/600～1/200；容易吸水，塑料吸水后，会引起使用性能恶化等问题。此外，塑料还有易老化、易燃烧、温度变化时尺寸稳定性差等缺点。

四、塑料的应用

1. 热塑性塑料

（1）聚酰胺　聚酰胺也称尼龙或锦纶，代号为PA。根据所含碳原子数的不同，在其名称后加上不同的数字。常用的尼龙有尼龙6、尼龙66、尼龙610、尼龙1010等。

尼龙具有较高的强度和韧性，能耐疲劳、耐油，低的摩擦因数，并有自润滑性，耐磨性好于青铜，可代替青铜。尼龙的吸水性较大，因此会影响尺寸稳定性。它主要用于制作一般机器零件、减摩耐磨传动件，如轴承、齿轮等。

（2）ABS塑料　ABS塑料具有较好的综合性能，耐冲击性、耐蚀性、绝缘性好，易成型和机械加工，主要用于制造齿轮、轴承、把手、仪表盘、装饰板等。

（3）有机玻璃　有机玻璃代号PMMA，透光性好，强度较高，耐蚀性和绝缘性好，易成型，但性脆，表面易擦毛，主要用作透明件和装饰件，如飞机座舱盖、仪表灯罩、光学镜片、防弹玻璃、设备防护罩和仪表外壳等。

（4）聚四氟乙烯　聚四氟乙烯具有优良的耐蚀性，耐老化，绝缘性好，自润性好，阻燃性好，但机械强度低，易蠕变，尺寸稳定，主要用于制作减摩密封圈、化工机械中的耐蚀件和处于高频或潮湿环境中的绝缘材料，如化工管道、泵、电气设备和隔离防护屏等。

2. 热固性塑料

（1）酚醛塑料　酚醛塑料具有强度高、硬度高的特点，用玻璃布增强的层压酚醛塑料的强度可与金属相媲美，称为玻璃钢。酚醛塑料主要用于制作齿轮、制动片、滑轮、开关壳及插座等零件。

（2）环氧塑料　环氧塑料的比强度高，耐热性、耐蚀性、绝缘性及加工成型性好，但价格贵，主要用于制作模具、精密量具、电气及电子元件等重要零件。

近年来，塑料在汽车中的用量迅速上升。目前，发达国家已经将汽车用塑料量的多少作为衡量汽车设计和制造水平的一个重要标志。各种塑料的主要性能及在汽车零部件中的应用见表8-2。

表 8-2　塑料的主要性能及在汽车零部件中的应用情况

名　称	符号	主要特点	应用举例
聚乙烯	PE	耐磨性、耐蚀性及绝缘性好，耐寒、耐高温	油箱，车厢内饰件，轮毂防尘件，发动机罩，空气导管
聚丙烯	PP	机械强度较高，耐热性、绝缘性、耐蚀性好，不耐磨、易老化	冷却风扇，风扇罩，蓄电池盖，接线板，转向盘，保险杠，分电器盖，调节器盖
ABS 树脂	ABS	较好的综合性能，耐冲击，耐蚀性好，绝缘性好，易成型和机械加工	散热器护栏，驾驶室仪表板，控制箱，装饰，嵌条，灯壳，挡泥板，变速器
有机玻璃	PMMA	透光性好，强度较高，耐蚀性和绝缘性好，易成型，但性脆，易表面擦毛	油标，油杯，镜片，遮阳板，标牌，灯罩
聚酰胺（尼龙）	PA	韧性、耐磨性好，耐疲劳，抗毒菌，耐冲击，硬度较高，但吸水性大，尺寸不稳定	散热器副油箱，冷却风扇，横直拉杆衬套，滤网，半轴齿轮耐磨衬套，把手，凸轮轴正时齿轮，钢板弹簧销衬套
聚碳酸酯	PC	耐冲击性好，力学性能良好，尺寸稳定	保险杠，刻度板，水泵叶轮，壳体
聚砜	PSF/PSU	耐温性好，抗蠕变，力学性能良好，具高绝缘性和化学稳定性	分电器盖，仪表盘，阻流板，保险杠，挡泥板
聚甲醛	POM	良好的综合性能，耐磨性好，吸水性好，优良的强度、刚性，抗冲击，抗疲劳，抗蠕变，尺寸稳定，但收缩率大，成型困难	钢板弹簧销衬套及侧垫板，转向器衬套，万向节轴承，行星齿轮耐磨垫片
聚四氟乙烯	PTFE	优良的耐蚀性，耐老化，绝缘性好，自润性好，阻燃性好，但机械强度低，易蠕变，尺寸稳定	密封圈，垫圈，垫片，阀座
聚苯醚	PPO	良好的抗拉强度和刚性，抗蠕变，耐热性好，耐磨，绝缘性好	齿轮、轴承、凸轮及其他减摩传动件
聚酰亚胺	PI	优良的综合性能，耐温性好，耐磨性强	压缩机活塞，密封圈，汽车液压系统轴承
聚氯乙烯	PVC	耐化学性好，能阻燃自熄，耐磨，能消声减振，强度较高，电绝缘性好，但热稳定性差	汽车仪表表皮，地板隔热垫，坐垫套，车门装饰条，转向盘，车门内衬，操纵杆盖板等
热塑性聚酯塑料	PBT/PET	力学性能好，耐热性、耐疲劳性好，耐摩擦磨损，尺寸稳定，耐化学性好，良好的电绝缘性及加工性	点火装置零件，自动控制传感器，调节器，变速零件，燃料混合装置，熔断丝盒，刮水器，除霜装置等
聚苯硫醚	PPS	良好的耐热性，阻燃性，耐化学药品性，尺寸稳定、综合力学性能好	信号灯座，接线端子，控制开关
聚芳酯	PAR	密度小，耐热性好，弹性好，难燃烧，韧性好，热膨胀系数小	点火系统，排放系统，前灯反射镜，熔断丝盒及透明仪表罩壳等
聚氨酯树脂	PU	弹性好，机械强度高，化学稳定性好，容易改变形态	仪表板，转向盘，车门扶手，座椅缓冲件，遮阳板，密封条

第二节 橡 胶

橡胶的特点是在很宽的温度（－40～150℃）范围内具有高弹性，还有较好的抗撕裂、耐疲劳特性，在使用中经多次弯曲、拉伸、剪切和压缩不受损伤，还具有不透水、不透气、耐酸碱和绝缘等性能。汽车上有许多零件是由橡胶制造的，如风扇传动带、缓冲垫、油封、制动皮碗等。

一、橡胶的组成

橡胶主要以生胶为原料，加入适量的配合剂而制成。

1. 生胶（生橡胶）

生胶是橡胶工业的主要原料，按其来源可分为天然橡胶和合成橡胶两种。

（1）天然橡胶　从热带橡胶树上采集的乳胶，经凝固、干燥、加压等工序制成的一种高弹塑性材料称为天然橡胶。加工后的天然橡胶通常呈片状固体，其单体为异戊二烯。

（2）合成橡胶　合成橡胶主要是以煤、石油和天然气为原料用化学合成方法获得的。按其性质和用途，分为通用合成橡胶和特种合成橡胶两大类。通用合成橡胶的性能与天然橡胶相近，物理性能、力学性能和加工性能较好。特种合成橡胶具有某种特殊性能，如耐寒、耐热、耐油及耐化学腐蚀等。

由于生胶的分子结构多为线型或带有支链型的长链分子，其性能不稳定，受热发粘、遇冷变硬，只能在5～35℃的范围内保持弹性，而且强度低、耐磨性差、不耐溶剂，故生胶一般不能直接用来制造橡胶制品。

2. 配合剂

为了制造可以使用的橡胶制品，改善橡胶的工艺性能和降低制品成本，需要在生胶中加入其他辅助化学组分，这些组分称为配合剂。按照在橡胶中所起的作用，配合剂可以分为硫化剂、硫化促进剂、硫化活性剂、防焦剂、防老剂、增强填充剂、软化剂、着色剂及其他配合剂。

（1）硫化剂　硫化剂的作用是通过化学反应，使橡胶的卷曲分子链形成立体网状结构，将塑性的生胶变为具有一定强度、韧性的高弹性硫化胶。常用的硫化剂有硫黄、含硫化合物、硒、过氧化物等。

（2）硫化促进剂　硫化促进剂的作用是降低硫化温度、加速硫化过程。常用的硫化促进剂包括胺类、胍类、秋兰姆类、噻唑类及硫脲类等化学物质。

（3）硫化活性剂　硫化活性剂的作用是加速发挥有机促进剂的活性。常用的硫化活性剂有金属氧化物、有机酸和胺类。

（4）增强填充剂　增强填充剂的作用是提高橡胶的力学性能，改善其工艺性能，降低成本。常用的增强填充剂有炭黑陶土、碳酸钙、硫酸钡、氧化硅及滑石粉等。

（5）防焦剂　防焦剂的作用是使生胶在加工过程中不发生早期硫化现象，提高加工操作过程中的安全性。

（6）防老化剂　防老化剂的作用是延缓或抑制橡胶的老化过程，延长橡胶的使用寿命或存储期。常用的防老化剂有苯胺、二苯胺等。

（7）软化剂　软化剂也称为增塑剂，其作用是改善橡胶的塑性，降低硬度，提高耐寒性。常用的有松香、凡士林、石蜡和硬脂酸等。

（8）着色剂　着色剂用来使橡胶制品着色，常用的有钛白、丹红、锑红、镉钡黄和铬青等颜料。

除上述几类配合剂以外，对于一些特殊用途的橡胶，还配有专用的发泡剂、硬化剂、溶剂等。在制作橡胶制品时，还会采用天然纤维、人造纤维、金属材料等制成骨架，增加橡胶制品的强度，防止变形。

二、橡胶的分类

1. 按照原料的来源分类

按照原料的来源，橡胶可分为天然橡胶和合成橡胶。合成橡胶主要有七大品种：丁苯橡胶、顺丁橡胶、氯丁橡胶、异戊橡胶、丁基橡胶、乙丙橡胶和丁腈橡胶。

2. 按使用性能和环境分类

橡胶按使用性能和环境分为通用橡胶和特种橡胶。通用橡胶主要用于生产各种工业制品和日用杂品，特种橡胶是在特殊环境（高低温、酸碱、油类、辐射等）条件下使用的橡胶。

三、橡胶的主要性能指标

1. 高弹性

橡胶及橡胶制品的弹性极高，其延伸率可达500%～600%，是普通钢材的数百倍，并且开始受力时延伸率很大，同时又具有强有力的抵抗变形的能力。因此，橡胶是一种优良的减振、抗冲击材料。

2. 热可塑性

橡胶在一定温度条件下会暂时失去弹性，而转入粘流状态。在外力作用下发生变形，便于加工成不同形状和尺寸的橡胶制品，并可在外力停止作用后保持这种形状和尺寸。在橡胶中加入适当配合剂经130～150℃的高温加压硫化处理，经过一定时间后，其粘流便会消失，重新恢复弹性。

3. 粘着性

橡胶具有与其他材料粘成整体而不易分离的能力。橡胶特别能与毛、棉、尼龙等材料间接地粘结在一起，如橡胶和轮胎帘线可以牢固地粘结在一起，增加轮胎的抗冲击和抗振动强度。

4. 耐热性

橡胶具备在高温下长期使用性能不下降的特性，如发动机和排气管部件的橡胶，因辐射、传导或对流的影响，要求有较好的耐热性。

5. 耐候性

耐候性是指橡胶在恶劣的气候环境中的适应性，如炎热地区太阳直射，寒冷地区结霜以及光化学烟雾、臭氧的环境，要求橡胶的外装件有良好的耐候性。

6. 耐油性

耐油性是指汽车橡胶制品与矿物油系中的润滑油、润滑脂类、燃料、乙二醇等工作油接触时，不会引起橡胶性能的变化。

橡胶的主要缺点是易老化。随着使用时间的延长，橡胶会出现变色、发粘或变硬、变脆和龟裂，使用性能下降甚至不能使用的现象称为“老化”。橡胶老化主要是由大气中的氧化作用造成的，阳光、高温和机械变形都会使氧化作用加快、老化过程加速。为了防止橡胶老化，延长橡胶制品的寿命，在使用中应注意不要把橡胶制品和酸、碱、油类物质放在一起，也不能用开水、热水长期浸泡，更不能用火焊或在阳光下暴晒。

四、橡胶的应用

橡胶材料在工程装备中被广泛应用于密封、防腐蚀、防渗漏、减振、耐磨绝缘及安全防护方面。它也是汽车工业中常用的一种重要材料，一辆轿车上的橡胶件重量约占车重的4%~5%。轮胎是汽车的主要橡胶件，目前，全世界生产的橡胶约80%用于制造轮胎。此外，橡胶还广泛用于各种密封制品、胶管、胶带及减振配件等，主要分布在汽车车身、传动、转向、悬架、制动和电器仪表等系统内。

第三节 胶 粘 剂

能把同种或不同种的固体材料连接在一起的媒介物质称为胶粘剂，又称粘合剂或粘结剂。胶粘剂可代替传统的铆接、焊接和螺纹连接等，使各种不同材质的零件或结构件牢固地连接在一起。采用粘接工艺代替焊接，是减轻结构自重的重要手段。

一、胶粘剂的组成及分类

1. 胶粘剂的组成

根据使用性能的要求，采用不同的配方，其中粘性基料是主要的组成成分，它对胶粘剂的性能起主要作用。除了粘性基料，通常还有各种添加剂，如固化剂与硫化剂、增塑剂与增韧剂、稀释剂与溶剂等，这些添加剂是根据胶粘剂的性质及使用要求来选择的。

(1) 粘性基料　使胶粘剂获得良好的粘附性能，其性质和用量对胶粘剂起决定作用。常用粘性基料有环氧树脂、酚醛树脂、聚氨酯树脂、氯丁橡胶及丁腈橡胶等。

(2) 固化剂或硫化剂　固化剂或硫化剂又称胶联剂或硬化剂。固化剂主要用于基料为合成树脂的胶粘剂中。硫化剂主要用于基料为橡胶的胶粘剂中，主要有硫、过氧化物和金属氧化物等。

(3) 填料　加入填料可降低成本，提高胶粘强度和耐热性，并降低脆性，消除制件成型应力，增加热导率，提高导电、导磁性。常用填料有石棉纤维、玻璃纤维、瓷粉、铁粉及氧化铝等。

(4) 稀释剂与溶剂　稀释剂与溶剂能降低合成胶粘剂的粘度，易流动，提高浸透力，改善其工艺性，并延长使用期限。

另外，为增加胶粘剂某些方面的使用性能还要加入其他附加剂，如在高温条件下使用的胶粘剂要加入阻燃剂，为防止胶层过快老化要加入防老化剂，为加速胶粘剂中的树脂固化和橡胶硫化反应速度要加入固化促进剂和硫化促进剂等。

2. 胶粘剂的分类

胶粘剂的种类很多，分类方法各异。

（1）按胶粘剂基料化学成分分类　胶粘剂的分类如图 8-1 所示。

- 胶粘剂
  - 有机胶粘剂
    - 天然胶粘剂
      - 动物胶：鱼胶、骨胶、虫胶、皮胶等
      - 植物胶：淀粉、松香、阿拉伯树胶等
    - 合成胶粘剂
      - 树脂胶：
        - 热塑性：聚醋酸乙烯酯、聚酰胺等
        - 热固性：环氧树脂、酚醛树脂、脲醛、聚氨酯等
      - 橡胶型胶：丁苯、氯丁、丁腈、聚硫、硅橡胶等
      - 混合型胶：酚醛-丁腈、环氧-尼龙、环氧-聚硫、环氧-酚醛等
  - 无机胶粘剂
    - 磷酸盐型
    - 硼酸盐型
    - 硅酸盐型
    - 金属氧化物

图 8-1　胶粘剂的分类

随着合成材料工业的迅速发展，合成胶粘剂因其良好的性能而得到广泛使用。目前，我国的合成胶粘剂有 300 多种，在汽车维修中常用的胶粘剂有环氧树脂、酚醛树脂、合成橡胶粘结剂等。

1）环氧树脂。环氧树脂是以环氧树脂为主，加入固化剂使其结构发生变化而形成的热固性胶粘剂，即使温度升高也不再软化和熔化，同时也不溶于有机溶剂。它与酚醛树脂胶配合使用可提高胶粘剂的耐热性及粘接强度，能在 150℃的温度下长期使用。

环氧树脂具有优良的粘接强度，固化后的收缩率小，化学稳定性及绝缘性能较好，可用于金属与金属、非金属与非金属、金属与非金属等材料的粘接，又称“万能胶”。

2）酚醛树脂。酚醛树脂具有较高的粘接强度，耐热性好，但脆性大，不耐冲击。它可以单独使用，也可以与环氧树脂胶混合使用。与环氧树脂混合使用时，其用量为环氧树脂用量的 30%～40%，同时要加入增塑剂和填料。为了加快固化，可加入质量分数为 5%～6% 的乙二胺，这样既能改善耐热性，又提高了韧性。汽车的制动蹄片及离合器摩擦可用耐热性好的酚醛树脂胶粘接。

3）合成橡胶粘结剂。这类胶除天然橡胶外，多数是将橡胶溶解在有机溶剂中配成粘稠的胶液。它能在室温下硫化，具有良好的耐老化和耐油性，并与金属有一定的粘结力，一般可在 -60～130℃下连续使用，也可在燃油介质中于 130℃以下长期使用。它的粘结性高，富有柔韧性，适用于粘接承受弯曲应力的零件和油箱衬里的涂层、机械齿轮箱面及门窗的密封条等。

（2）按胶粘剂的主要用途分类

1）结构胶。结构胶要求必须有足够的粘结强度，用于粘结受力部件，一般要求粘结接头能够承受的应力与被粘结物自身强度基本相当。

2）非结构胶。非结构胶不要求严格的力学性能，主要用于非主要受力部件，一般称为通用胶。

3）次（准）结构胶。次（准）结构胶的粘结强度介于结构胶和非结构胶之间，它能承受一定强度的载荷。

二、胶粘工艺

粘结技术是现代科学技术的一门新技术、新材料、新工艺，具有快速、牢固、经济、节能等特点，可代替部分铆接、焊接和机械装配工艺，既节省时间、费用，同时对提高产品质量和劳动生产率起很大的作用。

1. 表面处理

表面处理是粘结质量的关键，不同的表面处理方法将获得不同的粘结效果。

（1）金属材料的表面处理　主要对金属材料表面进行除油和除锈处理。通常采用有机溶剂清洗、碱性溶液清洗或电化学法去除表面油污；而除锈一般采用机械处理和化学处理两种方法。

对粘结接头强度要求高的零件，必须保证表面处理质量。常用水滴法检查表面处理质量，即用蒸馏水滴于被处理金属表面，若水形成连续水膜，则表明表面清洁；若水呈不连续珠状，则说明表面处理不良，需再次处理。

（2）非金属材料的表面处理　处理方法有机械处理法、物理处理法、化学处理法、辐射接枝法和溶剂处理法等。

1）机械处理法。对塑料等高分子材料，不仅要求去除表面油污，还必须清除表面漆膜、残存涂料和脱模剂等表面残留物。

2）物理处理法。一般采用火焰、放电和等离子处理方法，因成本高，主要用于极性高分子材料。

3）化学处理法。常用的是以酸等溶液清除表面油污杂质，或用强氧化剂进行强氧化，使表面生成一层含碳等元素的极性物质，以利于粘结。

4）辐射接枝法。对于某些非极性聚合物材料，使用极性单体经辐射接枝（或放电接枝、紫外线接枝）可改善表面性质，增加极性，显著提高粘结力，但成本较高。

5）溶剂处理法。利用某些高分子材料具有在溶剂中可溶胀而不溶解的性质，进行溶胀处理后，可提高表面活性和增加分子活动能力，有利于被粘高分子材料与胶粘剂分子之间的扩散，从而提高粘结强度。

2. 胶粘剂的配制与涂敷

（1）配制　胶粘剂与固化剂（或橡胶与硫化剂）的比例必须适当，搅拌充分，才能获得性能优良、分布均匀的固化产物，否则将会降低粘结效果。如环氧树脂和二乙烯三胺配制的胶粘剂，若搅拌不充分将使抗剪强度降低1/2左右。

（2）涂敷　选用合适的工具将胶粘剂涂敷在被粘材料表面。胶粘剂的粘度、涂敷速度和涂胶量直接影响粘结强度与粘结效果。粘度小有利于涂敷，若过小将造成胶粘剂的流失；涂敷速度应稍慢，若速度过快，吸附于被粘材料表面的气体和水分来不及排除而被覆盖，将产生隔离作用；胶粘层厚度取决于涂胶量，过厚、过薄均会影响粘结强度。每一个被粘表面均应分别涂以适当厚度的胶粘剂，这样才能保证各粘结表面的胶粘剂获得充分的润湿与扩散。

3. 粘合后的处理方式

粘合后对被粘结件的处理方式，对于粘结质量具有重要的作用。

（1）粘合后胶层的晾置与环境　不同特性的胶粘剂所需晾置时间与环境也不相同。

1）不含惰性溶剂的胶粘剂（如环氧树脂胶等）不需晾置。

2）需要微量潮湿环境催化、迅速聚合的胶粘剂（如 α-氰基丙烯酸酯等），晾置时间应越短越好。

3）含有惰性溶剂的胶粘剂（如酚醛树脂胶等）应采用多层涂敷、逐层晾置的方式，即每涂一层晾置 20～30min，以保证溶剂得以充分挥发；否则，残存溶剂将降低粘结强度。

4）晾置环境的湿度越低越好，特别是对湿气敏感的胶粘剂（如聚氨酯胶、氯丁胶等）；否则，将因水汽的凝聚降低粘结强度。

5）要求高温固化的胶粘剂，应按技术要求严格控制环境温度与加温时间，防止早期固化。

（2）固化方式、固化温度、时间及加热方法　一般是采用电烘箱、红外线烘房、热风、工频或高频电流进行加热，并按要求严格控制固化温度和固化时间。

（3）加压方式　在固化过程中应对粘合件施加一定压力，使胶粘剂在压力下增强塑性流动，提高润湿效果，同时挤出其间的气体，以保证胶粘剂与粘合件的紧密结合。

三、胶粘剂的应用

胶粘剂可连接各种不同种类的材料，如同种金属和异种金属，以及塑料、橡胶、玻璃、陶瓷材料等，并能对异形、复杂和大面积的构件进行连接，也适用于薄形、微形构件的连接。

汽车工业使用胶粘剂已有很久的历史，过去车身板接合部密封采用焊接和刮腻子方式，因此常产生漏风、透雨、焊缝容易生锈等质量事故。现代车身制造工艺中，凡有缝（车身板接合部位）都进行涂胶处理。汽车内饰件的复合或组合成型，通常都要求采用粘结工艺，使用大量的胶粘剂。

第四节　纤　　维

随着纺织工业的不断发展，纺织纤维材料的应用越来越广泛。

一、纤维的分类

纤维是指长度比其直径大很多倍、有一定柔韧性的纤细物质。纤维按其组成和来源可分为天然纤维和化学纤维。

1. 天然纤维

天然纤维是指从自然界中取得的纤维，可分为植物纤维、动物纤维和矿物纤维三大类。

2. 化学纤维

化学纤维是用天然高分子化合物或人工合成的高分子化合物为原料，经过制备纺丝原液、纺丝和后处理等工序制得的纤维。化学纤维又分为人造纤维和合成纤维。

人造纤维又称再生纤维，它是用天然高分子化合物为原料，经过人工加工而再生制得的。其化学组成与原高聚物基本相同，包括人造植物纤维、人造蛋白纤维、人造无机纤维。

合成纤维是以石油、天然气、煤和石灰石等为原料，经过提炼和化学反应合成高分子化合物，再将其熔融或溶解后纺丝制得的，如聚酯纤维（涤纶）、聚酰胺纤维（尼龙）及聚丙烯腈纤维（腈纶）等。

二、合成纤维的性能特点

合成纤维主要有涤纶纤维、丙纶纤维、锦纶纤维、腈纶纤维等。目前，一些增强纤维正日益受到重视，用于各行各业中，如玻璃纤维与碳纤维。

1. 涤纶纤维的性能特点

涤纶纤维强度不大，在湿态下强度不变；其弹性接近羊毛，当伸长率为 5%～6% 时，几乎可以完全恢复；耐皱性超过其他一切纤维，即织物不皱折，保形性好；耐热性好，在 150℃的空气中加热 1h 稍有变色，强度下降不超过 50%；在标准大气条件下回潮率为 0.4%～0.5%，因而电绝缘性良好，织物易于清洗；但其吸水率低，染色性差。涤纶纤维的耐光性与腈纶纤维不相上下。

2. 锦纶纤维的性能特点

锦纶纤维强度比天然纤维高，在合成纤维中是比较高的，耐磨性优于其他一切纤维材料，较易染色，但是不及天然纤维及人造纤维，耐光性差，长期在光的照射下易变色，强度下降。

3. 丙纶纤维的性能特点

丙纶纤维是所有合成纤维中“最年轻”的一种，耐光性和耐热性均较差。

4. 腈纶纤维的性能特点

腈纶纤维具有毛型手感，织物轻柔；具有良好的保湿性及耐热性，在 125℃条件下加热 720h 强力保持不变；耐光及耐候性良好；具有较好的染色性能，染色后，颜色较羊毛更加鲜艳；具有良好的防霉、防蛀性能。

5. 玻璃纤维的性能特点

玻璃纤维具有许多优越性，增强效果明显。产量大，价格低廉，与其他增强材料相比具有明显的优势。当前汽车主要采用 30% 的玻璃纤维增强尼龙材料和聚丙烯材料制造结构零部件。

6. 碳纤维的性能特点

碳纤维由有机纤维在高温下烧结而成，而有机纤维是指人造丝、聚丙烯酯、沥青等。与玻璃纤维相比，其特点是弹性模量高，在湿态下的力学性能保持良好，热导率大，导电性、蠕变性差，耐磨性好。

高强度、高弹性模量的新型碳纤维的出现特别引人注目，它已进入商品化生产，在热固性增强塑料中，碳纤维已有相当规模的应用，尤其是在宇宙航空应用方面发展迅速。碳纤维增强的塑料目前也开始应用于汽车制造行业，纤维材料在汽车上多用于内部装饰。

第五节　涂装材料

涂装材料是一种流动状态或粉末状态的有机物质，可以采用不同的工艺将其涂覆在物体表面上，形成黏附牢固、具有一定强度的连续固态薄膜。遮阳形成的膜通称涂膜，又称漆膜或涂层。

1. 涂装材料的组成

涂装材料的组成包含成膜物质、颜料、溶剂和助剂四个部分。

（1）成膜物质　成膜物质是组成涂装材料的基础，它具有粘结涂料中其他组分并形成涂膜的作用，对涂装材料和涂膜的性质起着决定性作用。涂装材料的成膜物质可分为非转化型成膜物质和转化型成膜物质两大类。

非转化型成膜物质在涂装材料成膜过程中组成结构不发生变化，涂膜物质保持成膜物质的原有结构。所形成的涂膜具有热塑性，受热软化，冷却后变硬，大多具有可溶解性。属于这类成膜物质的有虫胶、硝基纤维素、氯化橡胶及过氯乙烯树脂等。

转化型成膜物质在涂装材料成膜过程中组成结构发生变化，成膜物质所具有的功能团在热、氧或其他物质的作用下能够通过交联反应聚合成与原始成膜物质组成结构不同、不熔的网状高分子化合物，即热固性高分子化合物。属于这类成膜物质的有酚醛树脂、醇酸树脂及聚氨酯树脂等。

（2）颜料　颜料是有颜色的涂装材料，即色漆的一个重要组分，颜料使涂膜具有一定的遮盖能力，以发挥其装饰和保护作用。颜料还能增强涂膜的力学性能和耐久性能，并赋予涂膜某种特殊功能，如耐腐蚀、导电等。颜料一般为微细粉末状有色物质，按其来源可分为天然颜料和合成颜料，按其化学组成可分为有机颜料和无机颜料，按其在涂料中所起的作用又可分为着色颜料、体质颜料、防锈颜料等。

（3）溶剂　溶剂的作用是将涂装材料的成膜物质溶解或分散为液态以便于施工，而施工后又能从薄膜中挥发出来，从而使薄膜形成固态的涂层，所以溶剂通常为挥发剂。水、无机化合物和有机化合物等都可用作溶剂，其中有机化合物品种最多，常用的有脂肪烃、芳香烃、醇、酯、醚、酮等，总称为有机溶剂。虽然溶剂的主要作用是将成膜物质变成液态的涂料，但它对涂料的生产、储存、施工、成膜和涂膜的性能及外观等都会产生重要的影响。

（4）助剂　助剂也称为材料的辅助成分，其作用是改善涂装材料或涂膜的某些性能。助剂的作用各不相同，对涂料生产过程发生作用的助剂有消泡剂、润湿剂、分散剂、乳化剂等，对涂料储存过程发生作用的助剂有防沉剂、防结皮剂等，对涂料施工成膜过程发生作用的助剂有催干剂、固化剂、流平剂等，对涂膜性能产生作用的助剂有增塑剂、平光剂、防静电剂等。

2. 涂装材料的分类

涂装材料工业发展很快，品种繁多，按其主要成膜物质的不同，可分为若干系列，主要有三大类：以单纯油脂为成膜物质的油性涂装材料，如清油、厚漆、油性调和漆；以油、天然树脂为成膜物质的油基涂装材料，如磁性调和漆；以合成树脂为主要成膜物质的各类涂装材料等。工业上金属设备常用涂料多以合成树脂作为主要成膜物质，主要有酚醛树脂涂装材料、醇酸树脂涂装材料、氨基树脂涂装材料、环氧树脂涂装材料和防锈涂装材料等。常用涂装材料的性能及用途见表 8-3。

表 8-3 常用涂装材料的性能及用途

种　类	常用品种与型号	性能及用途
酚醛树脂涂装材料	纯酚醛清漆	漆膜光亮坚硬，耐水性好，自干、烘干均可，适用于交通工具及食品容器外壁涂装
	各色酚醛磁漆	附着力好，色彩鲜艳、光泽好，可常温干燥，适用于机械设备，交通工具等金属表面涂装
醇酸树脂涂装材料	醇酸清漆	耐水性、附着力好，适合桥梁等钢结构表面涂覆
	各色醇酸磁漆	漆膜坚韧光亮，色彩鲜艳、耐油、耐水、耐热，附着力好，适用于汽车、船舶、机械等表面涂层
氨基树脂涂装材料	氨基烘干清漆	漆膜坚硬，平滑光亮，耐候、耐潮，适用于各种汽车、车辆、金属表面的保护性漆饰
	各色氨基烘干磁漆	漆膜色彩鲜艳光亮，耐湿热、耐候，用于各种汽车、车辆、金属表面的保护性漆饰
环氧树脂涂装材料	各色环氧磁漆	漆膜光亮，耐汽油性能好，常温干燥，适用柴油机表面涂装
防锈涂装材料	红丹醇酸防锈漆	桥梁、机车、船舶等钢结构及钢结构建筑物的防锈底漆

3. 涂装材料的性能特点

1）涂装材料的适用面广，广泛应用于各种不同材质的物体表面。

2）能适应不同性能的要求。

3）涂装材料使用方便，一般用比较简单的方法和设备就可以进行施工。

4）涂膜容易维护和更新，这是应用涂装材料的优越性之一。

5）涂膜大都为有机物质，且一般涂层较薄，其装饰保护作用有一定的局限性，只能在一定的时间内发挥一定程度的作用。

4. 涂装材料的应用

电机、变压器使用的绝缘涂装材料起绝缘作用，舰艇底部使用的防污涂装材料可防止海里生物的附着。汽车厂家对车身的防锈、涂装材料的褪色、调色、光泽度等非常重视，对涂装给予了特别的关注。

本章小结

1. 高分子材料按来源分为天然高分子材料和合成高分子材料，按特性分为橡胶、纤维、塑料、高分子胶粘剂、高分子涂料和高分子基复合材料等，按用途分为普通高分子材料和功能高分子材料。

2. 塑料的性能特点为：质量轻、化学稳定性好、比强度高，有良好的电绝缘性能、优良的耐磨性、减摩性、良好的吸振性和消声性。

3. 合成橡胶主要有七大品种：丁苯橡胶、顺丁橡胶、氯丁橡胶、异戊橡胶、丁基橡胶、乙丙橡胶和丁腈橡胶。

4. 胶粘剂的分类、胶粘剂的组成和粘结技术是一门独立的边缘学科，可代替部分铆接、焊接和机械装配繁琐工艺。

5. 合成纤维主要有涤纶纤维、丙纶纤维、锦纶纤维及腈纶纤维等，重点学习主要性能特点及在汽车中的应用。

6. 涂装材料包含成膜物质、颜料、溶剂、助剂四个组分。汽车通过涂装可以达到防锈、美观、耐候性、隔声、减振、耐冲击、防尘及防水等目的。

复习思考题

1. 高分子材料按材料来源、特性及用途分为哪几类？
2. 塑料有哪几部分组成，一般有哪些性能特点？
3. 什么是热塑性塑料和热固性塑料？各有何特点？
4. 何谓天然橡胶、合成橡胶？
5. 橡胶主要有哪些性能指标？
6. 橡胶有哪些方面的应用？
7. 胶粘剂有哪几种？
8. 合成纤维的概念及应用是什么？
9. 什么是涂装材料？特点是什么？
10. 常见的涂装材料有哪些？

第九章　陶瓷材料

【基本要求】

1. 理解陶瓷和玻璃的组成及性能特点。

2. 了解陶瓷材料和玻璃材料的发展方向。

【重点和难点】

1. 陶瓷的分类及应用。

2. 玻璃的分类及应用。

第一节　陶　　瓷

一、陶瓷的组成及分类

陶瓷分为普通陶瓷和精细陶瓷两大类。

1. 普通陶瓷

普通陶瓷称为传统陶瓷，以天然的硅酸盐矿物为原料高温烧结制成，又称硅酸盐陶瓷。其质地坚硬，有良好的抗氧化性、耐蚀性和绝缘性。普通陶瓷能耐一定高温，成本低，生产工艺简单；但结构疏松，强度较低，在一定温度下会软化，耐高温性能较差，一般最高使用温度为1200℃左右。普通陶瓷产量大，品种多，广泛用于生产日用、建筑、卫生陶瓷制品以及低压、高压电瓷、耐酸及过滤陶瓷。

2. 精细陶瓷

精细陶瓷又称现代陶瓷或特种陶瓷，是采用高强度、超细粉末原料，经过特殊的工艺加工得到的结构精细且具有各种功能的无机非金属材料。其在化学组成、内部结构、性能及使用效能各方面均不同于普通陶瓷，强度可与金刚石相媲美，柔韧如铸铁，透明如玻璃，且敏感、智能，已成为高技术领域不可缺少的关键材料。精细陶瓷按用途可分为结构陶瓷和功能陶瓷，见表9-1。

表9-1　精细陶瓷的分类

<table>
<tr><th colspan="2">结构陶瓷</th><th rowspan="2">功能陶瓷</th></tr>
<tr><th>氧化物陶瓷</th><th>非氧化物陶瓷</th></tr>
<tr><td>氧化铝陶瓷
氧化锆陶瓷
氧化镁陶瓷</td><td>氮化硅陶瓷
氮化铝陶瓷
氮化硼陶瓷
碳化硅陶瓷
碳化硼陶瓷</td><td>高强度陶瓷、高温陶瓷、压力陶瓷、电介质陶瓷、半导体陶瓷、磁性陶瓷、光学陶瓷、生物陶瓷</td></tr>
</table>

（1）结构陶瓷　结构陶瓷具有高温下强度高、耐磨性好、隔热性好、密度低和膨胀系数低等优点，用它代替耐热合金可大幅度提高热机效率，降低能耗，节约贵重金属，达到轻

量化效果。它广泛用于发动机和热交换零件，特别是采用 SiN_4、SiC 的汽车柴油机活塞、气缸套、预燃烧室等零件。用于燃气轮机的结构陶瓷，可使热循环的最高温度从 950℃ 升高到 1350℃，热效率提高 25%。

（2）功能陶瓷 汽车电子技术的发展使功能陶瓷在汽车上的应用不断增加，尤其是陶瓷传感器的开发已成为汽车电子化的重要环节。此外，功能陶瓷还应用于各种执行元件，如陶瓷加热器、导电材料及显示装置等。

二、陶瓷的特性

1. 高硬度

大多数陶瓷的硬度比金属高得多，耐磨性好，常用做耐磨零件，如轴承、刀具等，但陶瓷的脆性大。

2. 低的抗拉强度、较高的抗压强度

陶瓷由于内部存在大量气孔，在拉应力作用下易于扩展而导致脆断，故抗拉强度低。但受压时气孔不宜扩展，故抗压强度较高。

3. 优良高温强度和低抗热振性

陶瓷在高温下能保持高硬度，同时抗氧化性能好，广泛用作高温材料，但温度剧烈变化时，陶瓷易破裂，抗热振性能低。

4. 热学性能

熔点高（2000℃以上）、抗蠕变性能强、热膨胀系数和热导率低，1000℃以上仍能保持室温性能。

5. 电学性能

陶瓷一般是优良的绝缘体，个别特殊陶瓷具有导电性和导磁性，属于新型功能材料。

6. 化学稳定性

陶瓷在高温下不易氧化，对酸、碱、盐有良好的耐蚀能力，还能抵抗熔融金属的侵蚀。陶瓷在高温下也能保持化学稳定性。

三、陶瓷的应用

1. 普通陶瓷

普通陶瓷质地坚硬，不氧化生锈，不导电，耐高温，加工成形性好，成本低廉；但强度低，耐高温性能和绝缘性不如特种陶瓷。普通陶瓷产量大，广泛用于电气、化工、建筑等工业。

2. 特种陶瓷

特种陶瓷品种多，常见的氧化铝陶瓷，强度高于普通陶瓷，硬度很高，仅次于金刚石，有很好的耐磨性。主要用作内燃机的火花塞、轴承、活塞、切削刀具、纺织机上的导线器、熔化金属的坩埚和高温热电偶套管等。此外，氮化硅陶瓷、碳化硅陶瓷、氮化硼陶瓷等多用于绝缘、耐磨、耐蚀、耐高温零件。

第二节 玻 璃

玻璃是现代工业中的一种重要工程材料，通常具有透明、硬而脆、隔音的特性，有艺术装饰作用和较好的化学稳定性，特制的玻璃还具有绝热、导电、防爆和防辐射等一系列特殊的功能。

玻璃是熔融物通过一定方式的冷却，并伴随粘度逐渐增大，而得到的具有力学性能和一定结构特性的非晶态固体。自然界中多数无机物质由于熔融物在冷却时极容易结晶固化，因而不具有玻璃态。只有某些物质（如硅酸盐、硼酸盐和磷酸盐等）的熔融物容易过冷而形成玻璃态。

玻璃的种类繁多，常用的主要有板型玻璃、钢化玻璃、夹丝玻璃、夹层玻璃、信号玻璃等。

1. 板型玻璃

一般板型玻璃的主要成分是 SiO_2、Na_2O、石灰，有较好的透明性和耐候性，其脆性大，质量为塑料的 1.5～2.5 倍。因在交通事故中极易造成人身伤亡，所以汽车上已经淘汰了板型玻璃。

板型玻璃主要包括平板玻璃、磨砂玻璃和浮法玻璃等。

1）平板玻璃：通常指生活中随处可见的窗用平板玻璃，又称镜片玻璃。

2）磨砂玻璃：对平板玻璃表面进行磨砂处理得到的玻璃，又称毛玻璃。特点是透光不透明，一般用于卫生间、浴室的门窗。

3）浮法玻璃：是经锡槽浮抛成型的高质量平板玻璃，主要特点是表面平整无波纹，光学性质优于一般的平板玻璃，多用于橱窗及高级建筑的门窗。

2. 钢化玻璃

将普通玻璃加热到一定温度后急剧冷却就能大大提高玻璃的强度，这种将普通玻璃经过高温淬火，进行特殊钢化处理得到的特种玻璃称为钢化玻璃，其性能特点如下：

（1）力学性能　钢化玻璃比普通玻璃的抗弯强度大 5～6 倍，挠度大 3～4 倍，并具有较高的冲击强度和耐热性，其热稳定性比同样化学成分的普通退火玻璃高得多，能经受 120～130℃的温度差而不炸裂。

（2）安全性　由于热处理后玻璃晶粒的变化，钢化玻璃破碎后，其碎片的形状呈现蜂窝状小块，碎片小而无棱角，不会造成人体伤害，所以钢化玻璃破碎时具有相当的安全性。性能不同的汽车玻璃如图 9-1 所示，钢化玻璃破损后沿晶界产生裂纹，大大影响了视野，会引发二次交通事故，因此仅用于汽车后窗和侧窗玻璃。

（3）使用持久性　钢化玻璃无论在低温或高温季节中都可长期使用而不改变其抗弯强度和抗冲击性能。

3. 区域钢化玻璃

区域钢化玻璃又称局部钢化玻璃，采用特殊的热处理方法，可以控制玻璃碎片的大小、形状和分布，以克服普通钢化玻璃经受撞击形成一层稠密的裂缝网的缺陷。处理时，中间部分不进行淬火，只对玻璃外缘部

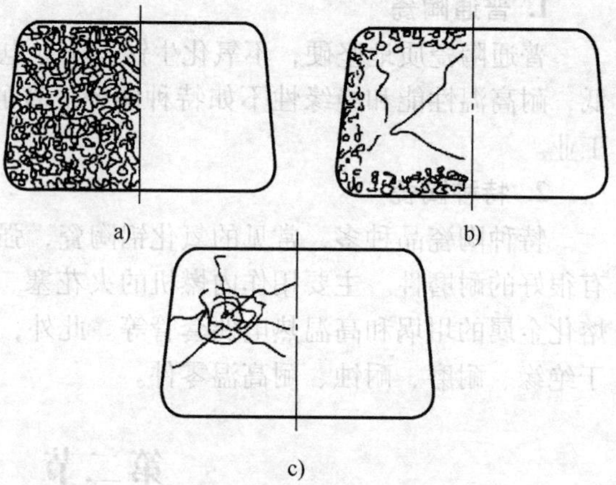

图 9-1　性能不同的汽车玻璃

a）钢化玻璃　b）局部钢化玻璃　c）夹层玻璃

分进行局部淬火。如图 9-1b 所示，当玻璃受到冲击时，其局部碎裂为细小的碎片，而中部破碎玻璃成大块，使玻璃在破碎之前保持一定的透明度，不阻挡视线，避免二次事故的发生。区域钢化玻璃一般也用于汽车后窗和侧窗玻璃。

4. 夹层玻璃

夹层玻璃又称为安全玻璃，它是将两片以上的平板玻璃用聚乙烯醇缩丁醛塑料衬片粘合而成的，具有较高的强度。当玻璃受到冲击破坏时，会产生辐射状或蜘蛛网状裂纹，如图 9-1c所示，碎片不易脱落，而且不影响玻璃的透明度，不产生折光现象。

夹层玻璃常用于汽车的前窗玻璃。各国已制定有关法规，规定轿车的前窗必须安装夹层玻璃。此外，夹层玻璃还常用于高层建筑门窗和航空用的安全玻璃等。

5. 夹丝玻璃

夹丝玻璃是在玻璃中间夹有一层金属网，其强度高，不易破碎，即使破碎，也会附在金属网上而不脱落，因此又称为防碎玻璃。

6. 信号玻璃

信号玻璃主要包括平板色玻璃、凸透镜玻璃、偏光镜玻璃和牛眼形玻璃。对信号玻璃的质量要求远高于普通玻璃。信号玻璃应色彩鲜艳，质地均匀一致，透明度较高，可以有选择地透光。信号玻璃广泛应用于铁路、公路、水路及航空等领域，用于制作各种信号机和信号灯。

近年来，车用玻璃技术已作为评价现代汽车技术的一个重要标志。20 世纪 90 年代开始，国外的汽车玻璃已向轻量化、绝热化、安全性和多功能方向发展。

本章小结

1. 陶瓷分为普通陶瓷和精细陶瓷两大类。

普通陶瓷称为传统陶瓷，以天然的硅酸盐矿物为原料高温烧结制成，又称硅酸盐陶瓷。其质地坚硬，有良好的抗氧化性、耐蚀性和绝缘性。

精细陶瓷又称现代陶瓷或特种陶瓷，是采用高强度、超细粉末原料，经过特殊的工艺加工得到的结构精细且具有各种功能的无机非金属材料。

陶瓷的性能特点：高硬度、低的抗拉强度、较高的抗压强度、优良的高温强度和低抗热振性、高的热学性能、高的电学性能和良好的化学稳定性。

2. 常用的玻璃有板型玻璃、钢化玻璃、夹丝玻璃、夹层玻璃及信号玻璃等。

复习思考题

1. 陶瓷材料是如何分类的？
2. 陶瓷材料有哪些性能特点？
3. 什么是玻璃？其主要化学组成是什么？
4. 试述常用玻璃的分类及性能。

第十章　复合材料及功能材料

【基本要求】

1. 掌握复合材料的组成、分类、性能特点及用途。
2. 掌握电功能材料、磁功能材料、热功能材料和光功能材料的性能及应用。
3. 了解其他功能材料。

【重点和难点】

1. 复合材料的组成、性能特点、分类及应用。
2. 常用功能材料。

第一节　复 合 材 料

复合材料是由两种或两种以上性质不同的材料，经不同的工艺方法组合而成的材料。不同的非金属材料之间、金属材料之间、非金属材料与金属材料之间均可以相互复合。复合材料不仅有组成材料的优点，还有组合后新的特性，是单一材料无法比拟的。因此，复合材料发展迅速，在各个领域都得到了广泛应用。

一、复合材料的组成及分类

复合材料由基体和增强体两部分组成。基体是复合材料的主体，即自身保持连续而包围增强相的材料。基体起粘结作用，可以是金属、高分子或陶瓷材料中的一种。复合材料的种类很多，分类方法也不尽统一。复合材料可以由金属材料、高分子材料和陶瓷材料中的任意两种或几种制备而成。常见的分类方法见表 10-1，图 10-1 所示为部分复合材料的结构示意图。

表 10-1　复合材料的分类

分类方法	种　类	增强体分布形态	备　注
按增强体特征分	颗粒增强复合材料（PRC）	硬质颗粒弥散而均匀地分布在基体中	发展最快，应用最广的是各种纤维（玻璃纤维、碳纤维、硼纤维、SiC 纤维、Al_2O_3）
	纤维增强复合材料（FRC）	连续或短纤维增强基体材料	
	层叠复合材料（LC）	两种以上层片状材料	
按基体材料种类分	高分子复合材料（PMC）	颗粒、纤维、层叠增强均可	应用最多的是高分子基复合材料和金属基复合材料
	金属基复合材料（MMC）	颗粒、纤维、层叠增强均可	
	陶瓷基复合材料（CMC）	颗粒、纤维、层叠增强均可	

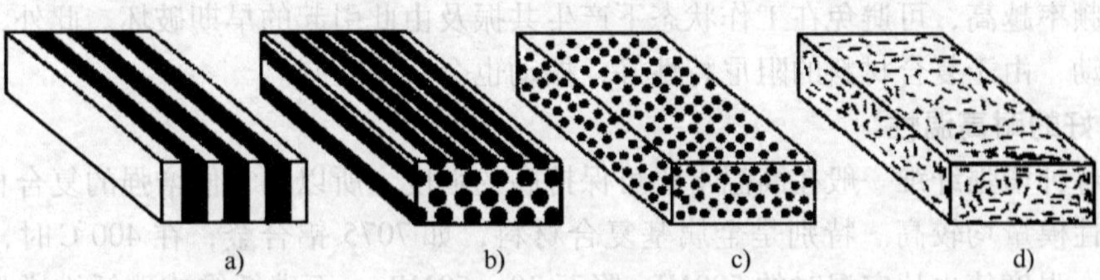

图 10-1　部分复合材料的结构示意图

a）层叠复合　b）连续纤维复合　c）颗粒复合　d）短切纤维复合

二、复合材料的性能特点

1. 高的比强度和比模量

复合材料最显著的特点是比强度和比模量高，对要求减轻自重和高速运转的结构和零件是非常重要的，碳纤维增强环氧树脂复合材料的比强度是钢的 7 倍，比模量是钢的 4 倍。常用金属材料和复合材料的性能比较见表 10-2。

表 10-2　常用金属材料和复合材料强度的性能比较

类　别	材　料	密度/（$g \cdot cm^{-3}$）	抗拉强度/MPa	弹性模量/GPa	比强度/10^6m	比模量/10^6m
金属材料	钢	7.8	1030	210	1.3	2.7
	铝	2.8	470	75	1.7	2.6
	钛	4.5	960	114	2.1	2.5
复合材料	玻璃钢	2.0	1060	40	5.3	2.1
	硼纤维/铝	2.65	1000	200	3.8	7.5
	硼纤维/环氧树脂	2.1	1380	210	6.6	10
	高强碳纤维/环氧树脂	1.45	1500	140	10.3	2.1
	高模纤维/环氧树脂	1.6	1070	240	6.7	15
	有机纤维 PRD/环氧树脂	1.4	1400	80	10.0	5.7
	SiC 纤维/环氧树脂	2.2	1090	102	5.0	4.6

2. 良好的抗疲劳性能

复合材料的疲劳极限较高，例如，碳纤维-聚酯树脂复合材料的疲劳极限是其抗拉强度的 70% ~80%，而金属材料的疲劳极限只是其抗拉强度的 40% ~50%。图 10-2 是三种材料疲劳性能的比较。

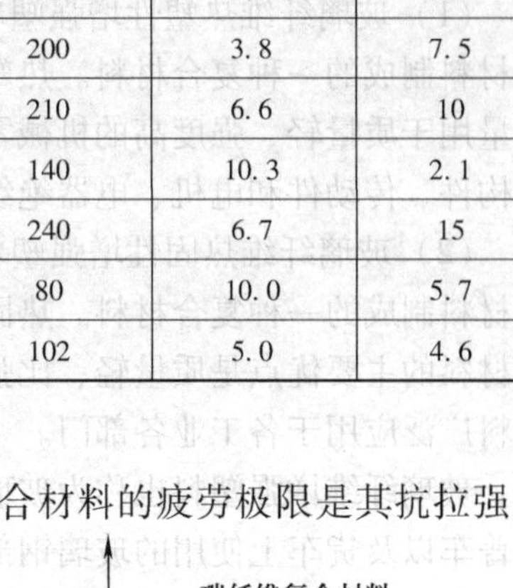

图 10-2　三种材料疲劳性能比较

3. 破损安全性好

纤维增强复合材料在每平方厘米截面上有几千至几万根增强纤维，当其中一部分受载荷作用断裂后，应力迅速重新分布，载荷由未断裂的纤维承担起来，所以断裂安全性好。

4. 良好的减振性能

结构的自振频率除与结构本身的质量、形状有关外，还与材料的比模量的平方根成正比。材料的比模量越大，则其自振频率越高，可避免在工作状态下产生共振及由此引起的早期破坏。此外，即使结构已产生振动，由于复合材料的阻尼特性好，振动也会很快衰减。

5. 良好的耐高温性

由于各种增强纤维一般在高温下仍可保持高的强度，所以用它们增强的复合材料的高温强度和弹性模量均较高。特别是金属基复合材料，如7075铝合金，在400℃时，弹性模量接近于零，强度值也从室温时的500MPa降至30～50MPa。而碳纤维或硼纤维增强组成的复合材料，在400℃时，强度和弹性模量可保持接近室温下的水平，碳纤维增强的镍基合金也有类似的情况。

6. 材料性能具有可设计性

复合材料的物理性能、化学性能和力学性能都可以通过合理选择原材料的种类、配比、加工方法和纤维含量等进行设计，由于基体、增强体材料种类很多，故其选材设计的自由度很大。

7. 独特的成形工艺

复合材料可以整体成形，这样可以减少零部件紧固和接头数目，简化结构设计，减轻结构重量。在中等批量生产的车型中，用树脂基复合材料取代铝材可降低40%左右的成本。

三、复合材料的应用

根据结构特点的不同，复合材料可分为纤维复合、层叠复合、细粒复合和骨架复合等类型。这里仅介绍纤维复合材料。

1. 玻璃纤维增强塑料（玻璃钢）

（1）玻璃纤维热塑性增强塑料　一般它是以热塑性塑料为粘结材料，以玻璃纤维为增强材料制成的一种复合材料。热塑性塑料有尼龙、聚碳酸酯、聚乙烯和聚丙烯等。这类材料大量用于质量轻、强度高的机械零件，如航空机械、机车车辆、汽车、船舶及农机等受力热结构件、传动件和电机、电器绝缘件等。

（2）玻璃纤维热固性增强塑料　一般它是以热固性塑料为粘结材料，以玻璃纤维为增强材料制成的一种复合材料。热固性塑料有环氧树脂、酚醛树脂、氨基树脂及有机硅等。这类材料的主要优点是质量轻、比强度高，成形工艺简单，耐蚀性、电波透过性好，作为结构材料广泛应用于各工业各部门。

玻璃纤维增强塑料也称为玻璃钢。玻璃钢是汽车上应用最广的复合材料，目前在轿车、吉普车以及货车上使用的玻璃钢部件逐步增多。随着研究和开发的不断深入，将更多地用玻璃钢替代金属材料，以达到节能的目的。

2. 碳纤维增强塑料（CFRP）

碳纤维增强塑料多以树脂为基体材料，常用树脂有环氧树脂、酚醛树脂和聚四氟乙烯等。

这种复合材料具有质量轻、强度高、热导率大、摩擦因数小、抗冲击性能好、疲劳强度高等优点。在机械工业中，常用于制作轴承、密封圈和衬垫板等。用碳纤维增强塑料制成的齿轮，质量轻且不需要润滑，减少了维修次数，这对于不允许用润滑油进行润滑的传动零件极为重要。

碳纤维树脂复合材料在航空工业中的应用也很多，可用来制造飞机的翼尖、翼尾、起落架支柱、直升机旋翼等，也可用于制造火箭、导弹的鼻锥体、喷嘴、人造卫星支承架等。

采用碳纤维增强塑料生产的汽车零件有：发动机挺柱、保险杠骨架、传动轴、大梁、横梁及悬架板簧等。

3. 芳纶纤维复合材料

这种材料是一种有机合成纤维，具有高强度、高弹性、低密度等特点。其强度与碳纤维相同，而质量比碳纤维轻10%～15%，比玻璃纤维轻45%；具有高的抗拉强度及压缩模量，耐破坏性、振动衰减性及抗疲劳性强，但成本高。采用芳纶纤维复合材料生产的汽车零件有：缓冲器、门梁、托架、铰链、变速器支架、压簧及传动轴等。

第二节　功能材料

功能材料是指除力学性能以外还具有某种或某些特殊物理性能或功能的材料，如具备特殊的声、光、电、磁、热等物理性能的材料。功能材料既可以是单一种类的材料，也可以是某些复合材料，铜、铝导线及硅钢片等都是最早的功能材料。20世纪70年代以后，光电子材料、形状记忆合金、储能材料发展迅速，90年代起，智能功能材料、纳米功能材料等逐渐引起人们的兴趣。太阳能、原子能的开发利用，微电子技术、激光技术、传感器技术、工业机器人、空间技术、海洋技术、生物医学技术、电子信息技术等的快速发展，使材料的开发重点由结构材料转向了功能材料。

功能材料按照材料的功能分为电功能材料、磁功能材料、热功能材料、光功能材料和智能材料等。

一、电功能材料

电功能材料是以金属材料为主，可分为金属导电材料、金属电阻材料、金属电接点材料以及超导材料等。金属导电材料是用来传送电流的材料，包括电力、电机工程中使用的电缆、电线等强导电材料和仪器、仪表使用的弱导电材料两大类；电阻材料是制造电子线路中电阻元件及电阻器的基础材料。

电接点指专门用以建立和消除电接触的导电构件。电力、电机系统和电器装置中的电接点的负荷电流较大，称之为强电或中电接点；仪器仪表、电子与电信装置中的电接点的负荷电流较少，一般为几毫安到几安培，并且压力小，称之为弱电接点。电接点材料是制造电接点的导体材料。较常用的有金属电接点材料和超导材料。弱电接点材料用于制造仪器仪表、电子与电信装置中的各种电接点，如连接器、小型继电器、微型开关、电位器的关键材料。电接点材料直接影响仪器仪表和电装置的稳定性、可靠性和精度等。

二、磁功能材料

磁功能材料也称为磁性材料，它所具有的磁性使其具备电能转换（如变压器）、机械能转换（如磁铁）和信息存储（如磁带）等功能。磁性材料一般分为软磁性材料和硬磁性材料。按成分来分，分为金属磁性材料和铁氧体磁性材料。

软磁材料对磁场反应敏感，易于磁化，磁导率大，也称为高磁导材料或磁心材料。在变压器、发动机、电动机中大量采用了软磁材料。另外，磁记录仪中的磁头材料、磁屏幕等材料，也是软磁材料。生产上常用纯铁、Fe-Ni、Fe-Si、Fe-Al 及 Fe-Al-Si-Ni 等合金作为软磁材料。

硬磁材料也称为永磁材料，不易被磁化，一旦被磁化，则磁性不易消失。硬磁材料主要用于各种旋转机械（如电动机、发电机）、小型音像机械、继电器及磁放大器等方面。目前，常用的硬磁性材料有 Alnico 磁铁（Al-Ni-Co-Fe 合金）、铁氧体磁铁（以 Fe_2O_3 为主的复合氧化物）和稀土类永磁合金。

近年来，又开发了聚合物磁性材料。例如，冰箱、冷库门的密封条就是由橡胶复合磁性材料制成的，这种材料是以橡胶为基体，与混合磁粉进行加工后得到的。

三、热功能材料

材料在受热或温度变化时，会出现性能变化，产生一系列的现象，如热膨胀、热传导（或隔热）、热辐射等。根据材料在温度变化时的热性能变化，可将其分为不同的类别，如膨胀材料、测温材料、形状记忆材料、热释电材料、热敏材料、隔热材料等。目前，热功能材料已广泛用于仪表仪器、医疗器械、导弹等新式武器、空间技术和能源开发等领域，是不可忽视的重要功能材料。

1. 膨胀材料

根据膨胀系数的大小可将膨胀材料分为三种：低膨胀材料、定膨胀材料和高膨胀材料。几种膨胀合金的类型、特点及用途见表 10-3。

表 10-3 几种膨胀合金的类型、特点和用途

材料种类	低膨胀材料	定膨胀材料	高膨胀材料
特点	−60 ~ 100℃内膨胀系数极小	−70 ~ 500℃内膨胀系数低或中等且基本恒定	室温小于 100℃内膨胀系数很大
类别	Fe-Ni 系合金 Fe-Ni-Co 系合金 Fe-Co-Cr 系合金 Cr 合金	Fe-Ni 系合金 Fe-Ni-Co 系合金 Fe-Cr 系合金 Fe-Ni-Cr 系合金 复合材料	有色金属合金（黄铜、纯镍、Mn-Ni-Cu 三元合金）、黑色金属合金（Fe-Ni-Mn 合金、Fe-Ni-Cr 合金）
用途	1）精密仪器仪表器件 2）长度标尺、大地测量基线尺 3）谐振腔、微波通信波导管、标准频率发生器 4）标准电容器片、支撑杆 5）液气储罐及运输管道 6）热双金属片被动层	1）电子管、晶体管和集成电路中的引线材料、结构材料 2）小型电子装置与器械的微开型电池壳 3）半导体元器件支持电极	用于热双金属片主动层材料，制造室温调节装置、自断路器及各种条件下的自动控制装置等

2. 形状记忆合金

形状记忆是指具有初始形状的制品变形后，通过加热等手段处理后又恢复初始形状的功能。

具有形状记忆效应的材料叫做形状记忆材料。材料在高温下形成一定形状后冷却到低温进行塑性变形将其形状改变为另一种形状，然后材料经加热后能恢复到高温时的形状，这就是形状记忆效应。形状记忆材料通常由两种以上的金属元素构成，所以也叫形状记忆合金。

形状记忆合金是一种新型功能材料，在一些领域已得到较广泛的应用。形状记忆合金还可用于温度控制仪器等各种形状记忆驱动器，如室温窗户的自动开闭装置、防止发动机过热的风扇开合器等。其中应用较成熟的是钛镍合金、铜基合金和应力诱发马氏体类铁基合金，其具体应用见表 10-4。

表 10-4　形状记忆材料的应用

应用领域	应 用 举 例
电子仪表	温度自动调节器、火灾报警器、温控开关、电路连接器、空调自动风向调节器、液体沸腾报警器、光纤连接和集成电路钎焊等
航空航天	月面、人造卫星天线，以及卫星和航天飞机等自动启闭窗门
机械工业	机器人手脚微型调节器各种接头、固定销、压板、热敏阀门。工业内窥镜战斗机、潜艇用油压管和送水管接头等
医疗器械	人工关节、耳小骨连锁原件，止血、血管修复件，牙齿固定件，人工肾脏泵，能动型内窥镜，以及杀伤癌细胞置针等
交通运输	汽车发动机散热风扇离合器、货车散热器自动开关、排气自动调节器和喷气发动机内窥镜等
能源开发	固相热能发电机、住宅热水送水管阀门、温室门窗自动调节弹簧和太阳能电池帆板等

3. 测温材料

测温材料是仪器仪表中使用的重要材料。测温元件是利用材料的热膨胀、热电阻和热电动势等特性制造的，利用这些测温元件可分别制造双金属温度计、热电阻和热敏电阻温度计及热电偶等。

测温材料按材质可分为高纯金属及合金，单晶、多晶和非晶半导体材料，陶瓷、高分子及复合材料等；按使用温度可分为高温、中温和低温测温材料；按功能可分为热膨胀、热电阻、磁性、热电动势等测温材料。目前，工业上应用最多的是热电偶和热电阻材料。

热电偶材料包括制作测温热电偶的高纯金属及合金材料和用来制作发电或电制冷器的温差电锥用高掺杂半导体材料。

4. 隔热材料

隔热材料是用于防止无用甚至有害热侵袭的材料。隔热材料的最大特性是有极大的热阻。利用隔热材料可以制造涡轮喷气发动机燃烧室、冲压式喷气机火焰口等，高温材料电池、热离子发生器等也都离不开隔热材料。

生产中常用的隔热材料有高温陶瓷材料、有机高分子和无机多孔材料等，如氧化铝纤维、氧化锆纤维、碳化硅涂层石墨纤维、泡沫聚氨酯、泡沫玻璃、泡沫陶瓷等。随着现代化航空航天技术的飞速发展，对隔热材料也提出了更严格的要求，目前主要向着耐高温、高强度、低密度方向发展，尤其是向着复合材料方向发展。

四、光功能材料

光功能材料的种类很多，按照材质可分为光学玻璃、光学晶体、光学塑料、光纤、隐形材料等。

光学玻璃包括有色和无色两种形式，主要是指具有各种特殊要求的透镜、反射镜、棱镜、滤光镜等。这些光学玻璃元件可用于制造测量尺寸、角度、表面粗糙度等的仪器，也可制造经纬仪、水平仪，高空及水下摄像机，生物、金相、偏光显微镜和望远镜；测距仪、光学瞄准仪，照相机、摄像机，防辐射、耐辐射屏蔽窗等。

光学晶体是指用在光学、电学仪器上的结晶材料，有单晶和多晶两种。按照用途可分为用于光学仪器的透镜、棱镜和窗口材料的光学介质材料，以及非线性光学材料，用于光学倍频、声光、电光及磁光材料的非线性光学材料。

光学塑料是在加热加压下能产生塑性流动并能成型的透明有机合成材料。常用的光学塑料有聚甲基丙烯酸羟乙酯、聚苯乙烯、双烯丙基缩乙二醇碳酸酯和聚碳酸酯等。光学塑料可以代替光学玻璃，此外，还有一些独特的应用，如隐形眼镜、人工水晶体、仪器反射镜面、无碎片眼镜等。

信息显示材料就是把人眼看不到的电信号变为可见的光信息，信息显示材料分为两大类：主动式显示用发光材料和被动式显示用材料。主动式显示用发光材料是在某种激光下发光的材料。在电子束激发下发光的称为阴极射线发光材料，用于真空荧光显示屏，如显示波、显像管等；被动式显示用材料在电场等作用下不能发光，但能形成着色中心，在可见光照射下能够着色从而显示出来。这类材料包括液晶、电着色材料、电泳材料等，其中使用最广泛、最成熟的是液晶。

光纤是用高透明电介质材料制造成的极细的低损耗导光纤维，具有从红外线到可见光区传输光和传感的双重功能。因而，光纤在通信领域和非通信领域都有广泛应用。通信光纤的出现实现了远距离的光通信，光纤通信网络、海底光缆都已成为现实，生产中主要用高硅玻璃光纤；非通信光纤的应用较广泛，如单偏振光纤、高双折射偏振保持光纤、传感器光纤等，具体应用包括光纤测量仪表的光学探头（传感器）、医用内窥镜等。

本章小结

1. 复合材料是由两种或两种以上性质不同的材料，经不同的工艺方法组合而成的材料。不同的非金属材料之间、金属材料之间、非金属材料与金属材料之间均可以相互复合。复合材料不仅具有组成材料的优点，又具有组合后新的特性，这是单一材料无法具备的。

复合材料由基体和增强体两部分组成。基体是复合材料的主体，即自身保持连续而包围增强相的材料。

2. 功能材料按照材料的功能可分为电功能材料、磁功能材料、热功能材料、光功能材料及智能材料等。

电功能材料以金属材料为主，可分为金属导电材料、金属电阻材料、金属电接点材料以及超导材料等。

磁功能材料具有磁性，使其具备电能转换（如变压器）、机械能转换（如磁铁）和信息存储（如磁带）等功能。磁性材料一般分为软磁性材料和硬磁性材料。根据成分不同，磁功能材料分为金属磁性材料和铁氧体磁性材料。

根据材料在温度变化时的热性能变化，可将热功能材料分为膨胀材料、测温材料、形状记忆材料、热释电材料、热敏材料和隔热材料等。

光功能材料按照材质可分为光学玻璃、光学晶体、光学塑料、光纤及隐形材料等。

复习思考题

1. 何谓复合材料？复合材料有哪些特点？
2. 复合材料的种类有哪些？
3. 何谓功能材料，主要包括哪些材料？

第三篇

常用模具材料

第十一章　模具材料概述
第十二章　冷作模具钢
第十三章　热作模具钢
第十四章　塑料模具钢
第十五章　模具表面的处理技术

第十一章　模具材料概述

【基本要求】

掌握模具材料的分类方法、性能要求。

【重点和难点】

1. 模具钢的种类。
2. 模具材料的使用性能要求。
3. 模具材料的工艺性能要求。

第一节　模具材料的分类

模具材料的分类方法很多，常按材料类别分为：黑色金属、有色金属、非金属材料等。由于在模具制造中主要采用的是模具钢，一般把模具钢分为：碳素工具钢、低合金模具钢、中合金模具钢及高合金模具钢；按用途不同分为：冷作模具钢、热作模具钢及塑料模具钢等。模具材料分类如图 11-1 所示。

由于冲模与塑料模使用广泛，在生产现场的使用比例占 80% 以上，所以这里主要介绍冲模与塑料模常用的模具钢。

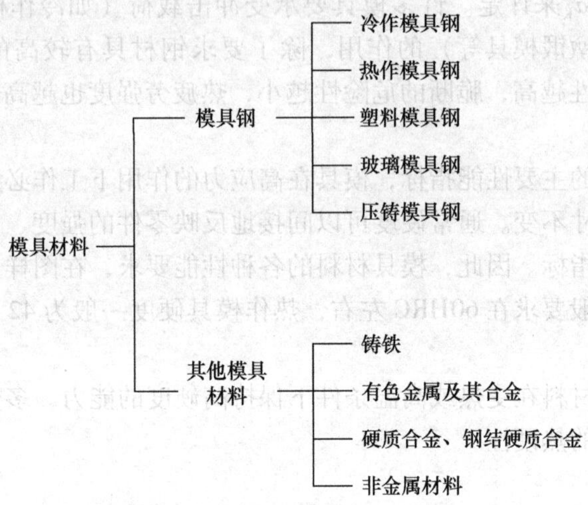

图 11-1　模具材料分类

第二节　模具材料的性能要求

模具的工作条件不同，对模具材料的性能要求也不同。

1）冲模的模具要求其材料具有高的强度，良好的塑性和韧性，高的硬度及耐磨性。

2）冷挤压模具要求其材料具有高强度、高韧性、高淬透性以及良好的耐磨性、热稳定性和切削加工性。

3）热作模具钢要求在工作温度下保持高的强度和韧性、良好的耐蚀性、热稳定性以及优良的热疲劳抗力。

一、模具材料的使用性能要求

1. 强度

强度是衡量材料抵抗变形抗力和断裂抗力的性能指标。模具在使用时承受拉压、振动、扭转和弯曲等应力，重负荷的模具往往由于强度不够、韧性不足，造成模具局部塌陷、断裂而发生早期失效。因此，使模具材料保持足够的强度，将有利于延长模具的使用寿命。屈服强度是衡量模具钢塑性变形抗力最常用的强度指标。对模具材料要求具有高的屈服强度，当模具的工作应力超过模具材料的相应屈服强度时，模具就会产生塑性变形，用其加工出来的工件尺寸和形状就会发生变化，产生废品，模具也就因此失效。

为了确保模具在使用过程中不会发生过早塑性变形失效，模具材料的屈服强度必须大于模具的工作应力。热作模具的工作对象是高温软化状态的坯料，故所受的工作应力要比冷作模具小得多。热作模具与高温坯料接触的部分会受热而软化，因此热作模具的表面层需有足够的高温强度。而冷作模具材料的断裂抗力指标是室温下的抗拉强度、抗压强度和抗弯强度等。

2. 韧性

韧性是材料在冲击载荷作用下抵抗产生裂纹折断、崩刃的一种特性，反映了模具的脆断抗力，常用冲击韧度 a_K 来评定。许多模具要承受冲击载荷（如冷作模具的凸模，锤用热锻模具、冷镦模具、热镦锻模具等）的作用，除了要求钢材具有较高的强度外，还要具有足够的韧性。材料的韧性越高，脆断的危险性越小，热疲劳强度也越高。

3. 硬度和热硬性

硬度是模具材料的主要性能指标，模具在高应力的作用下工作必须具有足够的硬度，才能保持原有形状和尺寸不变。通常硬度可以间接地反映零件的强度、塑性、韧性、疲劳抗力和耐磨性等力学性能指标。因此，模具材料的各种性能要求，在图样上只通过标注硬度来表示。冷作模具硬度一般要求在60HRC左右，热作模具硬度一般为42~50HRC，塑料模具硬度通常为45~60HRC。

热硬性是指模具材料在受热或高温条件下保持高硬度的能力。多数热作模具和某些冷作模具都要求具有一定的热硬性。

4. 耐磨性

模具的失效通常都是由磨损引起的，决定模具使用寿命的重要因素往往是模具材料的耐磨性。模具在使用时承受相当大的压应力和摩擦力，这就要求模具材料能够在强烈摩擦下仍保持精度不变。

冷作模具的磨损形式通常是磨粒磨损和粘着磨损，而热作模具的磨损形式主要是氧化磨损。磨损形式不同，影响耐磨性的因素也各不相同。一般情况下，当冲击载荷较小时，耐磨性与硬度成正比关系；当冲击载荷较大时，表面硬度越高并非耐磨性越好，超过一定的硬度值之后耐磨性反而下降。

5. 抗疲劳性

抗疲劳性是反映材料在交变载荷作用下抵抗疲劳破坏的性能指标。模具工作时承受着机械冲击和热冲击的交变应力。对于热作模具，大多数在急冷急热条件下工作，必然发生不同程度的冷热疲劳，往往是在型腔表面形成浅而细的裂纹，它的迅速传播和扩展导致灾难性事故发生，而使模具报废。提高材料的抗疲劳性，可有效地推迟疲劳裂纹的形成与扩展。

二、模具材料的工艺性能要求

在模具生产成本中，材料费用只占15%左右，而机械加工、热处理、装配和管理等费用占80%以上。所以，模具材料的工艺性能就成为影响模具生产成本和制造难易的主要因素之一。模具材料的工艺性能主要有如下几种：

1. 可加工性

钢材的可加工性主要包括切削、磨削、抛光、冷拔等加工性和锻压加工性。模具钢大多属于过共析钢和奥氏体钢，热加工性能和冷加工性能都不太好。为改善钢的切削加工性，在钢中加入易切削元素或改变钢中夹杂物的分布状态，从而提高模具表面的质量和减少刀具的磨损。

随着电子技术的发展，数控机床和加工中心乃至计算机控制技术的广泛运用，模具钢除了应具有良好的切削加工性外，还要有良好的镜面抛光性能、电加工性能以及压印翻模加工性能等。

2. 淬硬性和淬透性

模具对这两种性能的要求根据其使用条件不同各有侧重，对于要求整个截面有均匀一致性能的模具，如热作模具、塑料模具，高的淬透性显得更重要些；而对于只要求有高硬度的小型冷作模具，如冲裁落料模具，则更偏重于高的淬硬性。淬硬性主要取决于钢中碳的质量分数，淬透性主要取决于钢的化学成分和淬火前钢的原始组织。

3. 淬火温度和热处理变形

为了便于生产，要求模具钢的淬火温度范围尽可能宽些，特别是当模具采用火焰加热局部淬火时，要求模具钢有更宽的淬火温度范围。除部分采用预硬型钢制作的模具外，绝大多数模具是在切削加工后，通过热处理而获得所需的组织和性能。因此，要求淬火时尺寸变化小，各向具有相近似的变化且组织稳定。

4. 脱碳敏感性

模具钢在锻造、退火或淬火时，若在无保护气氛下加热，其表面层会产生脱碳等缺陷，使模具的耐用度下降。脱碳敏感性主要取决于钢的化学成分，特别是碳的质量分数。

本章小结

1. 模具材料按模具类别分为：冷作模具材料、热作模具材料、塑料模具材料和其他模具材模等。

2. 模具材料按材料类别分为：黑色金属、有色金属及非金属材料等。

3. 模具钢分为：碳素工具钢、低合金模具钢、中合金模具钢及高合金模具钢；按用途不同分为：冷作模具钢、热作模具钢及塑料模具钢等。

4. 模具材料的使用性能要求有：强度、韧性、硬度和热硬性、耐磨性、抗疲劳性。

5. 模具材料的工艺性能要求有：可加工性、淬硬性和淬透性、淬火温度和热处理变形以及脱碳敏感性。

复习思考题

1. 模具材料一般可分为哪几类？
2. 按照工作条件不同，模具分为哪三大类？其中每一类都包括哪些模具？
3. 模具钢包括哪些材料？
4. 模具材料有哪些性能要求？
5. 对模具材料的使用性能要求有哪几个方面？
6. 模具材料的工艺性能有哪几种？

第十二章　冷作模具钢

【基本要求】

1. 掌握冷作模具钢的性能要求及分类方法。

2. 掌握冷作模具钢的选用方法。

【重点和难点】

1. 冷作模具钢的选用。

2. 冷作模具钢的热处理技术。

第一节　冷作模具钢的性能要求及分类

冷作模具是指在冷状态（常指室温）下压制成形的模具，典型的冷作模具有冷冲裁模、冷变形模、冷挤压模及冷镦模等。由于各类冷作模具的工作条件不同，其失效形式和对制造冷作模具的材料性能要求也就不同。对冷作模具钢的主要性能要求有强度、硬度、韧性和耐磨性。

一、冷作模具钢的性能要求

1. 冲裁模

冲裁模是使板料分离从而获得冲压件的模具，常用的有落料模、冲孔模、切边模、切口模及剖切模等。

(1) 工作条件及主要的失效形式　冲裁模的工作对象是钢板、有色金属板材或其他板材，主要工作部位是凸模和凹模的刃口部分。冲裁时，凸模切入板料（见图 12-1），同时板料被挤入凹模洞口，冲裁力集中在刃口附近的狭小范围内，使模具的刃口端面和侧面与板料产生强烈的挤压和摩擦。同时，板料还要承受冲击力、剪切力和弯曲力的作用，如图 12-2 所示。通常凸模承受的压力大于凹模，尤其在冲裁中、厚钢板或者在厚钢板上冲裁小孔时，凸模所承受的单位压力很大。

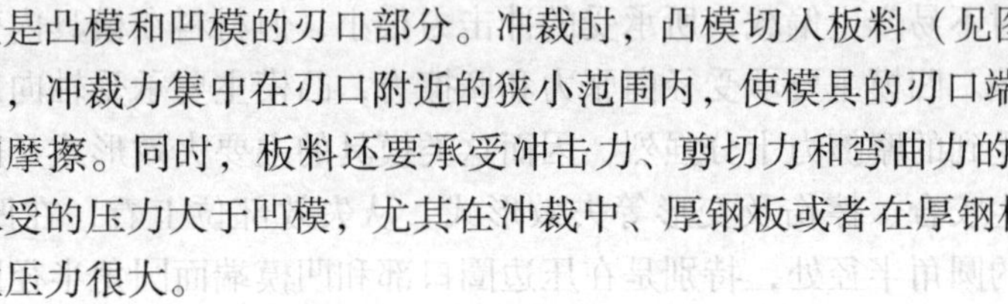

图 12-1　金属板料的冲裁过程

冲裁模失效形式主要是磨损。从磨损机理上看，主要是粘着磨损，同时也伴随着磨粒磨损和疲劳磨损；从磨损的部位考虑，可分为刃口磨损、端面磨损和侧面磨损。由于凸模的受力较大，且在一次冲裁过程中经受两次摩擦过程（进入和离开各一次），磨损较快。随着模具使用时间的增加，磨损会使模具的间隙增大，刃口也由锋利变圆钝，甚至会产生模具表面层的脱落，当磨损达到一定程度时，就会使冲裁件的尺寸超差、飞边超过规定要求等。当冲压件厚度大或具有较强的磨粒磨损作用时，则会加速模具的磨损。生产中常用磨削的方法使刃口重新锋利，但经过多次刃磨后，凸模变短，凹模变薄，直至无法工作而失效。

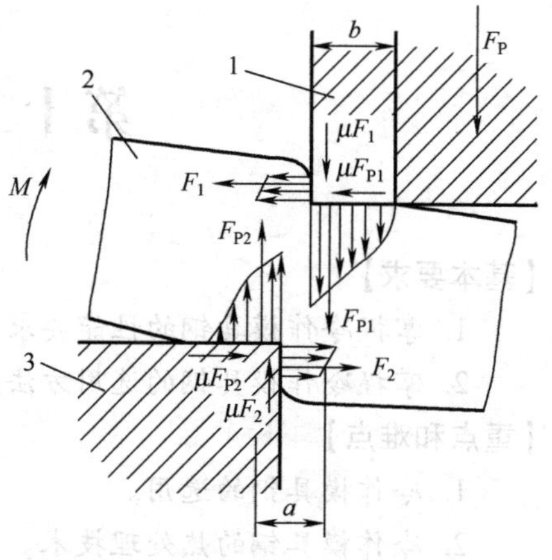

图 12-2　冲裁时作用于板料上的力

1—凸模　2—材料　3—凹模

（2）性能要求　依据上述分析，冲裁模的主要性能要求是高的硬度和耐磨性，足够的抗压、抗弯强度和适当的韧性。由于被冲板料厚度不同，对其性能要求也有所差异。对于薄板冲裁模（冲裁厚度≤1.5mm），冲裁模受载荷较小，只有在热处理不当或操作失误的情况下，才可能出现脆性断裂失效，所以，以高耐磨性、高精度要求为主。对于厚板冲裁模（板厚＞1.5mm），其受载荷较大，失效形式除了磨损以外，还可能发生塑性变形、断裂或崩刃等失效，除了要求高耐磨性外，还应具有良好的强韧性。

2. 变形模

变形模是使金属板材产生塑性变形并成为具有一定尺寸、形状的模具。这类模具主要包括拉深模、弯曲模和成形模等。

（1）工作条件及主要失效形式　变形模的工作对象是钢板、有色金属板材和其他板材，依靠模具使金属坯料产生塑性变形而获得所需的形状。变形模的凸模、凹模和压边圈的工作部位均无锋利的尖角，模具零件的受力不像冷冲裁模那样限定在较小的范围内，凸模和凹模之间的间隙一般比板材厚度大，模具工作时受载荷相对冲裁模要轻，模具较少出现应力集中。模具在工作时不易产生偏载，所承受的冲击力很小，但材料在模具内变形流动，模具表面受到强烈的摩擦。凹模主要承受径向张力和摩擦力，凸模主要承受轴向压力和摩擦力的作用。其中，模具受到的摩擦力十分强烈，因而这类模具的主要失效形式是磨粒磨损和粘着磨损，有时还会产生咬合、擦伤及变形等失效形式。从失效部位上看，在凹模和压边圈的端面、凸模和凹模的圆角半径处，特别是在压边圈口部和凹模端面圆角半径以外的区域产生粘着磨损的情况最为严重。

在模具的工作过程中，除了严重磨损外，在其工作表面上的某些局部位置，所受到的载荷较重，承受的挤压力较大，受摩擦后模具的表面温度升高。在高温和高压的共同作用下，模具表面可与金属坯料产生“粘附”（咬合），即在温度和压力作用下，型腔局部表面可与坯料发生焊合，使小块坯料粘附在型腔表面形成坚硬的小瘤，这些小瘤将使制品表面产生划痕和擦伤，降低制件的表面质量。

（2）性能要求　主要性能要求有高硬度和高耐磨性，一般凸模硬度为 58～62HRC，凹模为 62～64HRC，还要具有良好的抗咬合性。对变形模的耐磨性要求稍低，一般凸模硬度为 54～58HRC，凹模为 56～60HRC，但要求具有较高的韧性。

3. 冷挤压模

冷挤压模是使金属坯料在强大而均匀的近似于静挤压力的作用下，使其产生塑性变形从而形成所需形状和尺寸产品的模具。

（1）工作条件及主要失效形式　冷挤压分为正向挤压、反向挤压、复合挤压和径向挤压四种类型，如图12-3所示。在进行冷挤压加工时，金属坯料受到强烈的三向压应力作用，变形抗力大。

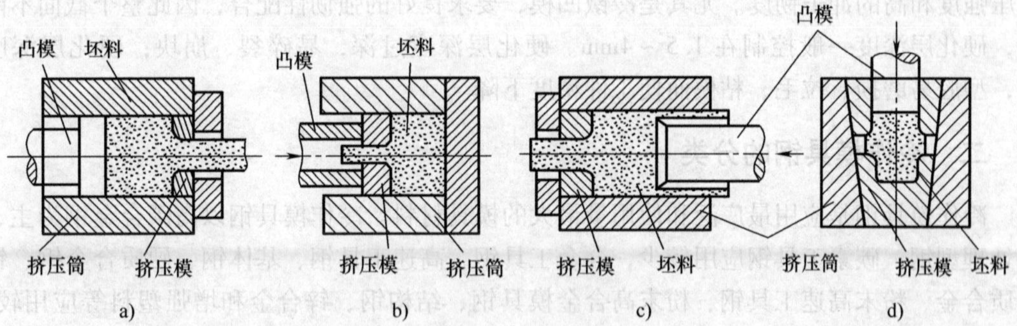

图12-3　金属挤压类型示意图

a）正向挤压　b）反向挤压　c）复合挤压　d）径向挤压

冷挤压模具承受强大的挤压力，一般在挤压钢材时，正挤压力为2000～2500MPa，反挤压力为3000～3500MPa；在挤压有色金属材料时，其挤压力也会达到1000MPa。在模具的作用下，金属坯料沿凸、凹模间隙或凹模模口产生剧烈流动，变形位移大，同时产生很大的摩擦力。因此，模具不仅受到强大的挤压力作用，而且还受到坯料塑性变形流动的剧烈摩擦，由于摩擦功和变形能会转化为热能，产生挤压中的热效应，导致模具的局部表面温度可达400℃以上。凸模比凹模的工作条件更苛刻，如果毛坯端面不平整，凸模与凹模之间的间隙不均匀或中心线不一致等，还会使凸模在挤压时受到很大的弯曲应力的作用。

因此，冷挤压凸模的失效形式主要是断裂、塑性变形及磨损；凹模的主要失效形式是胀裂及磨损。

（2）性能要求　依据以上分析，冷挤压模必须具备高的强韧性和良好的耐磨性。一般凸模要求硬度为61～63HRC，凹模要求硬度为58～62HRC。由于冷挤压时产生较大的温升，所以还应具有一定的冷热疲劳抗力和热硬性。

4. 冷镦模

冷镦模是在冲击力的作用下使金属棒料在模具型腔内镦成所需零件的模具，主要用于紧固件、滚动轴承、滚子链条、汽车零件的成形。

（1）工作条件及主要的失效形式　冷镦模具工作时，金属坯料在受到强烈的镦击的同时，模具也同样受到短周期强烈冲击载荷的作用。由于冷镦模是在室温条件下工作的，塑性变形抗力大，工作环境差，凸模承受的冲击压应力最大可超过2500MPa，并且冲击频率很高（60～120次/min）。凸模承受巨大的冲击压力和摩擦力，凹模承受冲胀力和摩擦力，凹模的型腔表面和凸模的工作表面还受到剧烈的冲击性摩擦，产生的温度可达300℃。此外，由于坯料的硬度不均、端面不平及冷镦机精度不够等原因，凸模还受到弯曲应力的作用。

冷镦模的失效形式是磨损失效和疲劳断裂失效。其中，磨损失效有磨粒磨损、表面损伤、冲击磨损等多种失效形式，特别是凸凹模工作表面在冲击力的作用下，表面会产生剥落而出现麻坑。而由磨损所造成的表面损伤、麻坑、擦伤沟痕等，均可能成为疲劳的裂纹源，从而导致模具的疲劳断裂。除此之外，还可能产生凸模的塑性变形（例如凸模镦粗）和折断；引起凹模的模口胀大、棱角堆塌、腔壁胀裂等损伤，而使模具失效。

（2）性能要求　要求有足够的硬度（凸模为60～62HRC，凹模为58～60HRC）、高的抗压强度和高的冲击韧度。尤其是冷镦凹模，要求良好的强韧性配合，因此整个截面不能淬透，硬化层深度一般控制在1.5～4mm。硬化层深度过深，易碎裂、崩块；硬化层深度过浅，型腔易磨损、拉毛、粘模而使工件精度下降。

二、冷作模具钢的分类

冷作模具钢是应用最广泛和使用量最大的模具材料。冷作模具钢以高碳合金钢为主，属热处理型钢，碳素工具钢应用较少，合金工具钢、高速工具钢、基体钢、硬质合金钢、钢结硬质合金、粉末高速工具钢、粉末高合金模具钢、结构钢、锌合金和增强塑料等应用较多。常用的冷作模具钢按工艺性能和应用的分类见表12-1。

表12-1　冷作模具钢的分类

类　别	钢　号
低淬透性冷作模具钢	T7A、T8A、T10A、T12A、8MnSi、Cr2、9Cr2、Cr06、GCr15、CrW5
低变形冷作模具钢	CrWMn、9Mn2V、9CrWMn、9Mn2、MnCrWV、SiMnMo
高耐磨微变形冷作模具钢	Cr12、Cr12MoV、Cr12MoV1、Cr5MoV、Cr4W2MoV、Cr12Mn2SiWMoV、Cr6WV、Cr6W3Mo2.5V2.5
高强度高耐磨冷作模具钢	W18Cr4V、W6Mo5Cr4V2、W12Mo3Cr4V3N
高强韧性冷作模具钢	6W6Mo5Cr4V、65Cr4W3Mo2VNb（65Nb）、7Cr7Mo2V2Si（LD）、8Cr2MnWMoVSi、7CrSiMnMoV（CH-1）、6CrNiMnSiMoV（GD）
高耐磨、高韧性冷作模具钢	9Cr6W3Mo2V2（GM）、Cr8MoWV3Si（EG5）
抗冲击冷作模具钢	4CrW2Si、5CrW2Si、6CrW2Si、9CrSi、60Si2Mn，5CrMnMo，5CrNiMo、5SiMnMoV
特殊用途冷作模具钢	9Cr18、Cr18MoV、Cr14Mo、Cr14Mo4、1Cr18Ni9Ti、5Cr21Mn9Ni4W、7Mn15Cr2A13V2WMo

第二节　冷作模具钢的选用

冷作模具种类很多，形状结构差异很大，工作条件和性能要求也不同，冷作模具钢的选择必须综合各种因素合理选材。

一、冷作模具钢的选用原则

选择冷作模具钢时，应遵守的原则是：首先满足模具的使用性能要求，兼顾模具材料的工艺性和经济性。即要综合考虑模具的寿命、种类结构，工作条件，制品的形状、尺寸，材质性质，加工精度，以及生产批量等方面对模具的影响。在模具材料选定之后，还必须配以正确的热处理，这样才能保证模具的使用性能和寿命。

一般对于形状复杂、尺寸精度要求高的模具，应选用低变形模具钢；承受负荷大的模具，应选用高强度模具钢；承受强烈摩擦和磨损的模具，应选用高硬度、耐磨性好的模具钢；承受冲击负荷大的模具，应选用韧性高的模具钢。

二、常用冷作模具钢的选用

1. 冲裁模模具钢的选用

一般形状简单、载荷轻的冲裁模采用成本低的碳素工具钢制造，只要热处理工艺适当，完全可以达到使用要求；形状复杂、尺寸较大、工作载荷较轻且要求热处理变形小的冲裁模，可选用低合金工具钢制造。对于大、中型模具，制造工艺复杂，加工成本高，因此选用高耐磨、高淬透性、变形小的高碳中铬钢、高铬钢、高速钢、基体钢以及高强韧性低合金冷作模具钢制造。对于大量生产的冷冲裁模，要求使用寿命长，可选用硬质合金、钢结硬质合金来制造。表 12-2、表 12-3 列出了冲裁模及零件的选材举例及工作硬度。

表 12-2　冲裁模材料选用举例及工作硬度

模具种类	加工对象	材料	工作硬度 HRC	
			凸模	凹模
薄板冲裁模	软料薄板（<1mm）	锌合金，T8A，T10A	56~60	37~40
	硬料薄板	CrWMn，9CrWMn，Cr5Mo1V，GM	48~52	62~64
	小批量简单件	T10A，Cr2	58~62	
	中、小批量复杂件	9Mn2V，9CrWMn，CrWMn，7CrSiMnMoV（CH-1），6CrNiSiMnMo（GD）	60~62	62~64
	大批、大量冲裁件	Cr5Mo1V，Cr6WV，Cr12MoV，Cr12Mo1V1，GM，YG10X，YG15	60~62　62~64 66~68（硬质合金）	
	高精度冲裁件	GCr15，CrWMn，Cr12Mo1V1，Cr2Mn2SiWMoV，ER5	58~60　60~62 56~58（易折断件）	
	软硅钢片小型件	CrWMn，Cr12，Cr4W2MoV，ER5	60~62	60~64
	硬硅钢片中型复杂件	Cr5Mo1V，Cr6WV，Cr4W2MoV，Cr12MoV，Cr12Mo1V1	57~59　58~60 （复杂易损件）	
	各种易损小冲头	W18Cr4V，W6Mo5Cr4V2，6W6，GM	59~61	
厚板冲裁模	低碳钢中厚板	T8A，9SiCr，60Si2Mn，Cr12MoV，CH-1，5Cr4Mo3SiMnVAl（012Al）	54~58	57~60
	低碳钢厚板	6CrW2Si，Cr6WV，Cr5Mo1V，Cr12Mo1V1，6W6	52~56	56~58
	奥氏体钢板	Cr12MoV，Cr12Mo1V1，W18Cr4V，LD	56~61	57~60
	高强度钢中厚板	Cr4W2MoV，W6Mo5Cr4V2，6W6，65Nb，LD	58~61	57~60
精冲模	软料薄板	Cr12，Cr12MoV，Cr12Mo1V1，Cr4W2MoV，W6Mo5Cr4V2	60~62	61~63

表 12-3 冲裁模零件的材料选用举例及工作硬度

零件名称	材料	工作硬度 HRC
上、下模座	HT200、ZG310-570、Q235、45	(45) 调质 28 ~ 32
模柄	普通模柄：Q235 浮动模柄：45	43 ~ 48
导柱、导套	20 GCr15	(渗碳) 56 ~ 62 62 ~ 66
固定板、卸料板、推件板、顶板、侧压板、使用挡块	45	43 ~ 48
承料板	Q235	
导料板	Q235、45	(45) 调质 28 ~ 32
垫板	一般：45 重载：T7A、9Mn2V、CrWMn、Cr12MoV	43 ~ 48 52 ~ 62
顶杆、推杆（一般）	45	43 ~ 48
拉杆、打棒（重载）	Cr6WV、CrWMn	56 ~ 60
挡料销、导料销	45	43 ~ 48
导正销	T10A 9Mn2V、Cr12	50 ~ 54 52 ~ 56
侧刃	T10A、Cr6WV 9Mn2V、Cr12	58 ~ 60 58 ~ 62

在选用冷作模具材料时，一定要重视新模具材料的应用。其中，Cr6WV、Cr4W2MoV、Cr2Mn2SiWMoV、GD、LD、GM、ER5、8Cr2MnWMoVS、65Nb 和 7CrSiMnMoV 等替代一些老钢种可以获得良好的效果。表 12-4 列出了冷作模具钢在冷冲裁模方面的应用实例。

表 12-4 新型冷作模具钢在冷冲裁模方面的应用实例

模具名称	牌号	平均寿命对比
簧片凹模	Cr12、CrWMn GD	总寿命：15 万件 总寿命：60 万件
接触簧片级进模凸模	W6Mo5Cr4V2 GD	总寿命：0.1 万件 总寿命：2.5 万件
GB66 光冲模	60Si2Mn LD	总寿命：1.0 ~ 1.2 万件 总寿命：4.0 ~ 7.2 万件
中厚 45 钢板落料模	Cr12MoV、T10A 7CrSiMnMoV	刃磨一次寿命：600 件 刃磨一次寿命：1300 件
转子片复式冲模	Cr12、Cr12MoV GM ER5	总寿命：20 ~ 30 万件 总寿命：100 ~ 120 万件 总寿命：250 ~ 360 万件
印制电路板冲裁模	T10A、CrWMn 8Cr2MnWMoVS	总寿命：2 ~ 5 万件 总寿命：15 ~ 20 万件
高速冲模	W12Cr4Mo2VRE	总寿命：200 ~ 300 万件 （模具费用比 YG20 大大降低）

2. 变形模模具钢的选用

选择变形模模具钢时，主要考虑成形件的板料厚度、复杂程度、变形量、尺寸大小和生产批量对耐磨性、抗粘附性能的要求。

变形模具需要良好的耐磨性能和抗粘附性能。模具的耐磨性能好坏与被拉材料的种类、厚度、变形量、润滑方法以及模具的设计和加工精度等因素有关。因此，对这类模具钢的选择，应按照其具体工作条件来决定。对于中、小型模具，可选用质量较好的模具钢；对于大、中型模具，在满足模具使用性能要求的前提下，应尽量采用价格低廉的材料；对于大批、大量生产的模具或模具上磨损严重的部位，可采用镶嵌模块式的办法解决，即在合金铸铁模框中镶嵌质量较好的合金钢或硬质合金。

为了防粘附，应选抗粘附性良好的钢作凹模，如铝青铜、拉深奥氏体不锈钢；用高碳中铬钢和高碳高铬钢作凹模材料，经抛光或渗氮，抗粘附性能也好；而硬质合金在无润滑条件下极易发生粘附，这些在选材时都应充分注意。根据工作条件推荐选用的拉深模材料见表12-5。

表 12-5　拉深模具的材料选用举例及工作硬度

零件名称	工作条件		推荐选用的材料牌号			工作硬度HRC
	制品类型	被拉深材料	小批生产（<1万件）	中批生产（<10万件）	大批生产（100万件）	
凹模	小型	铝合金或铜合金	T10A、GCr15、CrWMn、9CrWMn	CrWMn、9CrWMn、Cr6WV、Cr5MoV、7CrSiMnMoV	Cr6WV、Cr5MoV、CrW2MoV、Cr12MoV	58~62
		深冲用钢				
		奥氏体不锈钢	T10A（镀铬）、铝青铜	铝青铜、Cr6WV（渗氮）、Cr5MoV（渗氮）	Cr2MoV（渗氮）、Cr12MoV（渗氮）、YG类硬质合金、钢结硬质合金	
	大、中型	铝合金或铜合金	合金铸铁、球墨铸铁	合金铸铁，镶嵌模块：Cr6WV、Cr5MoV、Cr4W2MoV	镶嵌模块：Cr6WV、Cr5MoV、Cr4W2MoV、Cr12MoV	
		深冲用钢				
		奥氏体不锈钢	合金铸铁，镶嵌模块：铝青铜	镶嵌模块：Cr6WV（渗氮）、Cr4W2MoV（渗氮）、铝青铜	镶嵌模块：Cr6WV（渗氮）、Cr4W2MoV（渗氮）、Cr12MoV（渗氮）、W18Cr4V（渗氮）	
凸模（冲头）	小型	—	T10A、40Cr（渗氮）	T10A、Cr6WV、Cr5MoV	Cr6WV、Cr5MoV、Cr4W2MoV、Cr12MoV	58~62
	大、中型	—	合金铸铁	CrWMn、9CrWMn	Cr6WV、Cr5MoV、Cr4W2MoV、Cr12MoV	
压边圈	小型	—	T10A、CrWMn、9CrWMn	T10A、CrWMn、9CrWMn	T10A、CrWMn、9CrWMn	54~58
	大、中型	—	合金铸铁	合金铸铁	CrWMn、9CrWMn	

3. 冷挤压模模具钢的选用

冷挤压模的选材，首先要考虑材料的承载能力是否满足模具高强韧性的要求，其次是考虑挤压件的生产批量大小对模具材料的耐磨性要求，另外还要考虑材料的抗回火软化能力是否能承受挤压过程中所产生的热负荷。

传统的冷挤压模模具材料有碳素工具钢 T10A 钢，高碳低合金钢 CrWMn、60Si2Mn 钢，高耐磨冷作模具钢 Cr12、Cr12MoV 钢，冷作模具用高速钢 W18Cr4V、W6Mo5Cr4V2 钢等。这些材料在使用过程中都发现凸模易折断，凹模易胀裂，模具的使用寿命不长，这表明了模具材料的强韧性较差。新型模具钢（如冷作模具用高速钢 W6Mo5Cr4V2 钢、高耐磨冷作模具钢 LD 钢、基体钢 65Nb、5Cr4Mo3SiMnVAl（012Al）、LM2、GD 钢、硬质合金和钢结硬质合金等）可大大提高强韧性及模具的使用寿命。表 12-6 列出了冷挤压模具的材料选用举例及工作硬度要求。

表 12-6 冷挤压模具的材料选用举例及工作硬度要求

<table>
<tr><th rowspan="2">模具零件名称</th><th rowspan="2">工作条件</th><th colspan="2">推荐选用的材料牌号</th><th rowspan="2">工作硬度 HRC</th></tr>
<tr><th>中、小批量生产（<5 万件）</th><th>大量生产</th></tr>
<tr><td rowspan="2">冲头（凸模）</td><td>冷挤压纯铜、软铝或锌合金</td><td>60Si2Mn、CrWMn、Cr6WV、Cr5MoV、Cr4W2MoV、Cr12MoV、W18Cr4V</td><td>Cr4W2MoV（渗氮）、Cr12MoV（渗氮）、W6Mo5Cr4V2（渗氮）、钢结硬质合金</td><td>60 ~ 64</td></tr>
<tr><td>冷挤压硬铝、黄铜或钢件</td><td>Cr4W2MoV、Cr12MoV、W18Cr4V、W6Mo5Cr4V2、6W6Mo5Cr4V、7CrSiMnMoV、7Cr7Mo3V2Si、6CrNiSiMnMoV、基体钢</td><td>W6Mo5Cr4V2（渗氮）、基体钢（渗氮）、钢结硬质合金、YG15、YG20、YG25</td><td>60 ~ 64</td></tr>
<tr><td rowspan="2">凹模</td><td>冷挤压纯铜、软铝或锌合金</td><td>T10A、9SiCr、9Mn2V、CrWMn、GCr15、Cr6WV、Cr5MoV、Cr4W2MoV</td><td>Cr4W2MoV、Cr12MoV、W18Cr4V、钢结硬质合金、YG15、YG20、YG25</td><td>60 ~ 64</td></tr>
<tr><td>冷挤压硬铝、黄铜或钢件</td><td>CrW4Mn、Cr6WV、Cr5MoV、Cr4W2MoV、Cr12MoV、6W6Mo5Cr4V、7Cr7Mo3V2 Si</td><td>Cr4W2MoV（渗氮）、Cr12MoV（渗氮）、W18Cr4V 或 6W6Mo5Cr4V（渗氮）、基体钢（渗氮）、钢结硬质合金、YG15、YG20、YG25</td><td>58 ~ 60</td></tr>
<tr><td>顶出器（顶杆）</td><td></td><td>CrWMn、Cr6WV、Cr5MoV、7Cr7Mo3V2Si</td><td>Cr4W2MoV、Cr12MoV、6W6Mo5Cr4V、基体钢</td><td>58 ~ 62</td></tr>
</table>

注：钢结硬质合金应外附模套，模套材料可采用中碳钢或中碳合金钢，如 45、50、40Cr 钢等。

4. 冷镦模模具钢的选用

冷镦模具的特点是生产效率高、节能、节材，零件的强度和精度高，适合大批、大量自动化生产。失效形式是由韧性不足引起的开裂或折断。冷镦模工作时，凸模承受强烈的冲击力、压力、弯曲应力、摩擦力及切向拉应力作用，因此，要求凸模材料应具有高的强韧性、抗弯强度及较高的耐磨性。凹模在工作时要承受冲击性的切向拉应力、强烈的摩擦和压力作用，因此，要求凹模材料必须具备高强度、高硬度、高耐磨性及高的冲击韧度。根据受载情况，冷镦模可分为轻载冷镦模和重载冷镦模。

轻载冷镦模主要用于生产形状简单、变形量小、变形速度低的冷镦件。对于这类模具，主要选用 T10A、60Si2Mn、GCr15、9SiCr 和 Cr12MoV 等钢种。T10A 钢的强韧性、耐磨性均不高，只适用于制作 20mm 以下，形状简单、受轻载、寿命要求不高的凸模和凹模。60Si2Mn 钢的韧性较好，但耐磨性、屈服强度不高，只适合制作轻载快速冷镦凸模和凹模。9SiCr 钢属于低合金工具钢，耐磨性、强韧性都高于 T10A，常用来制作截面较厚，形状较复杂的冷镦模具，标准件行业常用该钢制作冷镦凸模。

重载冷镦模用于生产变形量较大、形状复杂的冷镦件，按照生产批量大小选择。对于中小批量（<10 万件）的生产，选用 Cr12MoV、W18Cr4V、W6Mo5Cr4V2 及新型冷作模具钢，如 6W6、65Nb、012Al、LD、CH-1 等钢种。对于大批、大量生产，可选用 YG15、YG20 和 DT 等硬质合金。硬质合金一般做成镶块，外附模套，模套材料可用合金结构钢或合金工具钢，如 5CrMnMo、5CrNiMo、40Cr、60Si2Mn 等。Cr12MoV 钢制作的冷镦模极易产生表面剥落、崩刃、断裂，寿命较低；高速钢承载能力很高，但因其韧性较差，不宜制作形状复杂、受冲击较大的凸模；新型模具钢和硬质合金制作的冷镦模使用效果良好。

第三节　冷作模具钢的热处理

一、冷作模具钢常用的热处理工艺

冷作模具钢的热处理工艺与低合金刃具钢类似。用 Cr12MoV 钢制作的挤压黄铜用的冷挤压凸模如图 12-4 所示，其硬度要求为 62~64HRC。锻后退火工艺曲线如图 12-5、图 12-6 所示。Cr12MoV 钢锻造后的硬度大约在 550HBW 左右，在室温下长期停留会发生开裂而报废。为消除内应力和便于以后的切削加工，必须及时进行退火。Cr12MoV 钢锻后退火时可采用普通退火，但最好采用等温退火。

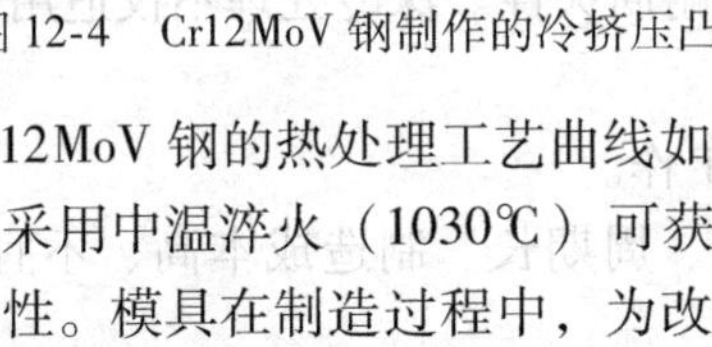

图 12-4　Cr12MoV 钢制作的冷挤压凸模

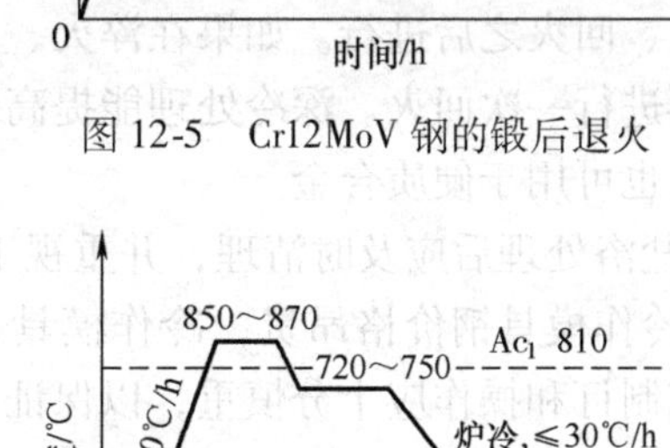

图 12-5　Cr12MoV 钢的锻后退火

Cr12MoV 钢的热处理工艺曲线如图 12-7 所示，采用中温淬火（1030℃）可获得最好的强韧性。模具在制造过程中，为改善切削加工性能及获得最终的综合力学性能，一般都要经过预备热处理和最终热处理。在生产中，热处理工艺的安排是根据模具的材料和技术要求而定的，同时对模具的最终力学性能起着决定性的作用。

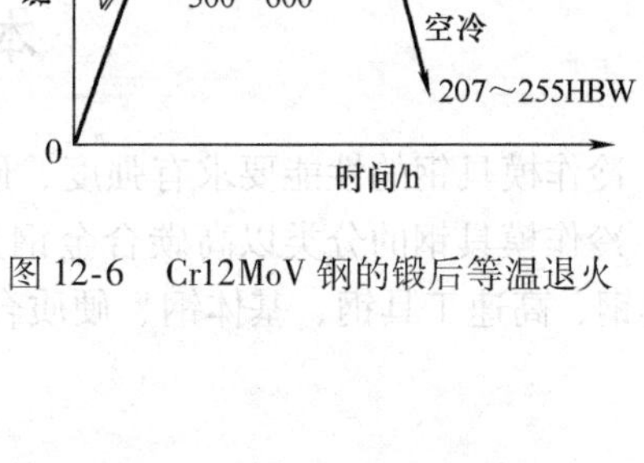

图 12-6　Cr12MoV 钢的锻后等温退火

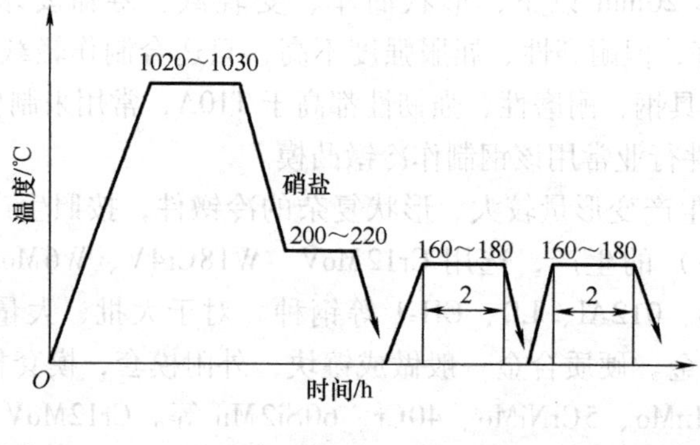

图 12-7 Cr12MoV 钢的冷挤压凸模的热处理工艺曲线

二、冷作模具钢的热处理特点

1）冷作模具钢中合金元素品种多、含量多，合金化较复杂，钢的导热性差，而奥氏体化温度又高，所以应缓慢加热，多采用预热方式。

2）为保护钢的表面质量，应重视加热介质。所以普遍采用控制气氛炉、真空炉等先进加热设备和方法，盐浴加热应充分净化。

模具钢经真空热处理后有良好的表面状态，变形小。与大气下的淬火比较，真空油淬后模具表面硬度比较均匀，而且略高一些。主要原因是真空加热时，模具钢表面呈活性状态，不脱碳，不产生阻碍冷却的氧化膜。在真空下加热，钢的表面有脱气效果，因而具有较高的力学性能，炉内真空度越高，抗弯强度越高。真空淬火后，钢的断裂韧度有所提高，模具寿命比常规工艺普遍提高 40% ~400%，甚至更高。冷作模具材料真空淬火技术已得到广泛使用。

3）在达到淬火目的的前提下，应采用较缓和的冷却方式，如等温淬火、分级淬火、高压气淬及空冷淬火等。

4）为了进一步强化，应采用冷处理、渗氮等表面处理方式。

近年来的研究表明，模具钢经深冷（－196℃）处理，可以提高其力学性能，一些模具经深冷处理后显著提高了使用寿命。模具钢的深冷处理可以在淬火和回火工序之间进行，也可在淬火、回火之后进行。如果在淬火、回火后钢中仍保留有残留奥氏体，则在深冷处理后仍需要再进行一次回火。深冷处理能提高钢的耐磨性和耐回火性。深冷处理不仅适用于冷作模具钢，也可用于硬质合金。

5）盐浴处理后应及时清理，并重视工序间的防护工作。

6）冷作模具钢价格昂贵，冷作模具工件加工复杂、周期长、制造成本高、不宜返修。所以工艺制订和操作应十分慎重，以保证生产安全。

本 章 小 结

1. 冷作模具钢的性能要求有强度、硬度、韧性和耐磨性。

2. 冷作模具钢的分类以高碳合金钢为主，属热处理型钢，碳素工具钢应用较少。以合金工具钢、高速工具钢、基体钢、硬质合金、钢结硬质合金、粉末高速工具钢、粉末高合金模具钢、结构钢、锌合金和增强塑料等应用较多。

3. 选择冷作模具材料时，应遵守的原则是：首先满足模具的使用性能要求，兼顾模具材料的工艺性和经济性。

4. 冷作模具钢的热处理工艺与低合金刃具钢类似。

复习思考题

1. 常见的冷作模具有哪几类？他们对材料的主要性能要求是什么？
2. 归纳冷冲裁模、冷变形模、冷挤压模、冷镦模应具备的主要性能要求。
3. 常用的冷作模具钢按工艺性能和应用可有哪些类别？
4. 简述冷作模具钢的选材原则。
5. 冷冲裁模常选用哪些材料？其选材依据是什么？
6. 选用冷挤压模具材料时应考虑哪些问题？
7. 常用冷作模具钢的热处理工艺有哪些？

第十三章　热作模具钢

【基本要求】

1. 掌握热作模具钢的性能要求及分类方法。
2. 掌握热作模具钢的选用方法。

【重点和难点】

1. 热作模具钢的选用。
2. 热作模具钢的热处理技术。

第一节　热作模具钢的分类

根据工作温度、性能、用途及合金成分，热作模具钢分类如下：

1）按用途分为热锻模用钢、热挤压模用钢、压铸模用钢，又可细分为锤锻模用钢、机锻模用钢、热挤压模用钢、热镦模用钢、热冲裁模用钢及压铸模用钢。

2）按耐热性分低耐热钢（350～370℃）、中耐热钢（550～600℃）和高耐热钢。

3）按特有性能分高韧性热作模具钢、高热强热作模具钢和高耐磨热作模具钢。

4）按合金元素种类分钨系热作模具钢、铬系热作模具钢、铬钼系及铬钨系热作模具钢。

5）按合金元素含量分低合金热作模具钢、中合金热作模具钢和高合金热作模具钢。

热作模具钢按工作温度、性能、用途及合金成分的分类见表13-1。

表 13-1　热作模具钢的分类

按用途分类	按性能分类	按工作温度分类	牌　　号
锤锻模用钢	高韧性热作模具钢	低耐热模具钢（350～370℃）	5CrMnMo、5CrNiMo、4CrMnSiMoV、5Cr2NiMoVS、5SiMnMo
热锻模、热挤压模用钢	高热强热作模具钢	中耐热模具钢（550～600℃）	4Cr5MoSiV、4Cr5MoSiV1、4Cr5W2VSi
		高耐热模具钢（580～650℃）	3Cr2W8V、3Cr3Mo3W2V、4Cr3Mo3SiV、5Cr4W5Mo2V、5Cr4Mo3SiMnVAl
压铸模用钢	高热强热作模具钢	中耐热模具钢	4Cr5MoSiV1、4Cr5W2VSi
		高耐热模具钢	3Cr2W18V、3Cr3Mo3W2V
热冲裁模用钢	高耐磨热作模具钢	低耐热模具钢	8Cr3、7Cr3

第二节　热作模具钢的性能要求

各种热作模具在工作时既承受机械载荷，又承受热载荷，且在循环状态下工作，使得模具的工作条件差、失效形式复杂，性能要求高。由于被加工材料的不同和使用的成形设备不同，模具的工作条件有较大差别，热作模具的失效形式也各不相同。为了满足热作模具的使用要求，热作模具钢应具备下列基本特性：

1. 较高的高温强度和良好的韧性

热作模具尤其是热锻模，工作时冲击频率高，同时承受很大的冲击力，所以模具钢要有高的强度和良好的韧性，否则容易开裂。

2. 良好的耐磨性能

抗热磨损是热作模具重要的使用性能要求，热作模具工作时除受到毛坯变形时产生摩擦磨损之外，同时受高温氧化腐蚀和氧化铁屑的研磨，所以模具钢要有较高的硬度和抗粘附性。

3. 高的热稳定性

热作模具工作时，被加工的材料均为炽热的金属，甚至是液态金属，被加热的模具型腔表面的温度一般为 400~700℃。因此要求模具钢在高温下不软化，具有高的热稳定性。

4. 优良的耐热疲劳性

热作模具工作是在冷热交替中进行的，模具在受热膨胀和冷却收缩时，会形成很大的热应力，在这种方向相反且重复不断的热应力作用下，模具表面会形成网状裂纹（龟裂），即发生热疲劳。热疲劳通常在 20~750℃的温度下，反复加热、冷却所发生裂纹的循环次数或循环一定次数后测定的裂纹长度来确定。

5. 高淬透性

热作模具一般尺寸比较大，尤其是热锻模，为了使整个模具截面的力学性能均匀，这就要求模具钢有高的淬透性能。

6. 良好的导热性

要尽可能降低模面温度，减小模具型腔的温差，要求模具钢要有良好的导热性能，有利于减少热磨损及热疲劳损伤。

7. 良好的成形加工工艺性能

良好的成形加工工艺性能能满足加工成形的需要。

第三节　典型的热作模具用钢

一、热锻模用钢

热锻模是在高温下通过冲击力或压力对金属坯料进行热加工成形的模具，热锻模包括锤锻模、压力机锻模、热镦模、精锻模和高速锻模等，其中锤锻模最有代表性。

1. 锤锻模用钢

锤锻模主要采用中碳、多元低合金的热作模具钢。常用的传统钢种有：5CrMnMo、5CrNiMo 钢等；国内近年来研制的新钢种有 4CrMnSiMoV、5Cr2NiMoVSi、45Cr2NiMoVSi 和 3Cr2MoWVNi 钢等。下面介绍其中典型的钢种。

（1）5CrNiMo 钢　它是 20 世纪 30 年代初应用至今的传统热锻模具钢，5CrNiMo 钢具有很高的淬透性，如截面尺寸为 300mm×400mm×300mm 的大块钢料经 820℃油淬和 560℃回火后，断面各部分的硬度几乎一致。5CrNiMo 钢的塑性、韧性良好，尺寸效应不敏感。该钢不足之处是工作温度稍低，通常在 400℃以下工作可保持较高的强度，超过 400℃时强度便急剧下降，模具温升到550℃时，强度极限与室温比较下降近一半。

很多国家在大型热锻模方面主要使用5CrNiMo钢，其通用性强，大、中、小模块、深浅槽的模块均可用5CrNiMo钢。该钢适合制造形状复杂、冲击负荷较大，要求高强度和韧性较高的中、大型锤锻模。由于5CrMnMo及新钢种的研制成功，5CrNiMo的应用范围在逐渐缩小，此钢的热强性和耐磨性也不如高强度热作模具钢，故不适宜制作受冲击力大的中、小型锻模。

（2）5CrMnMo钢　它是考虑到我国的资源情况，为节省镍而研制成的，5CrMnMo钢与5CrNiMo钢相比，硬度和强度相当，但用锰代替镍降低了其在常温及较高温度下的塑性和韧性，在相同的硬度下，冲击韧度低于5CrNiMo钢；其次，5CrMnMo钢的淬透性比5CrNiMo钢的淬透性要低，耐热疲劳性也稍差；并且热处理时过热倾向较大。因此，5CrMnMo钢只适用于制造一些对强度和耐磨性要求较高，而韧性要求不太高的各种中、小型锤锻模具及部分压力机模块（最大边长≤400mm），也可用于工作温度低于500℃的其他小型热作模具。

（3）4CrMnSiMoV钢　它是近20年来我国在低合金大截面热作模具钢领域发展的钢种之一，是原冶金部标准中推荐使用的5CrMnSiMoV钢的改进型。碳的质量分数降低了0.1%，目的是在保持原有强度的基础上提高钢的韧性。该钢无镍，但具有较高的强度、耐磨性，良好的冲击韧度、淬透性，并有较高的耐回火性以及好的高温强度和耐热疲劳性能。其高温性能、耐回火性、热疲劳性均比5CrMnMo、5CrNiMo钢好，可以用来代替5CrNiMo钢。4CrMnSiMoV钢的冷、热加工性能好，适于制造各种类型的锤锻和压力机锻模。

4CrMnSiMoV钢主要用于大、中型锻模，也可用于中小型热锻模具。与5CrNiMo钢比较，4CrMnSiMoV钢模具的使用寿命高，用于连杆模、前梁模、齿轮模、突缘节模（深型模）等，均比5CrNiMo钢模具寿命高0.1~0.8倍；用于矫正模、弯曲模等，比5CrNiMo钢模具寿命高0.5~2倍。

（4）5NiCrMoV钢和5Cr2NiMoVSi钢　从20世纪50年代以来，我国厚度小于250mm的模块多采用5CrMnMo钢制造，大于250mm的模块一直都用5CrNiMo钢制作。与西方国家的常用钢相比，碳化物形成元素含量低，热稳定性差，高温强度低，钢中不含钒，淬硬性较低，抗热磨损和抗热疲劳性能差，模具寿命短。从20世纪80年代起，我国研制了类似钢5NiCrMoV，推荐将5NiCrMoV钢用于大型、形状复杂、重载荷的锤锻模和压力机锻模。5Cr2NiMoVSi钢主要添加了一定量的钒和硅，将碳、镍、铬、钼等元素含量合理搭配，从而使其高温强度大幅度提高，且具有更高的淬透性和热稳定性。

在500℃以下时，5Cr2NiMoVSi钢的高温强度与5CrNiMo钢相近；而当高于600℃时，5Cr2NiMoVSi钢的强度却比5CrNiMo钢高出一倍以上，热稳定性温度提高150~170℃。对于500mm×500mm截面的锻模，心部硬度较5CrNiMo钢高出13HRC。

5NiCrMoV钢主要用于大型锻模，代替5CrNiMo钢；5Cr2NiMoVSi钢主要用于各类压力机模具和3t锤锻模，平均使用寿命比5CrNiMo钢提高0.5~1倍。而10t的锤锻模可以选用45Cr2NiMoVSi钢，例如制造“75拖”大从动齿轮锻模，使用寿命比由德国进口的55CrNiMoV6钢模具提高0.5倍。

2. 热挤压模用钢

热挤压模是使被加热的金属坯料在高温压应力下成形的一种模具。很多有色金属和钢的型材、管材和异型材是采用热挤压工艺成形的。

对这类钢的使用性能要求应以耐磨性、高的耐回火性和抗热疲劳性能为主。常用的热挤压模具用钢有4Cr5MoSiV，4Cr5MoSiV1、3Cr2W8V和4Cr5W2VSi钢等。

当进行轻合金挤压时，尤其是对于那些容易引起开裂、带尖角的、形状复杂的模具，宜选用韧性较好的热作模具钢，如4Cr5MoSiV和4Cr5MoSiV1钢。用于挤压钢、铜和铜合金的模具，由于工作温度相对高些，因此除了选用4Cr5MoSiV、4Cr5MoSiV1钢外，也可以选用高温强度较好的热作模具钢，如3Cr2W8V钢。5Cr4WSiMo2V钢是新型的热作模具钢，该钢具有较高的热硬性、高温强度和耐磨性，可进行一般的热处理或化学热处理，可代替3Cr2W8V钢制造某些热挤压模具，使用寿命较高。

常用的热挤压模（包括机锻模、高速锻模）用钢有钨系热作模具钢和铬系热作模具钢，还有铬钼系、钨钼系和铬钼系等新型热作模具钢以及基体钢。

（1）3Cr2W8V钢　3Cr2W8V钢为传统钨系热作模具钢的代表钢种，由于其耐热疲劳性较差，在热挤压模中的应用将会逐渐减少，但在压铸模中的应用较多，故在压铸模用钢中介绍。

（2）4Cr5MoSiV（H11）钢　H11钢在中温条件下具有很好的韧性，有较好的热强度、热疲劳性能和一定的耐磨性。在较低的奥氏体化温度条件下空淬，热处理变形小，空淬时产生氧化皮倾向小，而且可以抵抗熔融铝的冲蚀作用。H11钢通常用于制造加工铝铸件用的压铸模、热挤压模、穿孔用的工具、芯轴、压力机锻模以及塑料模等。此外，由于H11钢具有好的中温强度，因此也被用于制造耐400~500℃工作温度的飞机、火箭上的结构件。

（3）4Cr5MoSiV1（H13）钢　H13钢是国际上广泛应用的一种热作模具钢，是引进钢种，与H11钢相比，H13钢具有较高的热强度和硬度，在中温条件下具有很好的韧性、热疲劳性能和一定的耐磨性。在较低的奥氏体化温度下空淬，热处理变形小，空淬时产生氧化皮倾向小，可以抵抗熔融铝的冲蚀作用。该钢广泛用于制造热挤压模具、芯轴、模锻锤的锤模、锻造压力机模具、精锻机用模具以及铝、铜及其合金的压铸模。

（4）4Cr3Mo2NiVNbB（HD）钢　HD钢是综合了3Cr2W8V和H13的优点而研制的新钢种。它的高温强度、耐回火性、断裂韧度、耐热疲劳性和耐磨性均优于3Cr2W8V钢，而耐热性优于H13钢，可在700℃下工作。HD钢主要用来替代3Cr2W8V钢制作热挤压凸模与凹模，其工作寿命可提高1倍。

3Cr3Mo3W2V（HM1）钢是在对比3Cr3Mo3V钢及3Cr2Mo3Co3V钢性能及使用寿命后，结合我国资源条件而研制成功的新型热作模具钢，其冷加工、热加工性能良好，淬火温度范围较宽，具有较高的热强性、热疲劳性能，良好的耐磨性和耐回火性等特点，是综合性能优良的高强韧性热作模具钢。HM1钢适于制作高温、高负荷、急热、急冷、水冷条件下工作的压力机和轴承环热锻凹模，高强度和高热强钢零件的精锻模，热挤压模，铝和铜合金的压铸模等。HM1钢模具的使用寿命较长，是目前国内研制的工艺性能好，使用面广，具有较广应用前景的新钢种之一。

（5）3Cr3Mo3VNb（HM3）钢　HM3钢是参照国外H10钢和3Cr3Mo系热作模具钢，结合我国资源情况研制而成的新型高强韧性热锻模具钢。其特点是在碳质量分数较低的情况下加入少量的铌，使钢具有较高的耐热疲劳性、热强性和耐回火性，其他工艺性能也均优异。HM3钢的缺点是有脱碳倾向。HM3钢多用于制造热锻成形凹模、连杆辊锻模、轴承套圈毛坯热挤压凹模、小型机锻模、铝合金压铸模等，其工作寿命比5CrNiMo、4Cr5W2VSi、

3Cr2W8V 钢等制作的模具高 2 ~ 10 倍，可以有效地克服模具因热磨损、热疲劳、热裂等引起的早期失效。

（6）基体钢　基体钢中有多个钢种是冷、热兼用的模具钢，如 5Cr4W5Mo2V（RM2）、012AI、6Cr4Mo3Ni2WV（CG-2）等钢，较多地用于热挤压模。

二、压铸模用钢

压铸模是利用压铸机在高温下将金属压铸成形的一种模具。金属压铸可以将熔化的金属液直接压铸成各种结构复杂、尺寸精确、表面光洁、组织致密以及用其他方法难以加工的零件，如薄壁、小孔、凸缘、花纹、齿轮、螺纹、字体以及镶衬组合等零件。压铸是机械化程度和生产效率都很高的生产方法，是先进的少切削或无切削工艺。近年来，压铸成形已广泛应用于汽车、拖拉机、仪器仪表、航海航空、电机制造、日用五金等行业。

压铸模具在工作时不断承受高速、高压喷射、金属的冲刷腐蚀和加热作用，从总体上看，压铸模具用钢的使用性能要求与热挤压模具用钢相近，即要求以耐磨性、高的耐回火性与抗热疲劳性为主。所以通常选用的钢种大体上与热挤压模具用钢相同，如 4Cr5MoSiV1 和 3Cr2W8V 钢等。对熔点较低的 Zn 合金压铸模具，可选用 4Cr5MoSiV1，4Cr5W2VSi 钢等；对 Al 和 Mg 合金压铸模具，可选用 4Cr5MoSiV1，3Cr3Mo3W2V 钢等。对 Cu 合金压铸模具，工作温度较高，可采用 3Cr3Mo3W2V、3Cr2W8V 钢。3Cr3Mo3W2V 钢具有较高的热强性、抗热疲劳性能，又具有良好的耐磨性和耐回火性等。3Cr3Mo3W2V 钢的韧性和抗热疲劳性能优于 3Cr2W8V 钢，其使用寿命也高于 3Cr2W8V 钢，压铸模具用钢选择可以参考表 13-2。

表 13-2　压铸模具用钢选择

压铸工件的材料	推荐钢种
锌及其合金	4CrMnSiMoV，4Cr5MoSiV1，4Cr5W2VSi
铝、镁及其合金	4Cr5W2VSi，4Cr5MoSiV1，4Cr5MoSiV，3Cr2W8V，5Cr4W5Mo2V，3Cr3Mo3W2V
铜及其合金	3Cr2W8V，3Cr3Mo3W2V

1. 3Cr2W8V 钢

3Cr2W8V 钢用于制造热成形模具已有 70 多年的历史，至今仍作为一种高热强模具钢而广泛使用，尤其在压铸模中应用最多。3Cr2W8V 钢的含碳量虽低，但含钨较多，因而用它制作在高温下长时间受热、不受急冷急热、动负荷较小的压铸模最为合适。它可以用来制作高温下承受高应力，但不受冲击负荷的凸模、凹模，如平锻机上用的凸凹模、镶块、铜合金挤压模、压铸用模具；也可以用来制作同时承受较大压应力、弯应力或拉应力的模具，如反挤压的模具；还可以用来制作高温下受力的热金属切刀等。

2. 4Cr5Mo2MnVSi（Y10）及 4Cr3Mo2MnVNbB（Y4）钢

Y10 钢及 Y4 钢是分别为铝合金及铜合金的压铸而研制的新型热作模具钢，Y10 钢的化学成分接近 H13 钢，Y4 钢的化学成分接近 HD 钢，都属于高强韧性热作模具钢。与 3Cr2W8V 钢相比，Y10 钢与 Y4 钢的冷热疲劳抗力、耐溶蚀能力、冲击韧度、断裂韧性均高，只是耐热性稍差，但 Y10 钢可在 610℃以下长期工作，Y4 钢的工作温度可更高些。

Y10 钢及 Y4 钢多用于压铸模，使用寿命普遍提高 1 ~ 10 倍，而用于热挤压模和热锻模时效果也良好。

三、热冲裁模用钢

热冲裁模是用于冲切模锻件的飞边和连皮的模具。热冲裁模具主要由凸模和凹模组成，工作时，凸模压住锻件，由凹模切去锻坯的飞边。

在热作模具中，热冲裁模的工作温度较低，对材料的性能要求也相对较宽。根据热冲裁模的性能要求，几乎所有的热作模具钢均能用于制作热冲裁模。所以在选材时，可着重考虑材料的经济性和生产管理上的方便，推荐使用的有 5CrNiMo、4Cr5MoSiV、4CrSMoSiV1、4CrW2Si 和 8Cr3 钢等，其中 8Cr3 钢是使用较多的钢种。

8Cr3 钢属于低合金高碳模具钢。该钢具有较高的耐磨性、较好的耐热性和一定的韧性。热冲裁模的材料选用及硬度要求见表 13-3。

表 13-3　热冲裁模的材料选用及硬度要求

模具类型及零件名称		推荐选用的材料	可代用的材料	硬度要求	
				HBW	HRC
热切边模	凸模	8Cr3、4Cr5MoSiV、5Cr4W5Mo2V	5CrMnMo、5CrNiMo、5CrMnSiMoV		35～40
	凹模				43～45
热冲孔模	凸模	8Cr3	3Cr2W8V、6CrW2Si	368～415	
	凹模	8Cr3		321～368	

常用的热切边凹模材料有 8Cr3、7Cr3、4CrW2Si、5CrNiMo 和 5CrMnMo 等。热切边凸模常用的材料有 8Cr3 和 7Cr3，其中以 8Cr3 钢应用最广。

第四节　热作模具钢的热处理

热作模具钢的最终热处理一般为淬火后高温（或中温）回火，以获得均匀的回火索氏体组织，硬度在 40HRC 左右，以保证有较高的韧性。

例如，5CrNiMo 热作模具钢具有良好的塑性、韧性，尺寸效应不敏感。由于碳化物形成元素含量低，二次硬化效应微弱，热稳定性差，高温强度低。在 400℃以下工作可以保持较高强度，高于 400℃时强度急剧下降，如温度升高到 550℃时与室温比较 R_m 下降将近一半。

1. 5CrNiMo 钢的退火

5CrNiMo 钢的退火工艺曲线如图 13-1、图 13-2 所示。

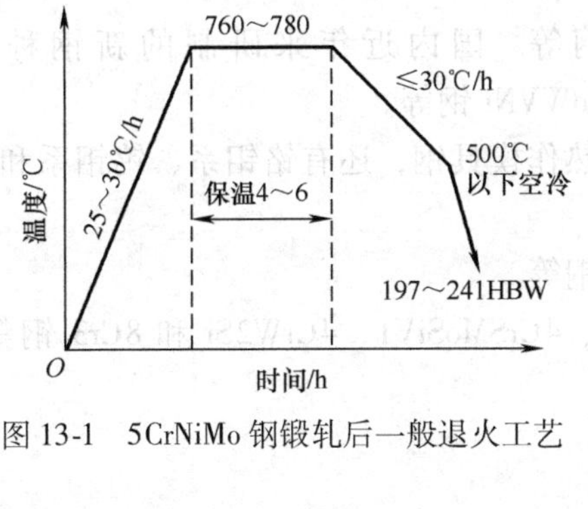

图 13-1　5CrNiMo 钢锻轧后一般退火工艺

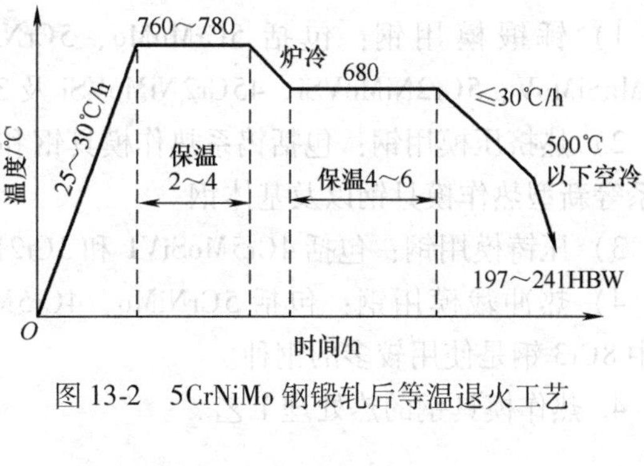

图 13-2　5CrNiMo 钢锻轧后等温退火工艺

2. 淬火、回火工艺

淬火预热温度为600～650℃，加热淬火温度为830～860℃，油淬。5CrNiMo模具的回火工艺见表13-4。由表13-4可知，锻模燕尾部分与模体需以不同温度回火才能保证燕尾部分的韧性，降低燕尾开裂失效。

表13-4 5CrNiMo模具的回火工艺

方案	回火用途	温度/℃[①]	加热设备	硬度HRC
Ⅰ	锻模消除应力，稳定组织与尺寸 小型锻模 中型锻模 大型锻模	 490～510 520～540 560～580	煤气炉或电阻炉	 44～47 38～42 34～37
Ⅱ	锻模燕尾回火 中型锻模 小型锻模	 620～640 640～660	煤气炉或电阻炉	 34～37 30～35

①锻模保温2～3h，燕尾保温3～4h。

本章小结

1. 热作模具钢要求有较高的高温强度和良好的韧性、良好的耐磨性能、高的热稳定性、优良的耐热疲劳性、高淬透性、良好的导热性和良好的成形加工工艺性能。

2. 热作模具钢按用途分为热锻模用钢、热挤压模用钢、压铸模用钢，又可细分为锤锻模用钢、机锻模用钢、热挤压模用钢、热镦模用钢、热冲裁模用钢、压铸模用钢。

按耐热性分为低耐热钢（350～370℃）、中耐热钢（550～600℃）和高耐热钢。

按特有性能分为高韧性热作模具钢、高热强热作模具钢和高耐磨热作模具钢。

按合金元素种类可分为钨系热作模具钢、铬系热作模具钢、铬钼系及铬钨系热作模具钢。

按合金元素多少分为低合金热作模具钢、中合金热作模具钢和高合金热作模具钢。

3. 几种典型的热作模具用钢如下：

1）锤锻模用钢：包括5CrMnMo、5CrNiMo钢等。国内近年来研制的新钢种有4CrMnSiMoV、5Cr2NiMoVSi、45Cr2NiMoVSi及3Cr2MoWVNi钢等。

2）热挤压模用钢：包括钨系热作模具钢和铬系热作模具钢，还有铬钼系、钨钼系和铬钼系等新型热作模具钢以及基体钢。

3）压铸模用钢：包括4Cr5MoSiV1和3Cr2W8V钢等。

4）热冲裁模用钢：包括5CrNiMo、4Cr5MoSiV、4CrSMoSiV1、4CrW2Si和8Cr3钢等，其中8Cr3钢是使用较多的钢种。

4. 热作模具钢的热处理工艺。

复习思考题

1. 热作模具钢分为哪几类？
2. 热作模具钢应具备哪些基本特性？
3. 常用锤锻模用钢有哪些？试比较 5CrNiMo 与 4CrMnSiMoV 钢的性能特点和应用范围有什么区别？
4. 热作模具钢常用的热处理工艺有哪些？

第十四章　塑料模具钢

【基本要求】

1. 掌握塑料模具钢的性能要求。

2. 掌握塑料模具用钢的种类及选用方法。

【重点和难点】

塑料模具钢的选用。

随着塑料工业的迅速发展，塑料已经成为工业及民用产品的重要原材料，塑料模具也成为成型加工业的重要工艺装备，塑料模具产值已居我国模具工业总产值的首位，相应的塑料模具钢用量已占全部模具用钢量的50%以上。塑料模具具有形状复杂、尺寸精度高和表面质量要求高等特点，同时要求塑料模具材料要有一定的强韧性、耐磨性、耐蚀性、镜面抛光研磨性能及较好的焊补性能，使塑料模具的工作条件愈加复杂和苛刻，对塑料模具材料的性能要求也不断提高。所以，了解其工作条件、失效特点和性能要求，合理地选择塑料模具材料及热处理工艺，对保证模具质量、延长模具使用寿命和降低生产成本具有重要作用。

第一节　塑料模具钢的性能要求

塑料模具材料应具有的性能包括使用性能和工艺性能两方面。

一、塑料模具钢的使用性能要求

（1）足够的强度和硬度　塑料成型压力很大，需要的模具材料有较高的强度和硬度，以使模具能承受工作时的负荷而不致变形。通常塑料模的硬度在38～55HRC范围内。

（2）良好的耐磨性和耐蚀性　耐磨性是塑料模具的基本性能之一。由于塑料模具在工作中会受到塑料填充剂流动的压应力及摩擦力，所以塑料模具材料必须具有较高的耐磨性。含氟和氯的塑料在成型过程中会放出氯化氢或氟化氢等腐蚀性气体，使模具产生锈蚀，加重磨损而损坏，所以模具材料必须具有良好的耐蚀性。

（3）足够的韧性和疲劳强度　韧性和疲劳强度指标是保证模具在生产过程中不发生过早开裂的重要条件。移动式压缩模或注射模经常受到冲击或碰撞，尤其是尺寸较大、形状复杂的塑料模具，其应力状态复杂且应力较为集中，对材料的韧性有较高的要求；而注射模的工作频率较高，对材料的疲劳强度有较高的要求。

（4）较好的耐热性能　随着高速成型机械的出现，塑料高速成型温度多在200～350℃之间，如果塑料流动性不好，在高速成型时，会使模具型腔的局部区域温度在较短时间内超过400℃。模具型腔的局部表面在压力和高温的共同作用下，可能产生回火软化并产生塑性变形，或由于模具型腔表面的回火转变产生拉应力，加之交变热载荷的作用使其产生热疲劳裂纹。因此，要求模具材料应该具有良好的耐热性、导热性和热膨胀系数。

二、塑料模具钢的工艺性能要求

随着塑料制品种类的增加和质量要求的提高以及塑料制品成型工艺趋向高速化、大型化、精密化和多型腔化，对塑料模具材料还提出了较高的加工工艺性能要求。

（1）良好的切削加工性　由于因塑料模具型腔的几何形状复杂化和精密化，要求模具材料应具有良好的切削加工性能。另外，部分塑料模具需要进行预硬处理，即切削成型前预先进行热处理，使模具材料达到35～45HRC的硬度要求，切削成型后不再进行热处理，使塑料模具的尺寸精度和表面粗糙度得到保证。这就要求材料的硬度与切削性能相匹配。模具材料的成分、组织、力学性能和加工硬化特性等都会影响其切削加工性。所以，模具材料应尽量选用组织致密、切削加工方便、热处理变形小的材料。

（2）良好的塑性加工性　塑料模具的塑性加工主要分为冷塑性变形加工和超塑性变形加工。在塑料模具加工中比较常用的塑性加工方法是冷挤压成型，即在材料再结晶温度以下进行挤压成型。在设计此类模具时材料需具备塑性好、变形抗力低、硬度低于135HBW等性能。

金属材料通过超塑性处理可以表现出超常规的塑性变形能力，如钢获得超塑性以后，其伸长率在一定的变形条件下甚至可达到200%。大致工艺步骤是先将材料通过轧制、反复淬火、形变热处理以及固溶处理、时效处理，然后在超塑性变形温度下缓慢将材料挤压成模具。

（3）良好的电加工性　电火花、线切割是塑料模具加工中常用的两种电加工方法，但经过此类加工的模具表面，会因放电烧蚀而产生不正常的硬化层，增加抛光的难度；有的模具材料经电火花加工后，表面会留下5～10μm深的沟纹，使加工面的表面粗糙度值变大；还有些材料线切割时会出现炸裂，所以模具材料需要有良好的电加工性能。

（4）良好的镜面加工性能　塑料模具材料的镜面加工性能也是一个重要的性能指标。一般塑料模型腔面的表面粗糙度 Ra 值为0.16～0.08μm，表面粗糙度值低于0.4μm时可呈镜面光泽。

模具的硬度高、晶粒细有利于镜面抛光，硬脆的非金属夹杂物、宏观和微观组织的不均匀性则会降低镜面抛光性能。

（5）良好的表面刻蚀性能　根据塑料制品的使用要求，模具型腔表面有时需要雕刻花纹、图案、文字等。因此，模具材料要有良好的表面刻蚀性能，即刻蚀加工方便容易，刻蚀后不发生变形和裂纹。

（6）良好的焊接性能　塑料模具由于结构设计的更改以及使用中损坏的修复，需进行补焊或堆焊修复。因此需要具有一定的焊接性能。虽然模具钢的碳质量分数一般相对较高，但也必须在预热、缓冷等条件下完成补焊或堆焊的修复。

（7）良好的热处理工艺性　由于塑料模具的高精度，模具工件对热处理的要求是：热处理工艺简单，脱碳敏感性、淬火应力与淬火开裂倾向、淬透性、淬硬性和热处理变形要小等。

（8）良好的表面处理工艺性　耐磨、耐蚀的塑料模具需要进行表面处理工艺，对塑料模具型腔表面的处理包括镀铬、渗碳、渗氮、碳氮共渗等表面处理工艺。

总之，塑料模具对材料的性能要求，要考虑到从模具的加工到使用的诸多方面，对塑料模具选材时所做出的性能要求，要综合分析其使用性能和工艺性能，避免片面性。塑料模具钢的基本性能要求见表14-1。

表 14-1　塑料模具钢的基本性能要求

性　　能	特　　征
耐磨性	由于受到塑料填充剂流动的压应力及摩擦力影响，所以塑料模具材料必须具有较高的耐磨性
耐蚀性	由于含氯或氟的塑料在成型过程中会放出氯化氢或氟化氢等腐蚀性气体，所以塑料模具材料必须具备较高的耐蚀性
韧性	受冲击载荷的零件要求
导热性	使零件不因工作时温升过高而导致性能改变
硬度	综合特性指标，是耐磨性、强度的表征
纯净度和组织均匀性	保证材料各向异性降到最低，镜面性好
可加工性	切削加工性、磨削性、研磨性、抛光性（镜面性）、电加工性、花纹加工（刻蚀）性能
热处理工艺性	淬透性、淬硬性、热处理变形和过热、脱碳、开裂倾向性、渗碳、渗氮性能的能力
焊接性	堆焊、模具零件修正、修复再利用的可能性

第二节　塑料模具用钢

塑料模具钢涉及碳素结构钢、合金结构钢及合金工具钢等许多钢种。

从模具制造所要求的工艺性能和模具的使用性能考虑，塑料模具钢与冷作、热作模具钢应有一定的区别。因此近年来，国外已经形成一个专用的塑料模具钢系列，国内也正向这个方向发展，目前也有了自己的专用塑料模具钢系列，并在生产中推广。已纳入国家标准的塑料模具钢有两种：3Cr2Mo 和 3Cr2MnNiMo 钢，纳入行业标准的已有 20 多种（见表 14-2），已在生产中推广应用 10 多种新型塑料模具钢，初步形成了我国塑料模具用钢体系。

表 14-2　现行塑料模具用钢标准及牌号

标　　准	类　别	钢　　号
标准的国产塑料模具钢	渗碳型	20、20Cr
	淬硬型	45、40Cr、T10A、CrWMn、9SiCr、9Mn2V
	预硬型	5CrNiMnMoVSCa、3Cr2Mo、3Cr2NiMnMo、8Cr2MnWMoVS
	耐蚀型	20Cr13、40Cr13、12Cr18Ni9
YB/T 094—1997《塑料模具用扁钢》	非合金钢	SM45、SM50、SM55
	合金钢	SM1CrNi3、SM3Cr2Mo、SM3Cr2Ni1Mo、SM4Cr5MoSiV、SM2CrNi3MoAl5、SM4Cr5MoSiV1、SM2Cr13、SM3Cr17Mo、SM4Cr13
YB/T 107—1997《塑料模具用热轧厚钢板》	—	SM45、SM48、SM50、SM53、SM55 SM3Cr2Mo、SM3Cr2Ni1Mo
YB/T 129—1997《塑料模具钢模块技术条件》	—	SM45、SM50、SM55、SM3Cr2Mo、SM3Cr2Ni1Mo
	常用钢	12CrNi3A、T8A、5CrW2Si、Cr12MoV、5CrMnMo、5CrNiMo
	新型用钢	3Cr3Mo3VNb、4Cr2MnNiMo、Y55CrNiMnMoV、Y20CrNi3AlMnMo、25CrNi3MoAl、10Ni3MnCuAl、06Ni6CrMoVTiAl、0Cr17Ni4CuNb、18Ni（250）、18Ni（300）等
GB/T 1299—2000《合金工具钢》	—	3Cr2Mo、3Cr2MnNiMo

塑料模具按生产方式可分为注射成型模、挤出成型模及热压成型模等。根据塑料的类型及对成型塑料制品的尺寸、精度、质量、数量的要求，并考虑已有的模具生产条件，可以选用不同类型的塑料模具钢。

我国目前用于塑料模具的钢种可按照钢材特性和使用时的热处理状态分类，见表14-3。

表 14-3 塑料模具用钢分类

序号	类别	主要钢种
1	碳素型	SM45、SM50、SM55
2	渗碳型	20、20Cr、20Mn、12CrNi3A、20CrNiMo、DT1、DT2、0Cr4NiMoV
3	调质型	45、50、55、40Cr、40Mn、4Cr5MoSiV、38CrMoAlA
4	淬硬型	T7A、T8A、T10A、5CrNiMo、9SiCr、9CrWMn、GCr15、3Cr2W8V、Cr12MoV、45Cr2NiMoVSi、6CrNiSiMnMo（GD）
5	预硬型	3Cr2Mo、Y20CrNi3AlMnMo（SM2）、5NiSCa、Y55CrNiMnMoV（SM）、4Cr5MoSiVS、8Cr2MnWMoVS（8CrMn）
6	耐蚀型	30Cr13、20Cr13、Cr16Ni4Cu3Nb（PCR）、12Cr18Ni9、2316（3Cr17Mo）、0Cr17Ni4Cu4Nb（74PH）
7	时效硬化型	18Ni140 级、18Ni170 级、18Ni210 级、10Ni3MnCuAl（PMS）、18Ni9Co、06Ni16MoVTiAl、25CrNi3MoAl

一、碳素型塑料模具钢

国外通常利用碳质量分数为0.5%～0.6%的碳素钢（如日本的S55C钢）作为碳素塑料模具钢。国内生产批量不大、没有特殊要求的小型塑料模具采用价格便宜、来源方便、加工性能好的碳素钢（如45钢、50钢、55钢、T8钢、T10钢）制造，这类钢一般适用于普通热塑性塑料成型模具。这里主要介绍SM45、SM50和SM55这3种碳素塑料模具钢。

1. SM45钢

SM45钢属优质碳素塑料模具钢，由于淬透性差，多用于制造较大尺寸的塑料模具，一般用热轧、热锻或正火状态，模具硬度低，耐磨性较差；制造小型塑料模具时，用调质处理可获得较高的硬度和较好的强韧性。碳质量分数中等、形状简单的模具一般采用水冷淬火，形状复杂的小型模具水淬容易出现裂纹，一般采用水淬油冷。SM45钢的优点是价格便宜，切削加工性好，淬火后具有较高的硬度，调质处理后具有良好的强韧性和一定的耐磨性，广泛用于制造中、低档的塑料模具。SM45钢化学成分见表14-4。

表 14-4 SM45 钢的化学成分（YB/T 094—1997）

元素名称	C	Si	Mn	P	S
质量分数（%）	0.42～0.48	0.17～0.37	0.50～0.80	≤0.03	≤0.03

2. SM50钢

SM50钢属碳素塑料模具钢，其化学成分与高强中碳优质结构钢——50钢相近，但钢的洁净度更高，含碳量的波动范围更窄，力学性能更稳定。SM50钢经正火或调质处理后，具有一定的硬度、强度和耐磨性，而且价格便宜，切削加工性能好，适宜制造形状简单精度要求不高的小型塑料模具，及使用寿命不需要很长的模具。SM50 钢的焊接性能不好，冷变形性能差，其化学成分见表 14-5。

表 14-5　SM50 钢的化学成分（YB/T 094—1997）

元素名称	C	Si	Mn	P	S
质量分数（%）	0.47～0.53	0.17～0.37	0.50～0.80	≤0.03	≤0.03

3. SM55 钢

SM55 钢属碳素塑料模具钢，其化学成分与高强中碳优质结构钢——55 钢相近。SM55 钢经热处理后具有高的表面硬度、强度、耐磨性和一定的韧性，一般在正火或调质处理后使用。该钢价格便宜、切削加工性能中等，当硬度为 179～229 HBW 时，相对加工性为 50%，但焊接性和冷变形性均低，适宜制造形状简单的小型塑料模具或精度要求不高、使用寿命不需要很长的塑料模具。SM55 钢的化学成分见表 14-6。

表 14-6　SM55 钢的化学成分（YB/T 094—1997）

元素名称	C	Si	Mn	P	S
质量分数（%）	0.52～0.58	0.17～0.37	0.50～0.80	≤0.03	≤0.03

二、渗碳型塑料模具钢

渗碳型塑料模具钢主要用于冷挤压成形塑料模具，为了便于冷挤压成形，这类钢在退火时必须有高的塑性和低的变形抗力。因此，对这类钢要求有低的或超低的碳含量，一般碳质量分数为 0.1%～0.25%。制作复杂型腔时，其退火硬度应≤100HBW，制作浅型腔时，其退火硬度应≤160HBW。

渗碳型塑料模具钢在退火状态下硬度较低，具有良好的切削加工性能，也具有良好的塑性，较容易挤压成形，便于采用冷挤压成形法制造模具。为了提高型腔的耐磨性，冷挤压后的模具钢一般要进行渗碳，然后淬火和低温回火。使模具表面具有高的硬度和耐磨性，亦可以保证良好的抛光性能，而心部保持较高的韧性，而且模具互换性好。由于模具为冷挤压成形，故模具制造周期短，便于批量加工，而且精度高；缺点是模具热处理工艺较复杂、变形大。

渗碳型塑料模具钢在国外有专用钢种，如美国的 P1、P2、N、P6 钢，日本的 CH1、CH2、CH41 钢和瑞典的 8416 钢等。国内常用的钢种有 20、20Cr、20CrMnTi、12CrNi3A、20Cr2Ni4A、SM2CrNi3MoAl1S 及 0Cr4NiMoV（LJ）钢等。

1. 20 钢

20 钢属于低碳钢，特点是强度低，塑性和韧性较高，切削加工性和焊接性很好，成分简单，价格便宜。冷变形可以提高钢的强度，正火可以提高钢的韧性，所以采用冷挤压成形的模具在冷挤压加工前最好先进行正火处理。退火虽然能提高 20 钢的韧性，但由于其缓慢的冷却可能导致游离铁素体在晶粒边界上析出，会严重影响钢的切削加工性与加工后应有的表面质量，因此 20 钢不适宜在退火状态下制造各类零件。

20 钢适宜制作普通的中小型塑料模具。模具成形后进行渗碳或碳氮共渗热处理，然后再进行淬火和低温回火，从而使模具表面具有高硬度、高耐磨性，心部具有很好的韧性，其化学成分见表 14-7。

表 14-7 20 钢化学成分

元素名称	C	Si	Cr	Mn	Ni	P	S	Cu
质量分数（%）	0.17～0.23	0.17～0.37	≤0.25	0.35～0.65	≤0.30	≤0.035	≤0.035	≤0.25

2. 20Cr 钢

20Cr 钢的强度和淬透性与碳质量分数相同的碳素钢相比都有明显的提高，油淬到半马氏体的淬透深度为 20～23 mm。20Cr 钢经淬火、低温回火后具有良好的综合力学性能。渗碳时钢的晶粒有长大倾向，所以要求二次淬火以提高心部韧性，不宜降温淬火。当正火后硬度为 170～220HBW 时，20Cr 钢的相对切削加工性为 65%，焊接性中等，焊接前要预热到 100～150℃，冷变形时塑性中等。该钢适于制造中、小型塑料模具。模具成形后需要进行渗碳热处理或碳氮共渗热处理，然后再进行淬火和低温回火，从而保证模具表面具有高硬度、高耐磨性，且心部具有很好的韧性。对于使用寿命要求不高的模具，也可以直接进行调质处理，其化学成分见表 14-8。

表 14-8 20Cr 钢的化学成分（GB/T 3077—1999）

元素名称	C	Si	Mn	Cr	P	S
质量分数（%）	0.18～0.24	0.17～0.37	0.50～0.80	0.70～1.00	≤0.035	≤0.035

3. 12CrNi3A 钢

12CrNi3A 钢是中淬透性合金渗碳钢。该钢淬火、低温回火或高温回火后都具有良好的综合力学性能，钢的低温韧性好，切削加工性能良好，当硬度为 260～320HBW 时，相对切削加工性为 60%～70%。另外，钢退火后硬度低、塑性好，因此，既可以采用切削加工方法，也可以采用冷挤压成形方法制造模具。模具成形后需要进行渗碳处理，然后再进行淬火和低温回火，从而保证模具表面具有高硬度、高耐磨性而心部具有很好的韧性。

12CrNi3A 钢主要用于冷挤压成形的形状复杂的浅型腔塑料模具，也可以用来制造大、中型切削加工成形的塑料模具。为了改善切削加工性，模坯须经正火处理。12CrNi3A 钢的化学成分见表 14-9。

表 14-9 12CrNi3A 钢的化学成分（GB/T 3077—1999）

元素名称	C	Si	Mn	Cr	Ni	P	S
质量分数（%）	0.10～0.17	0.17～0.37	0.30～0.60	0.60～0.90	2.75～3.15	≤0.03	≤0.03

三、淬硬型塑料模具钢

对于负荷较大的热固性塑料模和注射模，模具基底要有较高的强度、硬度和韧性。以避免或减少模具在使用中产生塌陷、变形和开裂现象。这类模具可选用淬硬型塑料模具钢来制造。

常用的淬硬型塑料模具钢有：碳素工具钢（如 T7A、T10A）、低合金冷作模具钢（如 9SiCr、9Mn2V、CrWMn、GCr15 和 7CrSiMnMoV 钢等）、Cr12 型钢（如 Cr12MoV 钢）、高速钢（如 W6Mo5Cr4V2 钢）、基体钢和某些热作模具钢等。

碳素工具钢仅适于制作尺寸不大、受力较小、形状简单以及变形要求不高的塑料模，低合金冷作模具钢主要用于制作尺寸较大、形状较复杂和精度较高的塑料模。Cr12MoV 钢较 Cr12 钢含碳量低，且加入适量钼和钒，碳化物不均匀度有所改善。钼能减轻碳化物偏析并提高淬透性，钒能细化晶粒增加韧性。Cr12MoV 钢的淬透性较高，截面在 400mm 以下可以完全淬透，在 300～400℃仍可保持良好的硬度和耐磨性，用于制造截面大、形状复杂、精密、经受较大冲击的各种塑料模具。

W6Mo5Cr4V2 钢适于制作要求强度高和耐磨性好的塑料模；热作模具钢适合于制作有较高强韧性和一定耐磨性要求的塑料模。此外，6CrNiSiMnMo（GD）钢也是近年来新推广使用的一种淬硬型塑料模具钢。由于该钢强韧性高、淬透性和耐磨性好、淬火变形小、成本低，多用此钢取代 Cr12MoV 钢或基体钢制作大型、高耐磨、高精度塑料模。

淬硬型塑料模具钢的最终热处理一般是淬火和低温回火（少数采用中温回火或高温回火），热处理后的硬度通常在 45～50HRC 以上。塑料模具钢在淬火加热过程中要确保型腔表面不氧化、不脱碳、不侵蚀、不过热，常在保护气氛炉或严格脱氧后的盐浴炉中加热，同时严格控制加热速度，冷却时多采用分级淬火冷却方法，以避免在淬火冷却过程中产生变形或开裂。淬火后应及时回火，回火温度要高于模具的工作温度，回火时间应在 40min 以上。

四、预硬型塑料模具钢

预硬型塑料模具钢分为调质预硬型塑料模具钢和易切削预硬型塑料模具钢。

预硬型塑料模具钢是为避免大、中型精密塑料模具热处理后的变形，保证模具的精度和使用性能而预先进行调质处理，使其硬度达到 30～40HRC，切削加工成形后不再进行热处理。从而避免了由于热处理而引起的模具变形和裂纹问题。预硬型塑料模具钢主要用于制造型腔复杂、精密，使用寿命要求长的大、中型塑料模具。

预硬型塑料模具钢大多数是以中碳钢为基础，加入适量的铬、锰、镍、钼、钒等合金元素制成中碳低合金钢。碳的质量分数一般在 0.35%～0.65%之间，经过淬火加高温回火的调质预硬处理后，可获得均匀的组织和所需的硬度。通过向钢中加入硫、钙、铅、硒等元素，以改善切削加工性能，从而制得易切削预硬化钢，它们可使模具在较高硬度下顺利完成车、钻、铣、镗、刨、磨等加工过程。有些预硬化钢可以在模具加工成形后进行渗氮处理，在不降低基体使用硬度的前提下使模具的表面硬度和耐磨性显著提高。

1. 3Cr2Mo（P20）系列钢

P20 钢是我国引进的美国通用型塑料模具钢，其综合力学性能较好，淬透性高，可以使截面尺寸较大的钢材获得较均匀的硬度，并具有良好的抛光性。生产中，P20 钢多采用电炉熔炼、真空除气和特殊脱氧处理，该钢含铬、钼量较高，故淬透性好，通常采用调质预硬处理，预硬硬度为 30～36HRC，然后再进行切削加工。为了增加表面耐磨性，可以在成形加工后进行表面处理，如镀铬、渗氮处理等。该钢适用于制造中、小型或大型的复杂、精密塑料模，如电视机、洗衣机壳体等塑料模具，并已得到了广泛的应用，其化学成分见表 14-10。

表 14-10 3Cr2Mo 钢的化学成分（GB/T 1299—2000）

元素名称	C	Si	Mn	Cr	Mo	P	S
质量分数（%）	0.28～0.40	0.20～0.80	0.60～1.00	1.40～2.00	0.30～0.55	≤0.030	≤0.030

2. 3Cr2NiMo（P4410）钢

该钢是P20钢的改进型，即在3Cr2Mo钢的基础上添加质量分数为0.8%～1.2%的镍。由于镍的作用，该钢具有更高的淬透性、强韧性和耐蚀性。该钢采用真空脱气，钢包喷粉精炼。钢锭经水压机锻造后进行粗加工，再经超声波探伤后进行调质热处理。因此，该钢洁净度高，组织致密，镜面抛光性好，表面粗糙度 Ra 值达0.01～0.005μm。该钢调质预硬化硬度为32～36HRC，具有良好的车、铣、磨等加工性能。该钢可采用火焰对局部表面加热至800～825℃，然后空冷或用压缩空气冷却，使局部表面淬硬至56～62HRC，以增加模具的使用寿命。该钢焊接性良好，模具局部损坏可用补焊法修补。

P4410钢表面镀铬后，镀层与基体金属结合良好，表面硬度可达1000HV，可显著提高模具的耐磨性和耐蚀性。由于综合力学性能好，该钢主要用于优质预硬型截面厚度≥250mm的塑胶模具，如大型塑料制品、电视机外壳、洗衣机面板等，其化学成分见表14-11。

表14-11 3Cr2MnNiMo钢的化学成分（GB/T 1299—2000）

元素名称	C	Si	Mn	Ni	Cr	Mo	P	S
质量分数（%）	0.32～0.40	0.20～0.40	1.10～1.50	0.85～1.10	1.70～2.00	0.25～0.40	≤0.030	≤0.030

3. 4Cr5MoSiV1 钢

4Cr5MoSiV1钢是一种典型的调质预硬型塑料模具钢，与其他调质预硬型塑料模具钢相比还有较高的耐热性，预硬后的硬度为45～50HRC，适用于聚甲醛、聚酰胺树脂制品的注射成型模具。

4. 其他常用的预硬型塑料模具钢

5NiSCa、8Cr2S、P20BSCa及SM1为常用的易切削预硬型塑料模具钢，在这些钢中加入了S、Ca、Pb、Se等元素，以改善切削加工性能。如5NiSCa钢预硬处理后的硬度为39HRC，不仅适用于制造大、中型精密注射模具，还可用于制造精密冷作模具。

5CrNiMnMoVSCa（5NiSCa）钢属于硫、钙复合系易切削预硬化模具钢，其 w_C 为0.57%，合金元素总质量分数小于4%。该钢采用了喷射冶金技术，消除了硫化物分布不均导致的有害影响，有效地提高了该钢的韧性、均匀性和等方向性。因此，该钢不仅具有良好的切削加工性、而且镜面抛光性也好，蚀刻花纹图案清晰逼真，并在使用中有较强的保持模具镜面的能力。5NiSCa钢预硬化处理后的硬度为35～45HRC，可进行各种机械加工，镜面抛光后表面粗糙度 Ra 值可以达到0.05～0.025μm。抛光后的模具置于大气中容易锈蚀氧化，应及时镀铬或渗氮处理，既保护型腔表面，又增加表面硬度和耐磨性。5NiSCa钢可用于制作型腔复杂，精密的注射模、橡皮模和胶木模等。

Y55CrNiMnMoVS（SM1）钢是我国研制的含S系易切削塑料模具钢，其特点是预硬态供应，预硬硬度为35～40HRC，有较好的切削加工性，模具加工后不再进行热处理，可直接使用。此外该钢还具有耐蚀性好和可渗碳等优点，SM1模具钢镜面抛光性能良好，表面粗糙度 Ra 值可达0.1μm以下，模具的精度较高。目前，含硫易切削预硬钢在电子、仪表、塑料、轻工等行业的印制电路板凸凹模、胶木线路板孔模、精密冲压导向板及热固性塑料模具等方面得到了广泛的应用。

五、时效硬化型塑料模具钢

模具经热处理后变形是模具热处理的三大难题（变形、开裂、淬硬）之一。预硬型塑料模具钢解决了模具热处理变形问题，但既要保持模具的加工精度，又要模具有较高的硬度，为了解决这一问题，可使用时效硬化型塑料模具钢。此类钢碳质量分数低，合金元素含量较高，经高温淬火（固溶处理）后，钢处于单一组织的过饱和固溶体，呈软化状态。然后进行机械成形，再将此固溶体进行时效处理，即加热到某一较低温度，并保温一段时间后，固溶体中就会析出细小弥散的金属化合物，引起钢的强化和硬化，同时这一过程变形极小，并有效地保证了模具的最终尺寸和形状精度。

由于此类钢一般采用真空熔炼，纯净度高，其镜面抛光性和表面刻蚀性良好。另外它还可以通过镀铬、渗碳或离子束增强沉积等表面处理方式来提高其耐磨性和耐蚀性。

时效硬化型塑料模具钢经过时效处理使综合力学性能得到很大的提高，多用于制作强度和韧性、尺寸精度、表面质量和耐蚀性都要求较高的塑料模具，以及透明塑料模具等。

1. 25CrNi3MoAl 钢

该钢是国内研制的一种低碳低镍时效硬化型塑料模具钢，钢中碳质量分数和镍质量分数低，采用880℃加热空冷或水冷淬火，硬度为48～50HRC，再经680℃，4～6h高温回火，硬度降为22～23HRC，便于进行机械成形加工，成形后再经520～540℃时效6～8h，然后空冷，则硬度可达到38～42HRC，变形率约为0.039%。制作高精度塑料模具时，在半精加工后，即加热到650℃保温1h，以消除内应力，经去应力回火，再进行精加工，经时效处理后，变形率仅为0.01%～0.02%。其特点为常规切削加工性能和电加工性能良好，镜面加工性能好，图案蚀刻性能优良，光刻图案清晰均匀，还具有良好的焊接补修性。该钢可用于制作普通和高精密的各种塑料模具，还可以用于制造冷挤压型腔的塑料成形模。渗氮工艺性良好，渗氮后表面硬度可达1100HV以上。

2. 18Ni 类塑料模具钢

18Ni类钢属于低碳马氏体时效型塑料模具钢，此类钢碳质量分数极低，目的是增加钢的韧性，依据屈服强度可分为1400MPa、1700MPa及2100MPa三个级别，简写为18Ni140、18Ni170、18Ni210。该钢中大量加入Ni的目的是确保固溶体淬火后，能获得单一的马氏体组织，Ni的质量分数<10%时还可显著提高其断裂韧度。经固溶和时效处理后，18Ni具有很高的强度和韧性，又有良好的耐蚀性，而且时效变形小。18Ni主要用来制作高精度、超镜面、型腔复杂及大截面的塑料模具。但这类钢含镍量高，价格昂贵，应用受到限制。

3. 06Ni6CrMoVTiAl（06Ni）钢

该钢属于低镍马氏体时效钢，优点是热处理变形小，时效处理后的变形率仅为0.02%～0.05%，经固溶处理后硬度为25～28HRC；切削加工性能和抛光性能都很好，可进行冷加工，并且具有良好的综合力学性能和渗氮、镀铬、焊接工艺性及一定的耐蚀性，经机械加工成形及钳工修理和抛光后进行时效处理，时效处理后的硬度为43～48HRC。热处理工艺简单，价格相对便宜。该钢适于制造精度比较高又必须淬硬（>40HRC）的精密塑料模，如制作磁带盒、照相机、电传机及打字机等塑料制品的模具。

4. 10Ni3MnCuAl（PMS）镜面塑料模具钢

它是一种低碳的镍铜铝铁合金钢，是一种新型时效硬化型镜面塑料模具钢，经热处理后为贝氏体、马氏体双相组织，具有良好的冷热加工性和综合力学性能。热处理工艺简便，淬透性高，变形小，表面粗糙度值低，可作镜面抛光，光亮度高，尺寸和形状精度高。PMS钢具有良好的机械加工性能，锻造温度范围为850～1150℃，固溶处理温度为840～900℃，空冷至室温后硬度为 30～35HRC。经 650℃高温回火后硬度可降至 25HRC 左右，由于此时具有极好的塑性，故可以进行高精度型腔的挤压成形，然后经时效处理后即可得到 40～43HRC 硬度。模具表面粗糙度 *Ra* 值可达 0.05μm，适于制造要求高镜面性、高透明度、高精度的各种热塑性塑料光学镜片的注射模具及各种家用电器，如电话机、石英钟、车辆灯具等塑料壳体模具。由于 PMS 钢含铝，铝与氮有极好的化合能力，所以其渗氮性良好，可以在渗氮处理的同时进行时效处理，使其表面硬度、耐磨性提高。另外该钢具有良好的焊接性能，便于损坏后的补焊修复。

六、耐蚀塑料模具钢

生产塑料制品（如聚氯乙烯、聚苯乙烯和 ABS 加抗燃树脂等化学性腐蚀塑料为原料）时，成型过程中会分解出腐蚀性气体，对模具产生腐蚀作用，模具材料必须具有较好的耐蚀性，除可用表面镀铬加以保护外，主要采用中碳或高碳的高铬马氏体不锈钢。常用的钢种有中碳或高碳的高铬马氏体不锈钢，如 20Cr13、30Cr13、40Cr13、95Cr18、90Cr18MoV、102Cr17Mo、4Cr14MoV、14Cr17Ni2 和 0Cr16Ni4Cu3Nb 硬化不锈钢等。

耐腐蚀塑料模具零件的热处理和一般不锈钢制品的热处理基本相同，为了得到模具使用中所要求的综合力学性能和较好的耐蚀性、耐磨性，还要经过适宜的淬火、回火处理。下面介绍几种常用的不锈钢。

1. 20Cr13 钢

20Cr13 钢属马氏体型不锈钢，具有较高的韧性和冷变形性能，机械加工性能良好。由于碳质量分数较 12Cr13 钢高，经热处理后其强度和硬度均比 12Cr13 钢稍高，具有良好的耐蚀性和较好的韧性，适于制造承受高负荷并存在腐蚀介质的透明和不透明的塑料制品模具。

2. 30Cr13 钢

30Cr13 钢属于马氏体型不锈钢，其主要性能与 12Cr13、20Cr13 钢相同，但因碳质量分数较 12Cr13 钢和 20Cr13 钢都高，因此其强度、硬度、淬透性和热强性都较高。30Cr13 钢在热处理（淬火及回火）后用作强度较高的结构件材料，适宜制造受高机械载荷、腐蚀介质作用、在磨损条件下工作的透明、不透明的塑料制品模具等。

3. 0Cr16Ni4Cu3Nb（PCR）钢

PCR 钢是一种马氏体沉淀硬化不锈钢。因碳质量分数低（$w_C \leq 0.07\%$），耐蚀性和焊接性都优于马氏体型不锈钢，而接近于奥氏体型不锈钢。经淬火处理后，获得单一的板条马氏体组织，硬度为 32～35HRC，具有良好的切削加工性能。该钢的锻造性能与含铜量有关，当 $w_{Cu} \leq 3.5\%$ 时，可锻性良好；当 $w_{Cu} > 4.5\%$ 时，锻造易开裂。锻造温度为 1100～1180℃，终锻温度不低于 1000℃，锻后空冷或砂冷，固溶温度为 1000～1100℃，空冷或油冷至室温，时效温度为 460～480℃，经时效处理后，硬度升高至 42～44HRC，具有较好的综合力学性能。该钢淬透性高，热处理变形小，变形率为 0.04%～0.05%，且具有良好的抛光性能，同时它具有优良的耐蚀性，它在时效和抛光后，可在 300～400℃下进行 PVD 表面离子涂镀处理，处理后表面硬度大于 1600HV。

PCR 钢适于制作含有氟、氯及高耐磨、高精度而又耐腐蚀的塑料模具，如用于氟塑料或聚氯乙烯塑料成型模、氟塑料微波板、塑料门窗、各种车辆把套、氟氯塑料挤出机螺杆、机筒以及添加阻燃剂的塑料成型模。

第三节 塑料模具钢的选用

塑料模具钢选用合理与否直接影响到模具的寿命、塑料制品的质量和生产成本等。因此选择塑料模具材料是模具制造过程中的重要环节。选择时应依据一定的原则进行，大致可按加工方式、工作条件、制品质量、按制品批量进行选材。

一、选材的基本要求

模具材料选择的基本要求是综合性能优良、工艺性能良好。

1. 综合性能优良

模具材料应具有一定的硬度和耐磨性，使模具在特定的工作条件下能够保持其形状和尺寸的稳定；应具有足够的强度和韧性，既能承受一定的高压，又能承受一定冲击载荷的作用；应具有一定的抗热性能，包括一定的热强性、热硬性、热稳定性、热疲劳抗力和抗粘着性等，以承受模具工作时因强烈的摩擦而产生的局部高温。

2. 工艺性能良好

所选用的模具材料应具有良好的冷、热加工性能及热处理工艺性能，制造简单，加工方便，能够保证供应且经济性合理等。

二、选择模具材料时应考虑的因素

1. 模具的工作条件

模具的工作条件包括承载力的大小、速度（冲击状况）、工作温度及腐蚀情况等。

2. 模具的失效

模具的失效形式主要有塑性变形失效、磨损失效及断裂失效。

3. 模具加工的产品

模具加工的产品包括所加工产品批量的大小、质量的高低及材质的好坏等。

4. 模具的结构

模具的结构包括模具的大小、形状、模具工件的工作性质等。模具所用的材料应该比其他工件所用的材料好。

5. 模具的制造工艺

（1）低碳钢及低碳合金钢制模具　20，20Cr，20CrMnTi 等钢的工艺路线为：下料→锻造模坯→退火→机械粗加工→冷挤压成形→再结晶退火→机械精加工→渗碳→淬火、回火→研磨抛光→装配。

（2）高合金渗碳钢制模具　12CrNi3A，12CrNi4A 钢的工艺路线为：下料→锻造模坯→正火并高温回火→机械粗加工→高温回火→精加工→渗碳→淬火、回火→研磨抛光→装配。

（3）调质钢制模具　45，40Cr 等钢的工艺路线为：下料→锻造模坯→退火→机械粗加工→调质→机械精加工→修整、抛光→装配。

（4）碳素工具钢及合金工具钢制模具　T7A ~ T10A，CrWMn，9SiCr 等钢的工艺路线为：下料→锻成模坯→球化退火→机械粗加工→去应力退火→机械半精加工→机械精加工→淬火、回火→研磨抛光→装配。

6. 现有的设备及技术水平

在具体选材时，对于以上各因素的考虑应有所侧重，按照模具的工作要求有针对性地选择。

随着塑料制品产量的提高和应用领域的扩大，对塑料模具提出了越来越高的要求，促进了塑料模具的不断发展。目前，塑料模具正朝着高效率、高精度、高寿命方向迅速发展。

本章小结

1. 塑料模具钢的使用性能要求有：足够的强度和硬度、良好的耐磨性和耐蚀性、足够的韧性和疲劳强度；工艺性能要求有：良好的切削加工性、塑性加工性、电加工性、镜面加工性能、表面刻蚀性能、焊接性能、热处理工艺性和表面处理工艺性。

2. 塑料模具用钢有：碳素结构钢、合金结构钢和合金工具钢等许多钢种。

3. 选择塑料模具钢的原则有：按加工方式选材、按工作条件选材、按制品质量选材、按制品批量选材等几个方面。

复习思考题

1. 塑料模具钢有哪些基本性能要求？

2. 按照钢材特性和使用时的热处理状态，目前我国用于塑料模具的钢种有哪几类？

3. 渗碳型塑料模具钢有何优缺点？渗碳工艺对该钢有何益处？

4. 在什么时候要选用淬硬型塑料模具用钢？举例说明常用的淬硬型塑料模具钢类别和牌号。

5. 选用预硬型塑料模具钢有何好处？生产中它主要用于制造哪类模具？

6. 塑料模具钢种类繁多，为什么还要研发时效硬化型塑料模具钢？简述其原理、性能及应用特点。

7. 选择塑料模具材料的依据有哪些？请为下列工作条件下的塑料模具选用材料：

1）形状简单、精度要求低、批量不大的塑料模具。

2）高耐磨性、高精度、型腔复杂的塑料模具。

3）大型、复杂、产品批量大的塑料注射模具。

4）耐蚀、高精度塑料模具。

8. 模具材料选择的基本要求是什么？

9. 选择塑料模具材料时应考虑的因素有哪些？

第十五章　模具表面的处理技术

【基本要求】

1. 掌握模具表面处理技术的概念、作用。

2. 掌握模具表面处理技术的方法。

【重点和难点】

模具表面涂镀处理技术的种类及应用。

第一节　模具表面处理技术概述

一、表面处理技术的概念

表面处理技术是表面处理、表面涂（镀）层及表面改性的总称，能有效强化材料的表面性能，故又被称为表面强化技术。表面处理技术是运用各种物理、化学和机械工艺过程来改变基材表面的形态、化学成分、组织结构或应力状态而使其具有某种特殊性能，从而满足特定使用要求的系统工程。

二、表面处理技术的意义和目的

随着模具成形加工技术的不断发展以及模具加工的专门化与产业化，对模具材料的要求越来越高，而对模具材料及其加工费用要求尽量降低。尽管系列的新型模具材料被研制开发出来，并对原有模具钢的热处理工艺进行了改进与优化，但仍然满足不了对模具这种高性能、低成本的要求。众所周知，模具主要依靠表面进行工作，模具的失效 80% 以上是表面的损伤，这是因为模具在承受外力时，通常表面受到弯曲、扭转、冲击、接触等形式复杂应力的作用，以及在这些应力状态下的疲劳强度、滚动或滑动摩擦及介质腐蚀或应力腐蚀。另外，因零件结构及工作条件等因素所产生的应力集中，也大多发生在表面，这就使模具表面比其心部承受更严酷的工作条件，从而导致模具表面的早期破坏。此外，由于模具对表面和心部的性能要求是不同的，单纯依靠材料本身或模具的整体热处理来改进和提高是非常有限的，也是不经济的，而采用不同的表面处理技术，能有效改变模具表层的成分、组织、性能，从而大幅度地改善和提高模具的表面性能，能几倍、几十倍地提高模具使用寿命，收到事半功倍的效果。因此，将表面处理技术应用于模具加工与制造领域，在很大程度上弥补了模具材料的不足，这也正是表面处理技术迅速发展的原因。

模具表面处理技术对于改善模具的综合性能、节约合金元素、提高模具质量和使用寿命、大幅度降低模具制造成本、充分挖掘模具材料自身的潜力以及更好地利用新材料都是十分有效的。因此，近年来表面强化处理技术得到越来越广泛的应用。将表面处理技术应用于模具表面，能达到如下目的：

1）提高模具表面的硬度、耐磨性、耐蚀性及抗高温氧化性能，大幅度地提高模具的使用寿命。

2）提高模具表面抗擦伤能力及脱模能力，提高生产率。

3）采用碳素工具钢或低合金钢，经表面涂层或合金化处理后，可达到甚至超过高合金化模具材料及硬质合金的性能指标，既能大幅度降低材料成本，又可以简化模具制造加工工艺，降低生产成本。

4）可用于模具的修复，尤其是电刷镀技术可在不拆卸模具的情况下完成对模具表面的修复，且能保证修复后的工作面仍具有足够的表面质量，因此，备受广大工程技术人员的重视。

5）用于模具表面的纹饰，提高其塑料制品的档次与附加值。

在模具上使用的表面处理技术方法多达几十种，根据处理的方式不同，可分为：物理表面工程技术（如火焰淬火、高频淬火、激光等）、化学表面处理技术（如渗碳、渗氮、碳氮共渗、渗硼、渗金属等）和表面覆层工程技术等。本章只介绍在工程中应用较为广泛的表面覆层以及模具表面常见的其他处理技术。

第二节 模具表面的涂镀处理技术

表面的涂镀历史较早，开发最初是为了满足人们防腐和装饰的要求。随着科学技术的进步，涂镀技术的应用范围越来越广，如在模具上应用不仅可提高其耐蚀性，而且还可提高模具的硬度和耐磨性等。常用的涂镀技术有电镀、电刷镀、化学镀、热喷涂、热浸镀及气相沉积技术等。

一、电镀

电镀是一门具有悠久历史的表面处理技术。近几年来，新的工艺技术方法、新的镀层材料和复合镀技术的出现，极大地拓展了这项表面处理技术的应用范围，并使其成为现代表面工程技术的重要组成部分。

电镀是应用电化学的基本原理，将金属工件浸入欲镀金属盐溶液（即电解质溶液）中，在直流电的作用下，电解液中的金属离子还原，并沉积在零件表面而形成金属镀层的过程。电镀的目的在于改变模具零件的表面特性，即改善外观，提高其耐蚀性、耐磨性、耐热性和减磨等性能，或制取特定成分和性能的金属覆层，提供特殊的电、磁、光、热等表面特性或其他物理特性等。若采用合金镀或复合镀还可获得某些特殊的表面特性。

1. 电镀铬

镀铬层有良好的耐蚀性。根据镀液成分和工艺条件的不同，镀铬层的硬度可在400～1200HV内变化。在低于500℃下加热，对镀铬层的硬度无影响。镀铬层的摩擦因数低，尤其是干摩擦因数在所有金属中是最低的，因此有很好的耐磨性。镀铬层的种类很多，主要包括如下几种：

（1）防护、装饰性镀铬层　防护、装饰性镀铬层厚度为0.5μm，广泛用于汽车、自行车、钟表及日用五金中。

（2）镀硬铬　镀硬铬是在模具上应用较多的镀铬方法。镀硬铬层硬度高达900～1200HV，摩擦因数低，耐磨性好，耐蚀性好，且镀层光亮，与基体结合力较强，不粘附。

可用作冷作模具和塑料模具的表面防护层，以改善其表面性能。镀硬铬层厚度一般为0.03～0.50mm，如果镀层过厚，在模具承受强压或冲压时，镀层易剥落，效果反而不好，所以镀硬铬不适宜冷冲模和冷镦模，只适合于加工应力较小的拉深模、塑料模等。镀铬工艺简便，还可用于尺寸超差模具的修复。镀硬铬后效果明显，如塑料果筐锌基合金注射模，未镀铬时，模具生产10000件产品后，表面划伤严重，如果在其表面镀一层硬铬，其表面将得到强化，在几十万次内无明显划痕，模具寿命大大提高。一般钢制模具经镀硬铬后，其寿命也可提高3～5倍。

（3）松孔镀铬　采用松孔镀铬会使镀层表面产生许多微细沟槽和小孔，以便吸附、储存润滑油，这种镀层具有良好的减摩性和抗粘着能力。如在3Cr2W8V钢制压铸模的型腔表面镀上0.025mm厚的多孔性铬层后，使用寿命可提高1倍左右。

2. 电镀锌

电镀锌工艺简单，成本低廉。锌层具有良好的抗氧化性能，即使受到腐蚀，锌作为阳极能有效地保护钢材。因此，电镀锌层是工业上应用最为广泛的电镀层，电镀产品有50%是以镀锌出厂的。在比较干燥的空气中，镀锌层只需6～12μm；而在恶劣条件下需要20～50μm。实际使用的镀锌层是在铬酸中钝化处理的，其防护能力可提高5～8倍。

3. 电镀镍

电镀工业中仅次于电镀锌生产量的产品是电镀镍。镍镀层的硬度因电镀工艺的不同可在150～600HV之间变化。镍镀层的主要作用如下：

1）由于孔隙率高，常作为防护装饰性镀层体系的中间层或底层。

2）作为色彩柔和、不反光的锻面镍。镀镍的主要种类有镀暗镍、镀光亮镍和多层镀镍。

4. 电镀锡

锡具有银白色的外观，耐腐蚀、耐变色、无毒、易钎焊、柔软性和延展性好等优点。因为其耐腐蚀、耐变色和无毒，故被广泛用作食品容器，如易拉罐等的保护层。电镀锡占镀锡板的90%以上，其余为热浸镀锡。镀锡电镀液有酸性光亮镀锡液和碱性镀锡液两种，现在广泛应用的是前者。

随着电镀技术的发展，现已出现了合金电镀、复合电镀、电镀非晶态合金等技术。合金电镀是在一个镀槽中，同时沉积含有两种或两种以上的金属元素的镀层；复合电镀则是将金属与悬浮在电镀液中的固体微粒同时沉积到工件表面形成复合镀层的电镀方法。例如，把金刚石粉和金属一起镀到工件表面，可以获得极耐磨的复合镀层，通过复合电镀还可以得到耐蚀性镀层、自润滑镀层和耐热性镀层等，这些电镀方法在模具上也有应用。

二、电刷镀

电刷镀是电镀的一种特殊方式，不用镀槽，依靠一个与阳极接触的垫或刷提供电镀所需的电解液的电镀方法，它是在模具工件（可导电）表面需要镀覆的部位快速沉积金属镀层的新技术。电刷镀装置与工作原理如图15-1所示。刷镀与电镀的原理相同，只是施镀方式不同，它不用镀槽，只需在不断供应电解液的条件下，用一支镀笔在工件表面上进行擦拭，从而获得电镀层，所以简称为刷镀，又称无槽镀或涂镀。1967年至今，刷镀技术形成了一套完全独立、可靠而实用的新的电镀工艺。应用范围不断扩大，直接和间接经济效益已达数十亿元。

电刷镀与电镀相比具有如下优点：

1）镀层强度高，在钛、铝、铜、铬、高合金钢和石墨上也具有很好的结合强度。

2）设备简单、工艺灵活、操作方便，凡是镀笔能触及的地方均可施镀。目前已广泛应用于机械、电力、电子、化工及纺织等领域。

3）可以进行槽镀困难或实现不了的局部电镀，例如对体积大的零件实现局部电镀。

4）生产效率高。电刷镀的速度是一般槽镀的10～15倍，节约能源，是槽镀耗电量的几十分之一。

5）操作安全，对环境污染小。电刷镀的溶液不含氰化物和剧毒药品，可循环使用，不会因大量废液排放造成污染。

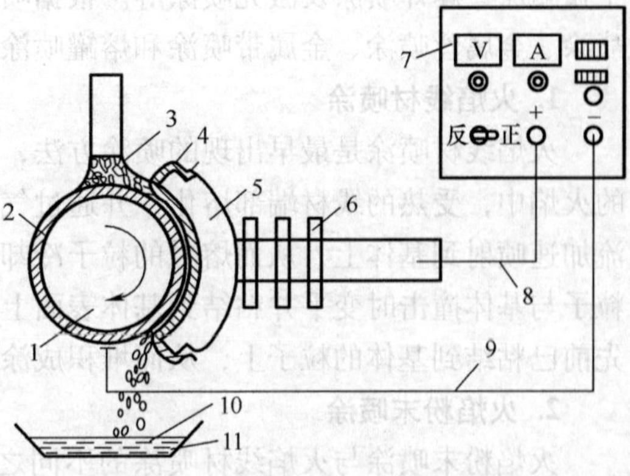

图15-1　电刷镀装置与工作原理

1—工件　2—镀层　3—镀液　4—包套
5—阳极　6—导电柄　7—电表箱　8—阳极电源
9—阴极电源　10—循环使用溶液　11—拾液盘

三、化学镀

化学镀是在没有外电流通过的情况下，将工件置于镀液中，镀液中的金属离子获得从镀液的化学反应中产生的电子，在工件表面还原沉积形成镀层的一种加工方法。化学镀是一个无外加电场的电化学过程。

与电镀相比，化学镀有如下特点：

1）镀覆过程不需要外电源驱动。

2）空隙率低，均镀能力好，形状复杂，有内孔、内腔的镀件均可获得均匀的镀层。

3）镀液通过维护、调整可反复使用，但使用周期是有限的。

4）可在金属、非金属以及有机物上沉积镀层。

四、热喷涂

热喷涂技术是利用一种热源（如电弧、离子弧或燃烧的火焰等），将喷涂材料加热到熔融或半熔融状态，并用热源自身的动力或外加高速气流将其雾化、加速，使其以高速喷射到工件表面，依靠喷涂材料的物理变化和化学反应，与工件形成特殊性能涂层的工艺。

热喷涂技术可以对材料表面性能（如耐磨损性、耐蚀性、耐高温隔热性等）进行强化或再生，起到保护作用，并能对因磨损、腐蚀或加工超差引起的零件尺寸减小进行修补恢复。由于热喷涂可以喷涂各种金属、合金陶瓷、塑料及非金属矿物等几乎大多数固态工程材料，所以能制成具有耐磨、减摩、耐蚀、耐高温、抗氧化、绝热、绝缘、导电、防辐射、抗干扰、能量转换等各种功能的涂层。随着热喷涂技术广泛的推广应用，热喷涂技术正在发展成为各种机械产品制造和设备维修的基础工艺之一，对于提高机械产品质量、延长产品寿命、改进产品结构、节约能源、节约贵重金属材料、提高工效以及降低成本等都有重要作用。

热喷涂的种类很多，根据所用的热源不同，热喷涂方法包括火焰喷涂、电弧喷涂、等离子弧喷涂、爆炸喷涂及激光喷涂等。根据喷涂材料的形状不同，热喷涂方法又可分为：粉末喷涂、金属丝喷涂、金属带喷涂和熔罐喷涂。下面介绍几种常见的热喷涂方法。

1. 火焰线材喷涂

火焰线材喷涂是最早出现的喷涂方法，它是将线材送入围绕喷嘴和气罩形成的环形燃烧的火焰中，受热的线材端部熔化，并通过气罩里的压缩空气将其雾化成喷射粒子，依靠空气流加速喷射到基体上，从而熔融的粒子冷却到塑性或半熔化状态，也发生一定程度的氧化。粒子与基体撞击时变平并粘结到基体表面上，随后而来的与基体撞击的粒子也变平并粘结到先前已粘结到基体的粒子上，从而堆积成涂层，如图 15-2 所示。

2. 火焰粉末喷涂

火焰粉末喷涂与火焰线材喷涂的不同之处是：喷涂材料不是丝材而是粉末。它是以氧-燃气火焰为热源，将粉末加热至熔融或塑性状态在高速气流作用下，将雾化颗粒喷涂于工件表面，从而形成图层，其原理如图 15-3 所示。

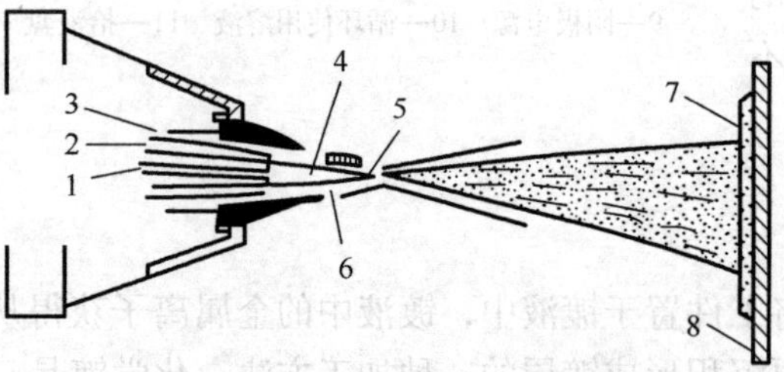

图 15-2　丝材火焰喷涂枪的原理示意图

1—丝　2—气体　3—空气　4—火焰　5—熔丝　6—压缩空气　7—涂层　8—基体

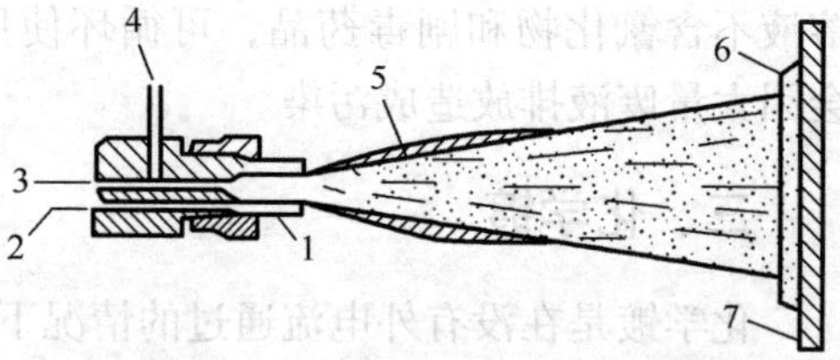

图 15-3　火焰粉末喷涂的原理示意图

1—喷嘴　2—氧/燃气　3—气体　4—粉末　5—火焰　6—涂层　7—基体

火焰喷涂具有很多优点，它可以喷涂各种金属、非金属陶瓷、塑料及尼龙等材料，应用非常广泛灵活。火焰喷涂使用的设备轻便简单可移动，价格低于其他喷涂设备，经济性好，是目前喷涂技术中使用较广泛的一种工艺。火焰喷涂时，火焰中心最高温度为 3000℃，多为氧化性气氛，所以，对于一些熔点相对低的、要求涂层致密及易氧化的喷涂材料，在使用上有所考虑。

近年来，火焰塑料喷涂技术发展很快，对要求耐蚀性强、使用条件苛刻的化工设备和容器，金属喷涂层因有微孔是不适宜的，故对于使用温度在 80℃（或 120℃）以下的零件的防腐，采用塑料粉末喷涂为好。此种喷涂还可免受零件尺寸的限制。喷涂时，可以整体表面喷涂，也可作局部修补，这是过去传统工艺所不能比拟的。

3. 电弧喷涂

电弧喷涂是将两根被喷涂的金属丝作为自耗性电极，输送直流或交流电，利用丝材端部产生的电弧作热源来熔化金属，用压缩气流雾化熔滴并喷射到工件表面形成涂层。电弧喷涂只能喷涂导电材料，在线材的熔断处产生积垢，使喷涂颗粒大小悬殊，涂层质地不均。另外，由于电弧热源温度高，造成元素的烧损量较火焰喷涂大，导致涂层硬度降低。由于熔粒温度高，粒子变形量大，使得电弧喷涂层的结合强度高于火焰喷涂层。

4. 等离子弧喷涂

等离子弧喷涂技术是继火焰喷涂、电弧喷涂之后大力发展起来的一种新型多用途的精密喷涂方法，如图15-4所示。由于以电弧放电产生的等离子体作为高温热源，故能量集中，喷涂温度可高达16600℃，但传递给基体材料的温度却不高。某些热稳定性差的材料也能免于氧化和烧损。等离子弧喷涂是以喷涂粉末材料为主，将喷涂粉末加热至熔化或熔融状态，在等离子射流加速下获得很高的速度，喷射到工件表面形成涂层。由于整个工艺集熔化、雾化、快淬、固结等过程为一体，因此在涂层技术中占主导地位。等离子弧温度高，可熔化目前已知的任何固体材料。射出的微粒具有高温、高速，形成的喷射涂层结合强度高，涂层致密，同时可喷制各种高熔点、耐磨、耐热的涂层，尤其适合陶瓷材料的喷涂。目前，已有数百种材料（如金属、陶瓷、塑料等）可用等离子弧进行喷涂，所得的涂层具有耐蚀、抗氧化、耐磨损擦伤、助滑、助粘结、防辐射和绝热等性能。

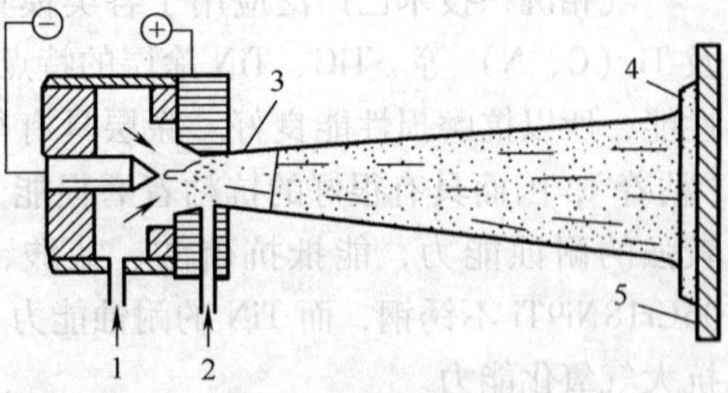

图15-4　等离子弧喷涂原理示意图

1—气体　2—粉末　3—电弧　4—涂层　5—基体

热喷涂技术的特点如下：

1）方法多样：热喷涂方法多达十几种，可为制备涂层提供多种手段。

2）基体材料不受限制：可在各种材料上喷涂涂层，如金属、陶瓷、玻璃、木材、塑料、石膏及布等材料。

3）喷涂材料极为广泛：几乎所有固态工程材料都可喷涂，如各种金属、陶瓷、塑料、金属与非金属矿物以及这些材料组合成的复合材料等。

4）涂层广泛：可以制备单一种类材料的涂层，也可以把性能截然不同的两种以上的材料制备成具有优异综合性能，并满足导电、绝缘、辐射及防辐射等特殊功能要求的涂层。

5）涂层厚度可以控制：涂层厚度可以从几十微米到几毫米。

五、热浸镀

热浸镀简称热镀，是将工件浸在熔融的液态金属中，在工件表面发生一系列物理和化学反应，取出冷却后表面形成所需的金属镀层。这种涂敷主要用来提高工件的防护能力，提高模具的使用寿命。

热浸镀用钢、铸铁、铜作为基体材料，其中以钢最为常用。镀层金属的熔点必须低于基体金属，而且通常要低得多。常用的镀层金属是低熔点金属及其合金，如Sn、Zn、Al、Pb、Al-Sn、Al-Si、Pb-Sn等。锌是热浸镀层中应用最多的金属。为了提高耐热性能，多种锌合金镀层得到广泛应用。

热浸镀的基本过程为前处理、热浸镀和后处理。按前处理不同，可分为熔剂法和保护气体还原法两大类。目前，熔剂法主要用于钢管、钢丝和零件的热浸镀，而保护气体还原法通常用于钢板的热浸镀。

六、气相沉积技术

气相沉积技术是利用气态物质中发生的某些物理和化学过程，在工件（模具）表面形成具有某些特殊性能的金属或化合物涂层的一种新技术。按照涂层形成的机理不同，气相沉积可分为化学气相沉积（CVD）和物理气相沉积（PVD）两种。

气相沉积技术已广泛应用于各类模具的表面硬化处理，应用的主要沉积层为 TiC、TiN 及 Ti（C、N）等。TiC、TiN 涂层的特点为：涂层具有超高的硬度，低的摩擦因数和自润滑性能，所以抗磨损性能良好。涂层具有很高的熔点，化学稳定性好，难以与其他金属反应“粘着”，因而具有很好的抗粘着磨损能力。使用中发生冷焊和咬合的倾向很小。涂层具有较强的耐蚀能力，能抵抗硫酸、盐酸、氯化钠水溶液的侵蚀，在某些情况下甚至优于 06Cr18Ni9Ti 不锈钢，而 TiN 的耐蚀能力一般比 TiC 更好一些，涂层在高温下也具有良好的抗大气氧化能力。

1. 化学气相沉积

化学气相沉积是将低温下汽化的金属化合物与加热到高温的工件接触，在工件表面与碳氢化合物和氢气或氨气进行气相反应，而在基体上形成一种金属或化合物的固态沉积膜的过程，通常称为 CVD 法。它通常是通过金属有机化合物在较低温度下分解来实现的，所以又称金属有机化合物化学气相沉积（MOCVD）。涂层材料可以是氧化物、碳化物、氯化物、硼化物，也可以是多元化合物。通过模具材料、涂层材料和工艺的选择，可以得到许多特殊结构和特殊功能的涂层。CVD 法在微电子学工艺、半导体光电技术、太阳能利用、光纤通信、超导技术、复合材料、装饰和防护涂层（耐磨、耐热、耐蚀）等新技术领域得到越来越多的应用。

（1）化学气相沉积的种类　化学气相沉积技术按主要特征进行综合分类，可分为热 CVD、低压 CVD、等离子体 CVD、激光（诱导）CVD 和金属有机化合物 CVD 等，CVD 装置如图 15-5 所示。

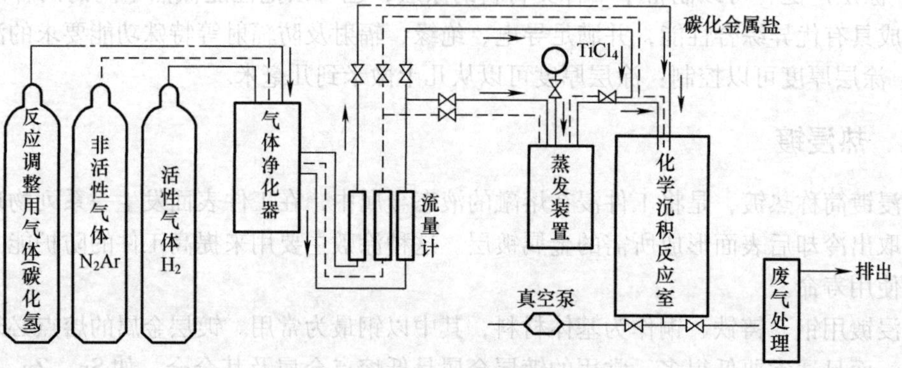

图 15-5　CVD 装置示意图

在常规的化学气相沉积中，促使其化学反应的能量来自热能，而等离子体化学气相沉积除热能外，还借助于外部所加电场的作用引起放电，使原料气体成为等离子体状态，变为化学上非常活泼的激发分子、原子、离子和原子团等，促进化学反应的进行，在基体材料表面形成薄膜。

（2）化学气相沉积的特点

1）在中温或高温下，通过气态的初始化合物之间的气相化学反应而沉积固体。

2）可以在大气压或者低于大气压下（低压）进行沉积。

3）采用等离子和激光辅助技术可使沉积在较低的温度下进行。

4）镀层的化学成分可以改变，从而获得梯度沉积物或者得到混合镀层。

5）可以控制镀层的密度和纯度。

6）绕镀性好，可在复杂形状的基体上以及颗粒材料上镀制。

7）气流条件通常是层流的，在基体表面形成厚的边界层。

8）沉积层通常具有柱状晶结构，不耐弯曲。

9）可以形成多种金属、合金、陶瓷和化合物镀层。

（3）化学气相沉积的应用　CVD镀层可用于要求耐磨、抗氧化、耐腐蚀以及有某些电学、光学和摩擦学性能的部件。耐磨硬镀层一般采用难熔的硼化物、碳化物、氮化物和氧化物。耐磨镀层多用于金属切削刀具。满足这些要求的镀层包括TiC、TiN、Al_2O_3、TaC、HfN、TiB_2以及它们的组合。除刀具外，CVD镀层还可用于其他承受摩擦磨损的设备，如泥浆传输设备、煤的汽化设备和矿井设备等。

CVD技术在机械工业中发挥了巨大的作用，特别是一些诸如氮化物、碳化物、金刚石和类金刚石等超硬膜的沉积，大大提高了模具的耐磨、耐蚀性。在模具制造行业，由于CVD法沉积温度高、涂层结合牢固，而且对形状复杂或带有槽沟及孔的工件可进行均匀涂覆，加之TiC等涂层硬度相当高，耐磨性极好，而且摩擦因数小，具有很好的减摩性和抗咬合性，可大大提高模具的使用寿命。表15-1列出了一些常用模具采用CVD法涂覆后对其使用寿命的影响。但是由于CVD处理的温度较高，基体硬度也会随之降低，同时处理后还需进行淬火处理，会产生较大变形，因此该技术不适合于高精度的模具处理。

表15-1　CVD法对其模具使用寿命的影响

模具种类	模具零件材料	涂层种类	寿命提高倍数
切边模	W6Mo5Cr4V2	TiN + TiC	8
弯曲工具	Cr12	TiN	8
弯曲模	Cr12MoV	TiC	8
深冲模	Cr12	TiC	10
冲模	Cr12MoV	TiC + TiN	8

2. 物理气相沉积

物理气相沉积是将金属或化合物放在真空条件下，利用热蒸发、溅射或辉光放电、弧光放电等各种物理方法产生的原子或分子，在基材表面沉积形成薄膜或涂层的技术，通常称为PVD法。在进行PVD处理时，工件的加热温度一般都在600℃以下，这对于用高速钢、合金工具钢及其他钢材制造的模具都具有重要意义。目前，常用的有三种物理气相沉积方法，即真空蒸镀、溅射镀膜和离子镀，其中离子镀在模具制造中的应用较广。

（1）真空蒸镀　真空蒸镀是在高真空中用加热蒸发的方法使镀料转化为气相，然后凝聚在基体表面的方法，又称蒸发镀膜（简称蒸镀），如图15-6所示。用电子束等热源加热沉积材料使之蒸发，蒸发的原子或分子直接在工件表面形成沉积层。真空蒸镀多用于透镜和反射镜等光学元件、各种电子元件、塑料制品等的表面镀膜，在表面硬化方面的应用不太多。

（2）溅射镀膜　溅射镀膜是指在真空室中，利用正离子轰击工件，用沉积材料作阴极靶子，将原子或分子溅射出来，并通过气相沉积使被轰击出的镀料粒子沉积到工件表层形成涂层的技术。图15-7所示溅射的靶材可以是任何类型的导电材料，包括各种金属和金属化合物。由于溅出的材料原子或分子具有较高的动能，因而形成的沉积层与基体有较好的结合强度。

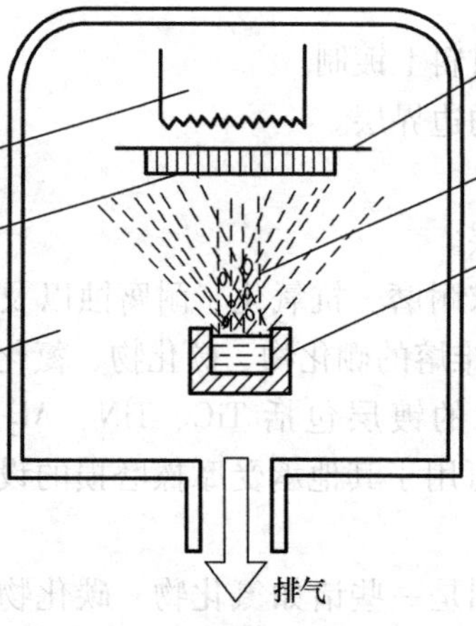

图 15-6　真空蒸镀原理示意图

1—高真空槽　2—膜面　3—加热器
4—工件　5—蒸气流　6—蒸发材料

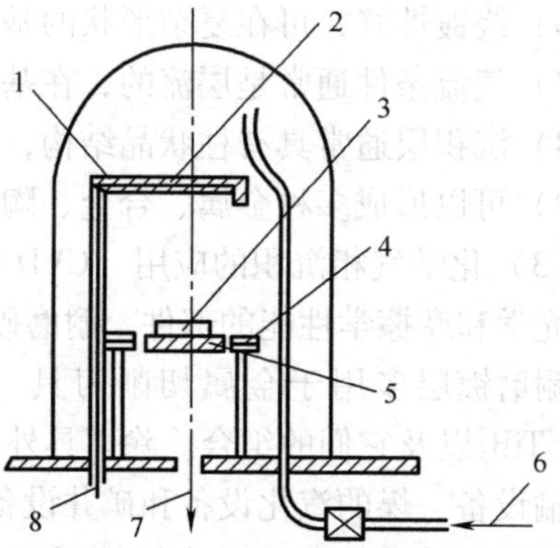

图 15-7　溅射系统原理示意图

1—阴极屏蔽　2—阴极靶　3—工件　4—阳极
5—固定装置　6—气体入口　7—抽真空　8—高压线

溅射薄膜按其不同的功能和应用可大致分为机械功能膜和物理功能膜两大类，前者包括耐磨、减摩、耐热、耐蚀等表面强化薄膜材料、固体润滑薄膜材料，后者包括电、磁、声、光等功能薄膜材料等。

用 TiN、TiC 等超硬镀层溅射涂覆刀具、模具等表面，摩擦因数小，化学稳定性好，具有优良的耐热、耐磨、抗氧化、耐冲击等性能，既可以提高刀具、模具等的工作特性，又可以提高使用寿命，一般可使刀、模具寿命提高 3 ~ 10 倍。

（3）离子镀　离子镀是在镀膜的同时，采用蒸发离子轰击工件表面和膜层的镀膜技术。离子轰击的目的在于改善膜层的性能。

离子镀的基本原理如图 15-8 所示。它是借助一种惰性气体的辉光放电使金属或合金蒸气离子化。离子镀包括镀膜材料（如 TiN、TiC）的受热、蒸发、沉积过程。蒸发的镀膜材料原子在经过辉光区时，一小部分发生电离，并在电场的作用下飞向工件，以几千电子伏的能量射到工件表面，可以打入基体几纳米的深度，从而大大提高了涂层的结合力，而未经电离的蒸发材料原子直接在工件上沉积成膜。惰性气体离子与镀膜材料离子在工件表面上发生的溅射，还可以清除工件表面的污染物，从而改善结合力。

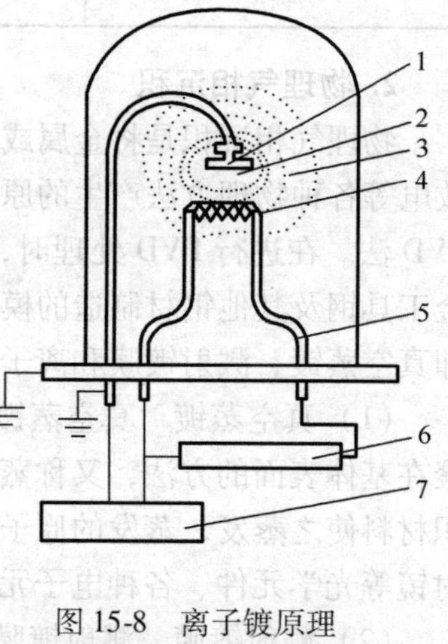

图 15-8　离子镀原理

1—工件（阴极）　2—阴极暗部
3—辉光放电区　4—蒸发灯丝（阳极）
5—绝缘管　6—灯丝电源　7—高压电源

离子镀把辉光放电、等离子体与真空蒸镀技术结合在一起，不仅明显地提高了镀层的各种性能，而且大大扩充了镀膜技术的应用范围。与 CVD 法相比，离子镀除兼有真空溅射的优点外，还具有膜层的附着力强、绕射性好、可镀材料广泛等优点。例如，利用离子镀技术可以在金属、塑料、陶瓷、玻璃、纸张各种材料表面沉积致密、光滑、高精度的 TiC、TiN 涂层，涂覆具有不同性能的单一镀层、合金镀层、化合物镀层及各种复合镀层，而且沉积快，镀前清洗工序简单，对环境无污染。由于采用等离子活化，工件只需在较低温度甚至在室温下进行镀膜，完全保证了零件的尺寸精度和表面粗糙度，因此可以安排在工件淬火、回火后，即最后一道工序进行。这样对于经淬火、回火并加工到尺寸要求的高精度模具，无需担心基体硬度降低及变形问题。另外，离子镀的沉积速度较其他气相沉积方法快，得到10μm 厚的 TiC 或 TiN 涂层，一般只需要几十分钟。

从发展趋势来看，PVD 法将成为模具表面处理的主要技术方法之一。如 Cr12MoV 钢制油断路器指形触头精冲模，经 PVD 法沉积 TiN 后，表面硬度为 2500 ~ 3000HV，摩擦因数减小，抗粘着和抗咬合性得到改善。模具原使用 1 万 ~3 万次后即要刃磨，PVD 法处理后，使用 10 万次不需刃磨，尺寸无变化，仍可使用。对制造螺钉用的高速钢冲头镀覆 TiN，其寿命比未镀覆的冲头延长了 3 ~5 倍；塑料模镀覆 TiN，其耐蚀性可提高 5 ~6 倍，而耐磨性同时也得到提高，使模具寿命延长了数倍。用于冲压和挤压粘性材料的冷作模具，采用 PVD 法处理后，其使用寿命大为提高。

本章小结

1. 表面处理技术是表面处理、表面涂（镀）层及表面改性的总称，能有效强化材料的表面性能，故又被称为表面强化技术。

2. 涂镀技术有电镀、电刷镀、化学镀、热喷涂、热浸镀及气相沉积技术等。

复习思考题

1. 何谓表面处理技术？
2. 为什么说表面强化处理技术的应用越来越广泛？
3. 模具表面处理的目的是什么？模具表面处理常用的方法有哪些？
4. 电镀的目的是什么？镀硬铬在模具上有哪些应用？
5. 化学镀与电镀原理的共同点与不同点是什么？
6. 与电镀、电刷镀相比，化学镀有哪些优点？
7. 热喷涂技术的特点有哪些？
8. 电刷镀技术在模具制造中具有哪些应用和优势？

附　　录

附录 A　压痕直径与布氏硬度对照表

压痕直径 d/mm	HBW $D=10\text{mm}$ $F=29.42\text{kN}$	压痕直径 d/mm	HBW $D=10\text{mm}$ $F=29.42\text{kN}$	压痕直径 d/mm	HBW $D=10\text{mm}$ $F=29.42\text{kN}$
2.40	653	2.92	438	3.44	313
2.42	643	2.94	432	3.46	309
2.44	632	2.96	426	3.48	306
2.46	621	2.98	420	3.50	302
2.48	611	3.00	415	3.52	298
2.50	601	3.02	409	3.54	295
2.52	592	3.04	404	3.56	292
2.54	582	3.06	398	3.58	288
2.56	573	3.08	393	3.60	285
2.58	564	3.10	388	3.62	282
2.60	555	3.12	383	3.64	278
2.62	547	3.14	378	3.66	275
2.64	538	3.16	373	3.68	272
2.66	530	3.18	368	3.70	269
2.68	522	3.20	363	3.72	266
2.70	514	3.22	359	3.74	263
2.72	507	3.24	354	3.76	260
2.74	499	3.26	350	3.78	257
2.76	492	3.28	345	3.80	255
2.78	485	3.30	341	3.82	252
2.80	477	3.32	337	3.84	249
2.82	471	3.34	333	3.86	246
2.84	464	3.36	329	3.88	244
2.86	457	3.38	325	3.90	241
2.88	451	3.40	321	3.92	239
2.90	444	3.42	317	3.94	236

（续）

压痕直径 d/mm	HBW D=10mm F=29.42kN	压痕直径 d/mm	HBW D=10mm F=29.42kN	压痕直径 d/mm	HBW D=10mm F=29.42kN
3.96	234	4.66	166	5.36	123
3.98	231	4.68	164	5.38	122
4.00	229	4.70	163	5.40	121
4.02	226	4.72	161	5.42	120
4.04	224	4.74	160	5.44	119
4.06	222	4.76	158	5.46	118
4.08	219	4.78	157	5.48	117
4.10	217	4.80	156	5.50	116
4.12	215	4.82	154	5.52	115
4.14	213	4.84	153	5.54	114
4.16	211	4.86	152	5.56	113
4.18	209	4.88	150	5.58	112
4.20	207	4.90	149	5.60	111
4.22	204	4.92	148	5.62	103
4.24	202	4.94	146	5.64	110
4.26	200	4.96	145	5.66	110
4.28	198	4.98	144	5.68	109
4.30	197	5.00	143	5.70	108
4.32	195	5.02	141	5.72	107
4.34	193	5.04	140	5.74	106
4.36	191	5.06	139	5.76	105
4.38	189	5.08	138	5.78	105
4.40	187	5.10	137	5.80	104
4.42	185	5.12	135	5.82	102
4.44	184	5.14	134	5.84	101
4.46	182	5.16	133	5.86	101
4.48	180	5.18	132	5.88	99.9
4.50	179	5.20	131	5.90	99.2
4.52	177	5.22	130	5.92	98.4
4.54	175	5.24	129	5.94	97.7
4.56	174	5.26	128	5.96	96.9
4.58	172	5.28	127	5.98	96.2
4.60	170	5.30	126	6.00	95.5
4.62	169	5.32	125		
4.64	167	5.34	124		

附录B 黑色金属硬度及强度换算表

洛氏硬度		布氏硬度	维氏硬度	近似强度值	洛氏硬度		布氏硬度	维氏硬度	近似强度值
HRC	HRA	HBW	HV	R_m/MPa	HRC	HRA	HBW	HV	R_m/MPa
70	(86.6)		(1037)		43	72.1	401	411	1389
69	(86.1)		997		42	71.6	391	399	
68	(85.5)		959		41	71.1	380	388	1307
67	85.0		923		40	70.5	370	377	1268
66	84.4		889		39	70.0	360	367	1232
65	83.9		856		38		350	357	1197
64	83.3		825		37		341	347	1163
63	82.8		795		36		332	338	1131
62	82.2		766		35		323	329	1100
61	81.7		739		34		314	320	1070
60	81.2		713	2607	33		306	312	1042
59	80.6		688	2496	32		298	304	1015
58	80.1		664	2391	31		291	296	989
57	79.5		642	2293	30		283	289	964
56	79.0		620	2201	29		276	281	940
55	78.5		599	2115	28		269	274	917
54	77.9		579	2034	27		263	268	895
53	77.4		561	1957	26		257	261	874
52	76.9		543	1885	25		251	255	854
51	76.3	(501)	525	1817	24		245	249	835
50	75.8	(488)	509	1753	23		240	243	816
49	75.3	(474)	493	1692	22		234	237	799
48	74.7	(461)	478	1635	21		229	231	782
47	74.2	449	463	1581	20		225	226	767
46	73.7	436	449	1529	19		220	221	752
45	73.2	424	436	1480	18		216	216	737
44	72.6	413	423	1434	17		211	211	724

附录 C　常用钢的临界点

钢　号	临界点/℃					
	Ac_1	Ac_3 (Ac_{cm})	Ar_1	Ar_3	*Ms*	*Mf*
15	735	865	685	840	450	
30	732	815	677	796	380	
40	724	790	680	760	340	
45	724	780	682	751	345 ~ 350	
50	725	760	690	720	290 ~ 320	
55	727	774	690	755	190 ~ 320	
65	727	752	696	730	285	
30Mn	734	812	675	796	355 ~ 375	
65Mn	726	765	689	741	270	
20Cr	766	838	702	799	390	
30Cr	740	815	670	—	350 ~ 360	
40Cr	743	782	693	730	325 ~ 330	
20CrMnTi	740	825	650	730	360	
30CrMnTi	765	790	660	740	—	
35CrMo	755	800	695	750	271	
25MnTiB	708	817	610	710	—	
40MnB	730	780	650	700	—	
55Si2Mn	775	840	—	—	—	
60Si2Mn	755	810	700	770	305	
50CrMn	750	775	—	—	250	
50CrVA	752	788	688	746	270	
GCr15	745	900	700	—	240	
GCr15SiMn	770	872	708	—	200	
T7	730	770	700	—	220 ~ 230	
T8	730	—	700	—	220 ~ 230	-70
T10	730	800	700	—	200	-80
9Mn2V	736	765	652	125	—	—
9SiCr	770	870	730	—	170 ~ 180	—
CrWMn	750	940	710	—	200 ~ 210	—
Cr12MoV	810	1200	760	—	150 ~ 200	-80
5CrMnMo	710	770	680	—	220 ~ 230	—
3Cr2W8	820	1100	790	—	380 ~ 420	-100
W18Cr4V	820	1330	760	—	180 ~ 220	—

参考文献

[1] 周超梅，杜弘．汽车工程材料［M］．北京：机械工业出版社，2012.
[2] 周超梅，于林华．金属材料与模具材料［M］．北京：北京理工大学出版社，2009.
[3] 李奇，徐慧民，涂序斌．模具材料及热处理［M］．北京：北京理工大学出版社，2009.
[4] 崔占全．机械工程材料［M］．哈尔滨：哈尔滨工程大学出版社，2000.
[5] 彭宝成．新编机械工程材料［M］．北京：冶金工业出版社，2008.
[6] 韩永生．工程材料性能与选用［M］．北京：化学工业出版社，2004.
[7] 蒲永峰，梁耀能．机械工程材料［M］．北京：清华大学出版社，北京交通大学出版社，2005.
[8] 王纪安．工程材料与材料成形工艺［M］．2版．北京：高等教育出版社，2004.
[9] 陈文凤．机械工程材料［M］．北京：北京理工大学出版社．2006.
[10] 王晓敏．工程材料学［M］．哈尔滨：哈尔滨工业大学出版社，1999.
[11] 赵程，杨建民．机械工程材料［M］．北京：机械工业出版社，2003.
[12] 赵忠．金属材料及热处理［M］．北京：机械工业出版社，1995.
[13] 王运炎．机械工程材料［M］．北京：机械工业出版社，1996.
[14] 李炜新．金属材料与热处理［M］．北京：机械工业出版社，2007.